国家自然科学基金项目（41302228）
陕西省重点科技创新团队（2014KCT-30）　　联合资助
陕西省教育厅专项科研项目（2013JK0948）

大型地下工程围岩质量评价及力学参数估算

申艳军　著

科 学 出 版 社

北　京

内 容 简 介

本书主要介绍了大型地下工程围岩质量评价及力学参数估算方法的研究成果，以大岗山水电站地下硐室群为主要研究对象，辅助其他类似大型水电地下工程，详细概述了大型地下工程围岩岩体结构精细化描述体系及定量化表示。通过探讨常用围岩分级方法评价因素内在关联，从内核建立分级指标的内在关联图表及公式，进而提出反映工程扰动、地应力特征的大型地下工程集成化围岩分级体系。本书还探讨了大型地下工程围岩力学参数的试验、经验等多元化估算方法，并讨论围岩力学参数演化对现场施工、支护参数选取的动态化指导价值。

本书可供水电工程、工程地质、地下工程等领域的科研人员参考，亦可作为水利、交通、矿业、工程地质等专业研究生的参考书。

图书在版编目 (CIP) 数据

大型地下工程围岩质量评价及力学参数估算 / 申艳军著 . —北京：科学出版社，2018.1

ISBN 978-7-03-055834-3

I. ①大… II. ①申… III. ①地下工程–围岩–工程质量–评价 ②地下工程–围岩–岩石力学–参数–研究 IV. ①TU94 ②TU45

中国版本图书馆 CIP 数据核字（2017）第 301027 号

责任编辑：王　运 / 责任校对：韩　杨
责任印制：张　伟 / 封面设计：铭轩堂

科 学 出 版 社 出版

北京东黄城根北街 16 号
邮政编码：100717
http://www.sciencep.com

北京九州迅驰传媒文化有限公司 印刷

科学出版社发行　各地新华书店经销

*

2018 年 1 月第 一 版　开本：720×1000　B5
2018 年 1 月第一次印刷　印张：17
字数：350 000

定价：148.00 元

（如有印装质量问题，我社负责调换）

前　言

国家"十三五"规划（2016—2020年）纲要指出："统筹水电开发与生态保护，坚持生态优先，以重要流域龙头水电站建设为重点，科学开发西南水电资源。"可以预见，我国水电资源开发将达到前所未有的高度。目前，高山峡谷区水电工程引水发电系统多采用大型地下厂房布置形式，随着资源开发力度加大及工程经验进步，装机容量不断扩大，地下引水发电系统正朝着"大跨度、高边墙"等大型化趋势发展。此外，随着"向地球深部进军"工作的深入，我国能源矿业、城市地下空间开发等方向也将取得巨大发展，而深地资源开发具有"埋深大、地温高、应力强"等特点，对工程围岩发育特征的精确认知提出了全新考验。因此，开展大型地下工程围岩质量精细化评价，进而探讨针对围岩力学参数的多元化估算分析，对于我国大型地下水电工程、矿业工程、地下空间开发等领域具有重要的指导价值。

地下工程开挖规模扩大化、埋深深度提升化、布置形式复杂化、功能要求齐全化等，使得围岩对所赋存地质环境条件要求更高，开挖过程中遭受工程扰动影响更大。因此，关注围岩质量评价，尚需考虑对赋存地质环境、工程扰动特征的全方位精细化认知。目前，针对大型地下工程围岩质量评价方法的研究不足，对于其具有的"大尺度、大埋深"等新特点对围岩质量劣化影响评价的研究不系统。如何结合新形势下大型地下工程特点，开展现有围岩质量评价方法适用性分析，建立集成化围岩质量分级体系，并充分考虑工程扰动、地应力特征等劣化影响因素，提出大型地下工程围岩质量精细化评价体系，是地下工程研究的重要课题之一。

此外，大型、超大型地下工程的不断涌现，对现场围岩力学参数的准确选取也提出全新要求。围岩力学参数的合理性选取，将直接关乎施工方法、支护体系方案安全性、合理性及经济性。事实上，诸多地下工程失稳事故正是围岩力学参数选取不合理、施工设计手段不科学等造成的。由于围岩远不同于岩块，其存在典型结构特征并赋存于一定的地质环境，单纯的室内试验实际上难以准确反映其力学状况。目前，通过开展多元化围岩力学参数估算分析，并结合围岩质量评价结果，综合确定动态化施工开挖、支护手段，正逐渐成为大型地下工程的最常用手段。因此，开展多元化围岩力学参数估算方法研究，探讨围岩力学参数与质量评价结果的关联性，并将其用于现场动态化设计、施工指导分析，是地下工程研究的又一重要课题。

本书正是基于以上两大研究课题，在国家自然科学基金项目（41302228）、陕西省重点科技创新团队（2014KCT-30）、陕西省教育厅专项科研项目（2013JK0948）等课题支持下，开展大型地下工程围岩质量评价及力学参数估算研究，以期为大型地下工程围岩质量的精细化认知及力学参数准确估算提供参考。

　　本书共6章。第1章是绪论，系统阐述大型地下工程围岩质量评价及力学参数估算的研究必要性、研究现状及存在问题；第2章以大岗山水电站地下硐室群为研究对象，明确大型地下工程围岩结构精细化描述评价体系构建思路、流程及评价方法；第3章是本书的核心内容，开展了大型地下工程围岩质量分级体系的综合评价，在分析常用围岩分级方法的适用性及内在关联性基础上，充分考虑工程扰动、地应力特征等对围岩质量的劣化影响，提出大型地下工程集成化围岩分级体系评价方法；第4章开展了大型地下工程围岩力学参数的试验估算分析，明确基于室内试验、原位测试、数值试验实现围岩力学参数的估算方法；第5章介绍了大型地下工程围岩力学参数经验估算方法，明确基于工程经验统计、围岩分类体系估算围岩力学参数的方法及流程，并简要探讨基于概率可靠度分析手段实现围岩力学参数分布特征估算的方法；第6章基于围岩力学参数估算结果，开展大型地下工程围岩力学参数动态演化特征分析，探讨各力学参数对围岩变形、破坏的敏感性程度，并借此探讨各参数对围岩稳定性演化规律影响，以实现力学参数动态化反馈施工、设计。此外，本书提供了"集成化围岩分级体系 V1.0"程序的试用版，读者可通过扫描封底的二维码下载使用，若需深入了解该程序情况，可联系作者邮箱：shenyanjun993@126.com。

　　本书在撰写过程中得到了许多单位、人员的鼎力帮助与支持：中国地质大学（武汉）徐光黎教授对本书研究内容进行了细致把关，并提出诸多修改意见；中国电建集团成都勘测设计研究院有限公司宋胜武院长、张世殊处长、朱可俊教授级高工、吴灌洲高工等给予了原始资料分享、方法合理性分析等诸多帮助；中国地质大学（武汉）董家兴博士、曹国雄硕士、孙长帅硕士、张飞硕士、魏志云硕士、储汉东硕士等在资料整理、图表绘制方面给予了大力支持；西安科技大学杨更社教授、叶万军教授、奚家米教授、刘慧副教授、贾海梁博士等对本书内容改进提出了诸多中肯意见；笔者的硕士研究生杨阳、王永志、侯新不辞辛劳，协助完成校稿、排版及修改图表，在此一并表示诚挚感谢。

　　本书在涉及围岩岩体结构精细化描述、围岩质量评价方法、围岩力学参数估算等方面引用了国内外同行的研究成果，每章后虽罗列了诸多参考文献，但难免挂一漏万，在此对所有被引用作者深表感谢。

　　需要指出的是，关于大型地下工程围岩质量评价及力学参数估算研究，本书仅以大型水电地下工程为对象开展了初步探索，因行业性质差异，其对于能源开采、交通工程、城市地下空间开发等领域的指导价值需结合实际情况而定。由于时间仓促，加之笔者水平有限，书中难免有疏漏之处，敬请广大作者批评指正。

目　　录

第1章 绪 论

1.1 引 言

1.1.1 研究紧迫性与必要性

我国水力资源蕴藏量相对丰富，主要分布在四川、云南、贵州和西藏等的大江大河上。据杨海霞（2012）统计，现存理论上可开发的水电容量可达 $6.94×10^8$ kW，居世界首位。水力发电作为一种清洁可再生资源，可开发的潜力巨大。开发水电可节能减排、保护环境，符合国家可持续发展战略，同时可将西部地区资源优势转化为经济优势、促进西部地区经济社会发展，是深化西部大开发、"一带一路"重大倡议的重要措施。根据中国可再生能源中长期发展规划，至 2020 年中国水电装机容量将达到 300 000MW。"十三五"期间，新规划开工水电工程将主要集中在西南、西北部的金沙江、大渡河、雅砻江、澜沧江和黄河上游高山峡谷段上。

西南地区一大批超大型水电工程正在或即将开工建设，对于高山峡谷地带水电枢纽工程，其引水发电系统多采用大型地下厂房的布置形式，如张文煊（2008）所言，该形式有利于碾压混凝土快速筑坝、枢纽区泄洪消能及施工导流设施的布置，并可减少溢洪时雾化作用对电站正常运行的影响，起到缩短建设周期、节约工程投资的作用。目前，新近建立的大型水电站如溪洛渡、糯扎渡、小湾、拉西瓦、瀑布沟、双江口、锦屏Ⅰ、向家坝、锦屏Ⅱ、大岗山、猴子岩等均采用此种布置形式。随着水电资源开发力度的加大及工程经验的不断进步，水电站装机容量不断扩大，地下引水发电系统逐渐向大跨度、高边墙趋势发展，此外，为满足不同使用功效，其布置形式亦越来越复杂，在有限空间内不同功能的硐室相互交叉贯通，形成规模庞大、结构复杂的大型地下硐室群。

硐室开挖规模的扩大化、布置形式的复杂化使得围岩对所赋存地质环境条件的要求更高，使得其在开挖过程中遭受人为活动的改造作用更大。此外，由于受到印度洋板块与欧亚板块的碰撞挤压，西南三江（金沙江、澜沧江和怒江）流域河流谷深坡陡，构造应力大，卸荷作用强，地震烈度高。引水发电系统中地下厂房的规模、埋深和地质复杂程度是世上少有的。硐室群断面相异，长短不一，空间布置上异常复杂。一大批已建或在建的水电站主厂房跨度 28～34m，高度 60～

90m，断面为 1500 ~ 3000m^2，埋深大于 300 ~ 2000m（如锦屏 II 级最深达 2525m），具有"大跨度、高边墙、大埋深"的特点。

此外，在大型地下硐室开挖施工过程中，出现了严重的因结构控制的重力驱动失稳和应力重分布驱动失稳的问题。如，大岗山水电站主厂房于 2008 年 12 月 16 日，受 β_{80} 辉绿岩脉控制发生了近 3000m^3 的塌方。这是我国水电地下厂房首次出现如此大规模的塌方事故。塌方处治长达一年半，导致工期延长、投资增大。锦屏 I 级水电站地下厂房大理岩围岩出现了多处的变形开裂、片帮剥落、卸荷回弹错动、岩体弯折内鼓、喷射混凝土层开裂等问题，围岩松弛圈深达 15m，厂房下游边墙局部变形深度大于 10m，个别超过 15m，并伴有深部拉裂；个别洞壁位移超过 200mm。从已有的地下厂房建设经验来看，其变形和破裂深度和量级已经大大超过了常规值。锦屏 II 级水电站引水隧道出现岩爆、片帮、岩心饼化、围岩损伤等问题。二滩水电站厂房开挖前最大主应力 38.4MPa，开挖后最大值达 52.7MPa，在施工期产生一系列裂缝，裂缝深达 20 多米。

表 1.1 为国内典型深埋地下硐室尺寸及应力特征表（申艳军，2014）。总体上，我国水电工程地下硐室群，特别是西南地区水电工程地下硐室群具有如下几个特征：①硐室几何尺寸大，表现为"大跨度、高边墙、大断面"；②地质环境复杂，表现为"埋深大、地应力高、岩体结构复杂"；③施工难度大，围岩稳定性问题复杂、突出。表现为变形、破裂深度和量级大，失稳模式多样等。

表 1.1 国内大型水电工程地下硐室尺寸及地应力特征一览表

编号	水电工程名称	地下厂房尺寸/m 宽×高×长	围岩强度应力比 R_b/σ_{max}	最大主应力 σ_1/MPa	地应力状况现场评价	出现高地应力特有岩石破坏现象
1	锦屏 I 级	29.2×68.7×277.0	3.24 ~ 4.95	31.5 ~ 38.5	高-极高地应力	是
2	猴子岩	29.4×74.4×224.4	3.35 ~ 4.84	29.5 ~ 36.4	高地应力	是
3	长河坝	30.8×73.3×228..8	3.72 ~ 5.59	24.5 ~ 32	高地应力	是
4	黄金坪	25.5×67.3×206.3	4.94 ~ 7.14	20.1 ~ 23.7	高地应力	是
5	官地	31.1×76.8×243.4	4.24 ~ 6.33	25.0 ~ 38.4	高地应力	是
6	大岗山	30.8×74.3×226.6	5.80 ~ 9.39	11.4 ~ 19.3	中-高地应力	局部，轻微
7	溪洛渡	31.9×77.6×443.3	7.67 ~ 11.82	14.8 ~ 21.1	中-高地应力	局部，轻微
8	锦屏 II 级	28.3×72.2×352.4	2.88 ~ 4.42	33.0 ~ 44.7	高-极高地应力	是
9	双江口	29.3×63.0×198.0	2.74 ~ 4.23	27.5 ~ 38	高-极高地应力	勘探巷道开挖
10	小湾	29.5×65.6×326.0	6.22 ~ 8.26	16.4 ~ 26.7	中-高地应力	局部，轻微
11	瀑布沟	30.7×70.2×294.1	5.74 ~ 7.43	16.5 ~ 28.1	中-高地应力	局部，轻微
12	三峡	32.6×87.3×311.3	10.2 ~ 15.7	7.2 ~ 12.3	低-中地应力	无
13	构皮滩	27.0×75.3×230.5	7.4 ~ 11.6	14.2 ~ 17.3	中等地应力	无

续表

编号	水电工程名称	地下厂房尺寸/m 宽×高×长	围岩强度应力比 R_b/σ_{max}	最大主应力 σ_1/MPa	地应力状况现场评价	出现高地应力特有岩石破坏现象
14	龚嘴	—	11.1 ~ 15.7	7.0 ~ 9.0（反演应力场）	低地应力	无
15	岩滩	28.3×72.2×133.4	12.2 ~ 16.8	10.4 ~ 11.8	低地应力	无
16	糯扎渡	31.0×81.6×418.0	11.3 ~ 17.6	6.55 ~ 11.41	低-中地应力	无
17	二滩	30.7×65.4×280.0	4.86 ~ 7.35	18 ~ 26（最大38.4）	高地应力	局部，轻微
18	百色	20.7×49.0×147.0	12.5 ~ 15.0	5.0 ~ 7.0	低-中地应力	无
19	白鹤滩	29.5×65.0×325.0	5.12 ~ 8.96	21.1 ~ 22.9	中-高地应力	弱岩爆，片状剥落
20	拉西瓦	27.8×74.0×311.8	4.93 ~ 5.22	21.9	中-高地应力	无
21	向家坝	33.4×88.0×255.0	9.5 ~ 14.2	8.2 ~ 12.2	低-中地应力	无
22	深溪沟	24.2×56.2×70.1	10.5 ~ 13.5	8.5 ~ 10.0（泄洪洞）	低-中地应力	无
23	水布垭	23.0×68.3×150.0	9.75 ~ 11.6	7.6 ~ 10.8	低-中地应力	无
24	两河口	28.7×66.7×273.0	4.5 ~ 6.0	25.0（均值）	中-高地应力	岩爆
25	乌东德	32.5×89.8×333.0	5.13 ~ 7.45	17.9 ~ 27.6	中-高地应力	轻微岩爆
26	鲁布革	18.0×39.4×125.0	8.0 ~ 10.0	12.0 ~ 15.0	低-中地应力	无
27	龙滩	28.5×77.4×388.5	10.8	12.0（均值）	中地应力	无
28	白山	25.0×54.3×121.5	8.0 ~ 12.0	10.0（均值）	低-中地应力	无
29	江垭	19.0×46.5×107.0	7.33 ~ 9.87	7.0 ~ 12.0	中等地应力	无

因此，如何实现合理认识地下硐室围岩结构特征地质演化机理；如何采取合理的围岩岩体结构特征描述体系、描述方法，实现对大型地下工程岩体结构特征精细化、定量化描述；如何评价围岩赋存地质环境特征对其结构特征的影响；如何对工程因素对围岩质量劣化效应进行合理表示，进而为准确评价施工期围岩岩体质量和力学参数提供科学依据；如何合理分析地应力因素对围岩质量的影响效应及其对应性评价方法，对大型地下工程围岩质量认知具有重要的工程现实意义。

1.1.2 研究价值与意义

目前，对大型地下工程的现场施工支护流程为：硐室开挖前，根据前期勘察、室内试验成果，并参考相关规范，对即将开挖的硐室围岩级别进行预报；开挖后，地质工程师根据现场围岩开挖状况，对围岩级别进行复核修正，对支护方法进行初步判断，进而提交围岩级别及支护方案建议；设计人员依据提交的地质资料及支护建议，结合初步设计蓝图，最终确定支护设计方案；施工人员根据现场地质资料及支护设计方案，实现对围岩现场支护处理。在此流程中，地质工程师对围岩级别判断的准确性就显得尤为重要，其决策结果直接影响工程的安全性和经济性。现今，水利水电行业多以 GB 50218—2014《工程岩体分级标准》及 GB 50287—2006《水力发电工程地质勘察规范》为依据，并结合国际常用围岩分级方法（RMR、Q 法等），来综合判断围岩类别。

在工程实践过程中，却存在以下主要缺陷：①由于不同分级方法所需参数不同，每应用一种方法就需要繁琐的参数选取、叠加换算过程，费时费力；②现场地质工程师对于各围岩分级方法的适用范围缺乏足够关注，对方法选取、参数确定及最终结果的判定存在一定盲目性；③常用围岩分级方法多侧重从围岩岩体结构特征及赋存地质环境角度出发进行评价，其依赖于初步设计阶段的地质资料确定，未根据施工阶段围岩实际情况予以动态化调整，且对工程因素基本忽略不计。随着地下岩体工程规模不断扩大，布置形式亦越来越复杂。对于如此大型、超大型地下硐室群而言，其现场爆破开挖必将使得围岩存在显著的工程扰动因素，若忽视工程因素对岩体质量的影响，其结果必将偏向风险。

因此，探讨如何有效整合常用的围岩分级方法，对各分级方法构建原理、适用范围、评价指标及各自的关联性予以综合研究，探讨工程扰动因素对围岩质量的劣化影响，最终形成系统化围岩分级体系，并实现"一次输入，多种分级方法结果输出"的目的，以满足现场施工方便、快捷、准确确定围岩类别的要求，成为地下工程围岩分级方法研究的一个重点课题。

此外，针对高地应力条件下的大型水电工程地下工程围岩质量评价方法，目前常用的围岩分级方法如水电工程围岩工程地质分级法（HC 法）、国标分级法（BQ 法）、Q 法及 RMR 法等均存在诸多滥用或错误应用情况，如：RMR 法未考虑地应力场特征对岩体质量影响，对高应力、超高应力区（地应力场一般 $\sigma_m >$ 25MPa，存在岩爆、片帮、鼓胀等现象）并不适用，但高地应力区围岩质量评价仍参考该分级结果作为评价依据；再如：HC 分级法中围岩强度应力比 S 为限定判据，而围岩强度应力比 S 将评价岩体完整性程度 K_v 揉入地应力评价，物理概念合理性与实际操作存在一定问题。因此，为实现推广与实用性提升，应基于目前常用分级方法思路，从方法内核出发，探究方法本身在评价高地应力区的缺陷，通过广泛归纳、总结高地应力区大量工程实例分级结果，系统改变目前分级方法存在的固有缺陷，这不失为目前更为合理的优化思路。

大型、超大型地下硐室群的出现，也对现场围岩岩体力学参数的准确选取提出全新的挑战，岩体力学参数的选择是否合理，直接关乎支护体系的选取是否安全、有效、经济。地下硐室失稳事故发生多是由于对研究区岩体特征认识不清楚、力学参数选取不合理、支护手段不科学等；此外，随着计算方法、技术水平提高，数值模拟手段逐渐被用于分析地下硐室稳定性问题，而数值分析结果的准确性完全取决于岩体本构模型和力学参数的取值是否合理，否则数值分析结果毫无实际意义。因此，对于地下岩体工程，特别是诸如水电站大型、超大型硐室群体系，围岩力学参数的合理评价、选取就显得尤为重要。

目前，针对硐室群围岩力学参数，通常采用室内岩块试验和现场岩体原位测试综合判定的方法确定，而该操作方法存在两大明显不足：①由于地下岩体结构体系的复杂性，室内岩块试验与实际岩体参数相差甚远，现场原位测试试验受测试技术条件、场地等因素影响，测试试验次数有限，尚无法全面反映不同围岩类别的岩体力学参数值，因各自存在的缺陷，两者综合结果亦无法真正反映整个研究区内岩体力学参数值；②以上两种试验多集中在前期勘察设计阶段进行，而在施工阶段针对力学参数测定的试验较少，未对前期试验数据进行校正优化，使得试验数据滞后僵化，其能否符合现场动态化施工支护状况需求，仍存在一定的不确定性。

以上不足的产生与施工阶段未采取多元试验分析手段、忽视对岩体结构特征工程地质力学分析、不重视施工期工程地质调查动态反馈有关，因此，探讨在施工阶段如何采取多元测试分析手段，如何实现岩体力学参数与围岩分级体系关联性研究；如何实现岩体力学参数对工程扰动因素的动态响应，并最终获得可全面反映施工期不同围岩类别的岩体力学参数，为支护设计方案选取提供科学的决策依据；如何实现岩体力学参数动态分析，分析研究区围岩力学参数统计规律特征，并进而探讨力学参数对围岩稳定性影响规律特征，以进一步指导现场施工方法选取及工程进度的合理安排，具有重要的理论和工程实践意义。

基于以上现今研究存在的主要问题，本书尝试探讨解决大型地下硐室群围岩分级方法不合理、高地应力状况分级方法不适应、力学参数确定手段单一化、动态化设计施工滞后化等现实问题，以四川省石棉县大岗山水电站地下工程为主要研究对象，辅助在建、已建的其他类似大型水电站地下硐室，旨在归纳大型地下硐室区内围岩岩体结构精细化描述方法、描述体系及统计规律特征，并讨论基于工程因素、地应力特征影响的大跨度、深埋地下工程集成化围岩分级体系，借此研究可反映不同围岩类别的多元化围岩力学参数估算方法，进而为支护设计方案选取、现场施工方法、工程进度动态优化提供科学依据。本研究对我国在建、待建的大型水电站地下硐室围岩质量评价、力学参数值估算具有一定的参考价值。

1.2　国内外研究现状、发展趋势及问题

谷德振（1979）将岩体定义为"岩体是赋存于一定地质环境，由各类的结构面所切割，且具有一定工程地质特性的岩石综合体"，孙广忠（1983，1988）强调岩体受地质演化过程动力地质作用的改造和影响作用，将岩体定义为"岩体是在地质作用过程中，经受过变形，遭受过后期破坏，形成一定的岩石成分和结

构，赋存于一定的地质环境中，并作为力学作用研究对象的地质体"，并进一步提出"岩体结构控制论"的观点，摆脱了岩体材料力学的范畴，为岩体结构特征及岩体结构力学研究提供了新的指导方向。

现以岩体定义为基点，以本书研究内容为主线，分别从岩体结构特征、围岩质量评价、工程因素对围岩质量劣化影响、地应力状态划分及对围岩控制影响、围岩力学参数多元化确定方法等五个方面，开展国内外研究现状及发展趋势阐述。

1.2.1 岩体结构特征研究现状

20 世纪 50 年代，奥地利学者 Muller 首次提出结构面对岩体工程稳定性的影响作用，此后，Malpasset 溃坝、Vajont 水库失稳等工程失稳事故逐步印证了结构面对岩体工程稳定性的显著影响。国内，谷德振、孙玉科（1979，1985）开创了关于结构面研究的先河，首次提出了"岩体结构"的概念，指出结构面和结构体（岩块）是构成岩体结构的两个基本单元，并指出应把岩体作为结构物看待，应抓住其结构及工程特性予以分析，各级岩体结构特征可用结构面、结构体组合模式予以描述，并建议按照结构面规模予以分级，进而实现对岩体的分级；此后，孙广忠（1983，1988）明确提出"岩体结构控制论"应作为岩体结构分析的指导理论，系统阐述了结构面对岩体变形与稳定性的影响作用。

关于结构面分级的研究，谷德振（1979）提出了根据结构面规模及工程稳定影响性，将结构面分为五级的分级方案；张倬元等（1994）总结了结构面成因类型，将结构面分为原生结构面、构造结构面和浅、表生结构面，并将结构面规模概化为构造宏观软弱面、显现结构面和微隐结构面三种；黄润秋等（2004）基于工程地质及发育规模原则，依据系统科学的层次论观点，首先对结构面进行一级划分：Ⅰ级——断层型或充填型结构面，Ⅱ级——裂隙型或非充填型结构面，Ⅲ级——非贯通型岩体结构面，在此基础上进行二级划分。此外，根据结构面力学成因观点，可将结构面分为张性结构面和剪性结构面。

关于结构面几何特征描述指标的研究，1978 年，国际岩石力学学会实验室和野外试验标准化专门委员会规定了"对岩体结构面定量描述的推荐方法及指标"，规定了结构面的 10 个描述指标，包括结构面产状、间距、延续性、粗糙度、起伏度、侧壁抗压强度、充填状况、渗透状况、结构面组数及结构体体积，标志着岩体结构特征研究进入标准化、定量化研究阶段。许多学者应用数学方法对岩体结构特征予以定量化分析：Einstein（1983）对结构面产状分布特征予以了有益研究，认为结构面产状应满足正态或指数分布；潘别桐（1989）通过对大量工程统计得到结构面产状多服从正态分布；Priest 和 Hudson（1981）对结构面间距分布形式予以探讨，认为其应满足负指数分布或对数正态分布；Dershowitz

和 Einstein（1988）扩展了"圆盘模型"理论，指出结构面形态可为圆形、椭圆、多边形等，但其在形态上应属于二维范畴；Zhang 和 Einstein（1998，2010）对结构面形态研究进行了归纳总结，认为未遭受构造破坏的结构面应满足"圆盘模型"，而遭受周围结构面切割的结构面可能呈现不同的形态，但仍可转换成椭圆形予以迹长计算；Barton（1973）提出节理粗糙度系数（JRC）并予以定量化表示，并据此确定了 JRC 的 10 条标准剖面，后被国际岩石力学学会（ISRM）采纳推广；周创兵（1998）指出单参数的 Gamma 分布可表征节理张开度的概率分布特征，其空间变化可通过 Monte-Carlo 模拟实现。但总体而言，结构面特征描述指标标准化尚不足，ISRM 虽然推荐了一系列结构面特征描述指标，但对诸类指标的采集手段、描述内容、定量化表示等问题尚无统一性指导建议，各国学者和工程人员往往据自身行业需要，展开形形色色的描述或定量化分析，相同岩体条件各行业间评价差异较大，致使各行业间难以实现对比参照，不利于研究体系的长足发展。

分形理论也被广泛用于描述岩体结构面几何特征，徐光黎（1993）应用分形理论对岩体结构规模、隙宽、张开度、密度和粗糙度进行了分形分析，得出结构面几何特征呈现出很强的自相似性特征；冯增朝等（2005）采用仿真数值试验方法证明了岩体裂隙面数量服从三维分形分布规律，得到了裂隙面的 2 个重要的分形参数（分形维数 D 和分形分布初值 N），以及二者与裂隙迹线分形参数 DL、NL 的相关性；陈剑平（2007）采用传统的 Schmidt 等面积投影网与分形理论，给出岩体节理极点在 Schmidt 等面积投影网中的分形维，总结出岩体节理极点分形维分布的基本规律；杜时贵（1993）、谢和平（1994）、孙洪泉（2008）等通过标准轮廓曲线的粗糙度系数 JRC 和分维数 D 的回归分析，建立了粗糙度参数和分维数 D 经验关系式或数学模型，陈剑平（1995）、张向东（2001）、卢波（2005）等将分形理论和结构面网络模拟相结合，分析结构面参数和分形维数 D 之间的关系。

近年来，通过统计局部岩体的结构面几何参数，基于计算机技术实现结构面网络模拟方法亦有大幅进展，Hudson 和 Priest（1983）在岩体结构面网络模拟图的基础上，运用结构分层搜索方法，抽取出二维结构面连通网络图。国内方面，潘别桐（1989）较早系统介绍了岩体结构面网络模拟的基本原理和方法，徐光黎（1993）、伍法权（1993）对结构面几何特征概率分布、概率模型构建、模拟方法等进行了具体探讨，但仅局限于二维平面模拟；陈剑平（1995）、周维垣（1997）、贾洪彪（2002、2008）等发展了结构面三维网络模拟技术，开发了相关应用软件，并将其逐渐应用于工程实践；张宜虎（2009）将结构面网络模拟扩展到水力学计算的连通水力网络分析，并开发了一整套结构面网络模拟结果后处理程序。

此外，基于三维可视化构模技术，实现对具体工程的三维可视化模型构建，近年来发展也较为迅速。柴贺军（2001）根据结构面工程地质信息采集的内容和特点，提出了岩体结构三维可视化技术，研制开发了岩体结构三维可视化模型及构图系统，并将该系统成功地应用于某大型水电工程的岩体结构研究中；何满潮（2003）、徐能雄（2003，2006）根据工程岩体地质模型的几何特征，将工程岩体分为连续型非褶皱岩体、断裂型非褶皱岩体、褶皱型岩体、侵入型岩体4大类，在此基础上开发了工程岩体三维可视化构模系统；钟登华（2005，2007）基于NURBS算法的岩体结构三维可视化构造技术。根据实测的离散信息和交互解译得到一系列二维剖面，以系统的思想实现了岩体结构三维可视化模型。鞠杨（2014）结合近年流行的3D打印技术开展岩体复杂结果与应力场冻结三维可视化模型研究。但需要指出的是，新技术、新理论与岩体工程地质特征存在局部脱节问题，虽然目前关于岩体工程研究的新理论、新技术层出不穷，个中不乏对于行业发展具有较大促进作用的力作，但亦存在脱离研究对象工程地质特征实际的情况。

1.2.2 围岩分级方法研究现状

围岩分级方法发展至今，先后经历了由定性向定量、由单指标向多指标方向的过程，并实现了与实际岩体工程的紧密结合，使之实际应用效果得以大幅提高。

20世纪40～70年代，主要发展为具体岩体工程需要的单指标岩体定性或半定量分级方法，代表性的方法有：普氏岩石坚固系数 f 分级法、准抗压强度分级法、Terzaghi 岩石荷载分级法和 RQD 法等。其中，Deere（1964）的 RQD 法应用尤为广泛。70年代以后，随着人们认识程度的不断提高和工程规模的扩大，单指标的分级法已无法满足工程建设需要，广大学者提出了多指标评价的围岩分级方法，具有代表性的有：Bieniawski（1973）RMR 分级法、Barton（1974）Q 系统法、Hoek 和 Brown（1995）的 GSI 分级法、Palmstrom（1995）的 RMi 分级法等。其中 RMR 法、Q 法及 GSI 法在世界范围内应用较广，逐渐被各国学者和工程人员接纳采用，并建立了一套围岩分级与力学参数之间的经验关系式。

RMR 分级是一种定量与定性相结合的多参数综合分级法，由 Bieniawski（1973）根据南非矿山开采工程提出，最初主要用于隧洞及地下工程，其后，Bieniawski（1989）、Unal 和 Ozkan（1997）、Gokceoglu 和 Aksoy（2000）、Hamidi（2010）等对其予以修正扩展，使其使用范围更加广泛。

Q 系统分级法为挪威学者 Barton、Lien 和 Lunde（1974）根据过去的200多个地下开挖工程实例提出的确定岩体隧道开挖质量指标方法，此后，Barton 等（1994，2000，2002）对 Q 法不断修正优化，并发展出针对 TBM 工法的 Q_{TBM} 分级体系，使其应用范围得以极大扩展；但 Palmstrom 和 Broch（2006）对 Q 法的适用范围提出修正，并指出 Q 法更适用于描述 Q 值介于 0.1~40 范围的块状–块裂岩体，相应赋存地质环境应处于中等应力区，且几乎无需考虑地下水影响，其更适用于勘察、预设计阶段，不适用于施工阶段；Pells 和 Bertuzzi（2008）通过大量工程实例证明了 Palmstrom 和 Broch（2006）的判断。

GSI 法由加拿大学者 Hoek 等（1995）提出，GSI 值由野外岩体的地质描述来估计，主要包括岩体结构空间特征和结构面状态两个方面，并基于两个方面建立了确定 GSI 值的表格，同时建立 Hoek-Brown 准则参数 m、s、a 和 GSI 值之间的表示关系，使其应用范围拓展到对岩体力学参数估算上。针对确定 GSI 值主观因素偏多、可靠性不足等缺陷；Sonmez（1999，2003）提出参数 SR 和 SCR 分别对岩体结构、结构面状态予以量化，可对 GSI 值定量化表示，此后又提出采用模糊理论对参数 SR 和 SCR 量化表示；Cai（2004）等以节理围限块体体积 V_b 对岩体结构进行量化，以节理状态因素 J_c 对结构面状态进行量化，使得 GSI 值确定更加简便准确；Hoek 等（2002b，2005）针对具有强烈构造松弛的沉积岩体，提出分别针对隧道和开挖面（边坡）的两套 GSI 确定体系；Cai（2007）等扩展了 GSI 法的应用范围，探讨确定残余块体体积 V_{br} 及残余节理状态因素 J_{Cr} 的方法，建立了一套确定岩体残余强度值的 GSI$_r$ 体系，该探讨思路实质上即在探讨工程扰动对 GSI 值的劣化影响；Russo（2009）将 GSI 法和 Palmstrom 的 RMi 有效结合，提出快速确定 GSI 值的方法。

国内方面，从 20 世纪 80~90 年代开始进行围岩分级方法的研究，具有代表性的有：谷德振（1979）岩体质量指数 Z 法、国标 BQ 分级法（1994）、水力发电系统围岩工程地质分级 HC 法（1999，2006）；此外，还有弹性波指标 Za 法，块度模数 MK 法，爆破性指标 N 分级法，岩体质量指标 M 分级法，岩体力学质量系数 Q 分级法，林韵梅岩石稳定性，可钻性和爆破性综合分级法，HSMR 分级法，JPQ 法，JPHC 法围岩分级体系等。

近年来，新技术、新理论也逐渐被引入岩体质量分析中，杜时贵（1997）、连建发（2001）等将分形理论运用于岩体质量评价中，提出岩体质量分维数分级法；王锦国等（2001）、陈志坚等（2002）、申艳军（2010）基于模糊数学、可拓方法建立了岩体质量评价的综合评判模型；慎乃齐等（2002）、王迎超等（2010）将神经网络、遗传算法理论运用于岩体质量评价中；孙恭尧等（2002）建立了岩体质量评价的专家系统模型，杨小永（2006）提出基于模糊信息分析模型的围岩分级专家系统；章杨松（2002）、付正飞等（2006）、申艳军（2014）将风险分析、概率理论引入到岩体质量评价中。

需要指出的是，目前关于围岩质量评价系统研究仍存在一些亟待改善的问题，如：①对工程因素对围岩质量影响作用考虑不足；不论国外通用的 RMR 法、

Q 法、GSI 法还是国内水电行业 HC 法、国标 BQ 法，均未全面考虑工程因素对围岩岩体质量劣化影响，而实际上，随着工程规模的不断扩大，人类活动对围岩岩体质量的影响越来越大，忽视工程开挖因素必将使评价结果偏向风险。不论是国外 Bieniawski、Palmstrom、Sapigni 等，还是国内孙广忠等（1985）均指出，对于围岩岩体质量评价需要考虑工程扰动的影响。可喜的是，目前国内外学者已认识到该问题，并逐渐展开了相关探讨研究。②对围岩分级方法适用性缺乏足够关注；目前，国内外对于围岩分级方法均存在一定程度的滥用，忽视了对其评价体系的适用条件的研究，使评价结果严重失真；同时，引入大量数学理论对围岩分级方法不断改进，忽视各评价指标的本源关系，可能会出现一定谬误。③对各围岩分级方法横向关联性研究不足；目前各围岩分级方法已在工程领域得到广泛应用，但对于各方法中评价指标的内在关联性研究不足，致使同样一组描述指标，不同分级方法出现不同的评分结果，同样，不同分级方法侧重的描述指标的不同，会造成现场岩体结构特征数据采集的缺失或重复，不利于工作的有效开展。

1.2.3　工程因素对围岩质量的影响作用研究现状

在地下工程建设过程中，工程因素对岩体结构特征的影响显而易见，在同一地质环境条件下，由于开挖规模、开挖方法、开挖走向、开挖形状、工程进度及工程重要性程度等不同，其围岩质量评价结果亦截然不同。但实际应用中，如Palmstrom 和 Broch（2006）所言"绝大多数围岩分类方法评价岩体质量及相应支护方法时，未考虑开挖方法等工程因素对隧洞、矿井及地下硐室等岩体质量的影响，而事实上，开挖扰动等工程因素影响是显著的，属必须考虑的因素"。

国际方面，Barton（1974）在建立 Q 法支护体系时，引入了"等效直径 D_e"的概念，根据工程的重要性程度（ESR）换算硐室（隧道）等效跨度尺寸，进而推荐相应支护方法，该思路等效于据工程重要性确定各支护对象的安全系数，但因其考虑硐室（隧道）跨度的影响，对于后期考虑工程因素对围岩质量影响仍有一定启迪意义；Bieniawski（1989）分析节理产状与工程开挖方向的组合关系对围岩质量评价的影响，该思路在 RMR 法、国标 BQ 分级法及水力发电系统 HC 法中均得以体现；Milne（1998）基于对 RQD、RMR 及 Q 法的适用性分析，提出可适用各围岩分级方法的最大跨度、高度及相应支护建议；Sonmez（1999）对GSI 法予以修正，首次提出了工程开挖扰动对 GSI 值的劣化影响的概念；Mihalis（2001）考虑硐室（隧道）高度 H 和跨度 D 对围岩稳定性的影响，根据不同 GSI值的隧道岩体质量结果提出了隧道稳定性系数（TSF）的表示方法；Hoek 等（2002a）首次提出工程扰动系数 D，并对 Hoek-Brown 经验准则予以修正，同时给出了确定扰动系数 D 的指导建议，但确定方法相对粗糙；Palmstrom 和 Broch（2006）从理论角度指出围岩分级方法必须考虑工程因素对围岩质量的影响；

Barton（2007）强调工程扰动对围岩质量的影响，提出未来的围岩分级方法必须考虑工程扰动的影响；Stille（2008）考虑了工程因素对围岩质量的显著影响，建议根据 CF 值的不同确定不同的节理块体体积值 V_b；Tsiambaos（2010）基于 GSI 和岩块点荷载强度值，提出考虑不同施工方法和开挖扰动的围岩分级方法。

国内方面，孙广忠（1985）首次提出围岩质量评估需考虑工程规模对评价结果的影响；王明年（1998）针对公路隧道施工阶段围岩分级存在的混乱现状，提出了建立施工期公路隧道围岩分级体系的思路和初步设想；周建民（2005）通过对节理岩体硐室支护代价、塑性松动区半径和岩体宏观力学参数尺寸效应的分析，由硐室跨度增加导致围岩稳定程度降低情况，强调重视围岩分级中硐室跨度因素的影响，并建议通过研究岩体强度等物理力学指标的尺寸效应，来考虑硐室跨度对围岩分级结果影响；刘宝许等（2005）针对高速公路隧道工程施工的特点，基于动态化的围岩分级，采用多种方法对隧道围岩进行地质跟踪调查与预测，从而实现对公路隧道动态稳定性的评价；王明年等（2009，2010）对隧道施工阶段的围岩分级详细评价，提出应用自稳跨度建立岩质围岩统一的亚级分级标准，并应用多种理论手段建立了一套实用的施工阶段围岩亚级分级方法。

但总体而言，目前针对工程因素对围岩质量劣化效应评价研究仍不足，以上研究成果多分析施工阶段某一工程因素对围岩质量的定性化影响，Hoek 等（2006）虽提出工程扰动系数 D 概念，但仍依据施工方法和掌子面的开挖现状确定，而未实现整个工程因素（包括开挖尺寸、开挖方法、开挖进度等）对围岩质量劣化效应的定量化研究与表示。此外，工程因素在围岩分级体系的定位问题尚未解决。虽然多位知名学者（Palmstrom，1995；孙广忠等，1985）强调工程因素对施工期围岩质量的影响，但如何将工程因素在围岩分级体系中体现，如何实现工程因素对围岩质量的劣化效应定量表示，目前仍未得到有效解决。

1.2.4 地应力划分及其对围岩质量影响研究现状

随着国内深部地下工程的大力开展建设，工程中遇到的与地应力有关的工程问题越来越突出。初始地应力测量到现在已有 80 余年的历史，其测试技术、测试方法都有长足发展和广泛应用，准确地把握地应力状态是合理分析、评价地应力对工程稳定性影响的基础。初始地应力状态的划分对于地下工程围岩分类、地下硐室围岩破坏模式预判、地下工程支护等都会产生影响。地应力对于围岩破坏模式的影响，不仅体现在地应力的大小、量级方面，地应力方向也对围岩破坏模式具有影响，如：层状岩体在高地应力条件下产生的岩层弯折等破坏现象。目前，国内外对于地应力状态的划分并未形成一个统一的标准和认识，地矿、水电、交通、建设等不同行业均有不同的标准。

目前地应力状态划分的主要方法标准可概括为定量、定性两大类。其中，定量标准根据评价指标又可分为绝对量值标准及相对性标准，详见表 1.2 所示。而定性标准主要为高地应力区特有的地质标志，如孙广忠（1985）通过对一些大型水电工程区地应力状态系统总结，提出：①岩心饼化、围岩产生岩爆、剥离；②收敛变形大，软弱带挤出；③水下开挖无渗水；④开挖过程中瓦斯突出等高地应力区典型地质标志。

表 1.2　国内外主要地应力定量划分标准汇总

方法	评价指标	地应力状态划分				备注
		极高	高	中等	低	
绝对量值标准	实测值/MPa		>20			多年来一般经验
		>40	20~40	10~20	<10	GB 50287—2006《水力发电工程地质勘察规范》
相对性标准	强度应力比 (R_b/σ_1)		<2	2~4	>4	法国隧协、日本应用地质协会
			<2.2	2.2~4	>4	苏联顿巴斯矿区
		<4	4~7		>4	GB 50218—2014《工程岩体分级标准》
		<2	2~4	4~7	>7	GB 50287—2006《水力发电工程地质勘察规范》
	$n=I_1/I_1^0$	>2	1.5~2	1~1.5		天津大学薛玺成等（1987）[1]
	$\sigma_1/\gamma H$	≥1				陶振宇（1983）[2]

注：1. I_1 为实测地应力的主应力之和，I_1^0 为相应测点的自重应力主应力之和。2. σ_1 为最大主应力；γ 为上覆岩体平均容重；H 为上覆岩体厚度（或埋深）。

工程应用过程中，利用初始地应力对地应力状态评价尚存在以下不足：①对地应力实测数据理解不够深入，忽略工程地质环境背景，仅用数值的大小来评判工程区应力状态的高低；②地应力状态划分的目的性不明确，简单套用规范或公认的方法来评判地应力状态，缺乏多指标、多角度的综合分析和评价；③目前的划分标准往往只考虑第一主应力，但某些工程的中间主应力甚至最小主应力都可能接近或超过 20MPa，此时高地应力标准是不是需要考虑其他主应力的影响。由于应力状态划分的目的主要是为围岩稳定性研究提供服务，在特定条件下，是否需要综合考虑地应力量级、倾角均是值得进一步研究的课题。

关于高地应力对围岩质量影响分析，沈东东（2009）曾总结分析了常用分级方法在深埋藏、高地应力隧道中的适宜性及其产生偏差原因；赵其华等（2008）针对高地应力环境及存在岩爆问题，认为应对 Q 系统、HC 分级、RMR 方法进行修正以更好适应高地应力状况下的围岩质量评价，其借此提出基于概率统计方法的高地应力区围岩综合分类方案；寇佳伟（2006）、王广德等（2006）通过研究各分级方法适用条件及优缺点，指出应考虑通过引入地应力修正系数、岩爆烈度、水力劈裂临界水头压力等指标，提出一套适合高地应力区的围岩分级综合体系；陈坤福等（2007）提出了基于地应力因素围岩稳定性判据及应用实测地应力进行围岩分类的方法。但需要指出，若仅仅针对高地应力环境下具体工程的围岩分级结果进行修正，相关指标取值标准均依据该具体工程展开，其普适性及推广价值受限，而且各研究人员提出的新分级方法指标、结构体系各异，与规范推荐方法存在较大差距，使得实用性受到限制。而基于目前常用分类方法思路，从方法内核出发，探究方法本身在评价高地应力区存在的缺陷，通过广泛归纳、总结高地应力区大量工程实例分类结果，系统改变目前分类方法存在的固有缺陷，不失为目前更为合理的优化思路。

1.2.5 围岩力学参数多元化估算方法研究现状

围岩力学参数值对于工程设计、施工具有重要的指导价值，因此，开展围岩力学参数的判定现实意义重大。但是因结构面的存在，力学参数难以准确测定，多通过完整岩块力学测试折减、现场测试、经验估算、反演分析等手段实现。概括来说，围岩力学参数的确定方法可分为直接法和间接法，其中，直接法指在室内或现场进行岩体力学试验，依据试验实测曲线及强度折减思路拟合得出围岩力学参数；间接法则通过经验统计、围岩质量评价结果、位移反分析等手段来间接获得岩体参数。此外，数值试验确定围岩力学参数方法也正逐渐成为一条全新的发展途径。

关于室内试验和原位测试方面，对于地下岩体工程，一般认为，依据岩体力学特性进行现场试验要比室内试验结果更为合理，如：陶振宇（1991）研究发现，钻孔千斤顶和膨胀仪的试验结果是平板荷载试验的 1/3 ~ 1/2，单轴试验测试值比膨胀仪要大 2.5 倍，而地震波发射仪测试力学参数值比膨胀仪要大 2 倍。因此工程上不太可能大面积地进行，这使得间接法得以广泛运用。

基于经验准则获取围岩力学参数，因其使用简单、应用方便，正逐渐成为工程上最常采用的方法之一。其经验公式法的基本思路为：根据大量的工程实践经验，选取与围岩岩体质量相关的因素（如岩体波速 V_p、Q 指标值、RMR 指标值和 RQD 值等）作为输入参数，然后建立诸类值与岩体力学参数的经验关系式，进而实现对岩体的力学参数的推求。Ikeda（1970）利用岩体的弹性波速与单轴抗压强度的统计理论关系，建立岩体弹性波速度估算单轴抗压强度的经验公式。这一研究成果较早用弹性波波速建立与岩体抗压强度的关系，后得到了较为广泛的推广；Bieniawski（1978）则较早引入围岩分级结果表示岩体力学参数的思路，建立了 RMR 和岩体弹性模量 E_m 的经验表达式，此后 Serafim 和 Pereira（1983）对公式进行了补充；Grimstad、Barton（1993）提出了用 Q 指标（$Q>1$）估算岩体弹性模量 E_m 公式；Palmstrom（1995）建立了 RMi（RMi>0.1）和岩体弹性模量 E_m 的经验关系。

最具有代表性的经验准则法则是 Hoek 等（1994，1998）依据 GSI 法求取岩体的力学参数的方法，该方法用岩块力学参数和节理特征参数来估计裂隙岩体的参数，Hoek 等（2002a）实现用 GSI、D、a、m_b 及 s 表示岩体弹性模量 E_m、抗剪强度指标 c、φ；Hoek 和 Diederichs（2006）建立了用 GSI 和 D 来表示岩体变形模量 E_m 的简明表达式；另外，Cai（2004，2007）等建立了 GSI、岩块抗压强度 σ_c 与岩体变形模量 E_m 以及其他力学参数间的关系，并建立了利用 GSI 获取岩体残余强度的经验公式；Russo（2009）将 GSI 法和 RMi 有效结合，进而实现对岩体强度参数的经验表示；Isik（2008）则将 GSI 值和 RMR 结合，推导 GSI 和 RMR 之间的关系，建立了岩体弹性模量 E_m 与 GSI、RMR 的经验公式。

关于基于监测数据的位移反分析确定围岩力学参数方面，杨志法（1982）提出由位移量测值确定围岩力学参数的"图谱法"；郑颖人等（1986）用边界元法进行弹塑性位移反分析，根据围岩位移值反算初始地应力和变形模量；李立新（1997）探讨了人工神经网络在非线性位移反分析中的应用；冯夏庭（1999）较早将人工神经网络与遗传算法相结合，提出了一种用于位移反分析的进化神经网络方法。实现了对岩体力学参数的最优辨识；此后，丁德馨（2004）、刘耀儒（2006）、孙晓光（2007）应用自适应模糊推理、改进遗传算法、蚁群算法等方法进行力学参数反演；田华（2007）提出地下厂房围岩参数场的概念，利用增量位移和遗传算法优化反演其值，对硐室附近围岩弹性模量进行了反演计算。

随着计算机技术、计算方法理论、数值分析理论的发展，综合现场地质调查、结构面统计，结合室内小试件试验，模拟岩体节理裂隙，研究不同尺度的"岩体试件"力学行为的数值试验研究方法近来发展迅速。数值方法可以模拟任意尺度下的岩体试验，可以弥补当前大尺度岩体试验的不足，具有方便高效、经济适用等优点。何满潮（2001）提出应用数值试验岩体力学参数预测方法，实现将现场调查、室内实验以及数值分析有效结合，该思路为准确确定裂隙岩体的力学参数开辟了一条新的途径。

针对数值试验确定岩体力学参数方法，目前基于不连续介质理论对节理岩体展开的数值试验值得关注，李世海（2003）采用三维离散元模拟了含节理岩块的单轴压缩试验，通过试验定量地说明了岩体的各向异性和尺寸效应特征；程东幸（2006）应用离散元 3DEC 进行了岩石数值单轴压缩试验、直剪试验以及岩体结构面直剪试验，确定了加锚节理岩体的等效力学参数；李树忱（2007）运用无网格流形方法追踪岩体试件在复杂应力状态下裂纹扩展过程；焦玉勇（2007）提出一种用非连续变形分析方法模拟岩石裂纹扩展的方法，可实现模拟裂纹萌生、扩展、贯通和岩体破碎全过程；徐金明（2010）基于非连续介质理论的颗粒流方法，将材料离散成刚性颗粒组成的模型，获得了岩体的颗粒接触力、颗粒接触模量、接触连接强度和连接刚度比等细观力学参数。总体而言，数值试验方法方兴未艾，需要不断改进提高。数值试验方法为确定节理岩体的力学参数值提供了一条新的途径，但由于处于初始发展阶段，仍存在大量亟待解决的问题，譬如如何选取具有代表性的岩体分级模型，如何实现对岩体材料的准确建模，如何有效解决数值试验边界条件的问题等。

1.3 本书研究内容及特色

1.3.1 主要研究内容

本书以大岗山水电站地下洞室群为研究对象，以期实现以下两个主要目标：①立足于"岩体结构控制论"，探讨大型地下工程围岩岩体结构及所赋存地质环境特征，并充分考虑工程扰动、地应力等因素对围岩质量评价劣化影响，建立可较好反映大型地下工程围岩赋存特征的集成化围岩分级体系，实现"一次输入，多种评价方法结果输出"要求；②以围岩分级体系结果为基础，应用多元化分析方法探讨围岩力学参数与分级结果内在关联，实现基于围岩分级体系结果较准确获取其力学参数，最终获得可全面反映不同围岩类别对应的力学参数，并弄清力学参数动态演化与围岩稳定性影响规律的关系，为支护设计方案选取、现场施工的优化提供科学依据。主要研究内容包括：

（1）围岩岩体结构精细化描述体系及定量化表示。在对国内外大型地下工程特征调研分析基础上，以大岗山水电站施工期现场围岩岩体结构特征跟踪调查为例，开展区域地质演化状况分析、岩体力学性状测定及描述，结构面工程地质分级、结构面空间分布规律、结构面内在发育特征调查，进一步实现对其岩体结构特征精细化描述指标的确定；此外，充分考虑地下水、地应力状况等赋存地质环境因素及其对围岩质量的影响分析，并应用相关数学方法、经验公式对评价指标进行定量化表示，为围岩分级体系建立提供评价依据。

（2）常用围岩分级方法评价因素间关联性分析。对目前国内外常用的围岩分级方法予以归纳总结，分析各分级方法的评价思路、适用范围、各评价因素分级的优劣性，并借此探讨不同围岩分级方法中各评价因素存在的差异性、关联性，进一步探讨对不同分级法中相同评价因素的等价转换方法，为实现集成化围岩分级体系奠定技术基础。

（3）反映工程扰动、地应力特征的集成化围岩分级体系。有效整合常用围岩分级方法各评价因素，汲取原有围岩分级方法的优点，形成独立的各评价因素分级体系；探讨工程因素（开挖尺寸、开挖方向及进度、施工方法、工程重要性程度）对围岩分级方法各评价因素的影响，并提出各自的"劣化系数"定量化表示方法，实现将工程因素引入围岩分级体系中；同时开展高地应力标准划分方法研究，并提出将地应力控制因素引入集成化围岩分级体系的实现思路；最后，应用 VB. Net 语言编写程序，形成"集成化围岩分级体系"可视化程序，实现"一次输入，多种评价方法结果输出"。选取大岗山（代表一般应力状况）、猴子岩（代表高地应力状况）水电站地下硐室群地质调查资料对评价结果进行验证。

（4）大型地下工程围岩力学参数试验估算方法。以大岗山水电站地下厂房区为对象，开展围岩力学参数试验估算研究，以施工期围岩分级结果为依据，应用室内试验、原位测试、数值试验等多种手段实现不同围岩类别所对应的力学参数估算分析。

（5）大型地下工程围岩力学参数经验估算方法。系统归纳国内外围岩力学参数的经验估算分析方法，以大岗山水电站地下厂房区围岩为研究对象，探讨工程经验统计法、围岩分级方法与力学参数关联法、概率可靠度法等多元化手段对围岩岩体力学参数的估算分析，为围岩力学参数的多元化经验估算提供实现途径。

（6）大型地下工程围岩力学参数动态演化特征分析。基于围岩力学参数统计方法和概率分布形式总结，以大岗山水电站地下厂房区为对象，开展不同围岩类别力学参数的统计规律特征分析，并依据相关力学参数的统计规律，探究各力学参数对围岩变形、破坏的敏感性影响程度。基于敏感性分析结果，选取对围岩变形、塑性区具有高敏感性的力学参数指标，通过设计正交试验分析方法，得出一系列对地下厂房分步开挖现场施工手段、支护参数选取等有益的结论，以期发挥围岩力学参数估算结果对现场动态化设计、施工的指导价值。

1.3.2　主要特色

本书针对大型地下工程围岩质量评价方法及力学参数估算开展系统研究，以期为大型地下工程围岩质量及力学参数的准确评价提供参考，本书的研究特色可概括如下：

（1）对围岩质量评价指标进行了高度概括，其相关质量统一归纳为：①岩体自身发育特征指标、②赋存地质环境特征指标及③工程因素指标等3类，在对常用围岩分级方法适用范围、相关性讨论基础上，建立了各围岩分级方法评价指标的内在关联图表，为建立集成化围岩分级体系提供技术基础。

（2）在国内较早系统探讨工程因素（开挖尺寸、开挖走向、施工方法等）对围岩质量评价结果的影响，并提出各自的"劣化系数"的定量化表示法；同时，分析了开挖进度、工程重要性程度与支护体系的内在关联性特征，提出工程围岩质量评价体系确定方法。

（3）从围岩评价方法内核出发，系统整合常用围岩分级方法，并引入工程因素、地应力指标，提出可综合反映工程扰动、地应力特征的多体系集成化围岩分级体系（自然状况下围岩质量评价体系、工程围岩分级体系和针对性支护体系等），并应用 VB. Net 语言编制了"大型地下工程集成化围岩分级体系"可视化程序 V1.0、V2.0，实现了"一次输入，多种分级方法评价结果输出"的目标。

（4）系统归纳了国内外围岩力学参数的估算方法，并明确了试验测试、经验估算等方法进行力学参数估算的流程及方法，通过与行业规范、评价方法对比，验证各自方法的适用性与优劣性，为大型地下工程围岩力学参数估算提供了系统化实现手段。

（5）开展围岩力学参数估算，结果动态反馈指导工程设计、施工研究；基于围岩力学参数分布特征规律统计结果，考虑采用敏感性分析方法进行不同力学参数对围岩变形、塑性区变化的敏感性程度排序，并基于敏感性程度分析结果，通过正交数据试验探讨分步开挖围岩变形、塑性区的变化过程，评价高敏感性力学参数与其对应的稳定性演化关联性规律，为力学参数估算动态反馈应用提供思路。

参 考 文 献

柴贺军，黄地龙，黄润秋，等.2001.岩体结构三维可视化及其工程应用研究 [J].岩土工程学报，23（2）：217-220.

陈剑平，王清，肖树芳.1995.岩体裂隙网络分数维计算机模拟 [J].工程地质学报，3（3）：79-85.

陈剑平，王清，谷宪民，等.2007.岩体节理产状极点分布的分形维 [J].岩石力学与工程学报，26（3）：501-508.

陈志坚，朱代洪，张雄文.2002.围岩质量综合评判模型和大坝建基面优选模型的建立 [J].河海大学学报（自然科学版），30（4）：88-91.

程东幸，潘炜，刘大安，等.2006.锚固节理岩体等效力学参数三维离散元模拟 [J].岩土力学，27（12）：2127-2132.

丁德馨，张志军.2004.位移反分析的自适应神经模糊推理方法 [J].岩石力学与工程学报，23（18）：3087-3092.

杜时贵.1993.直边法估测 JRC 的实践检验 [C] //第三届全国青年工程地质学术讨论会论文集.成都：成都科技大学出版社，575-579.

杜时贵，李军，徐良明，等.1997.岩体质量的分形表述 [J].地质科技情报，20（1）：91-96.

冯夏庭，张治强，杨成祥，等.1999.位移反分析的进化神经网络方法研究 [J].岩石力学与工程学报，18（5）：529-533.

冯增朝，赵阳升，文再明.2005.岩体裂缝面数量三维分形分布规律研究 [J].岩石力学与工程学报，24（4）：601-609.

谷德振.1979.岩体工程地质力学基础 [M].北京：科学出版社.

谷德振，王思敬.1985.中国工程地质力学的基本研究 [M].北京：地质出版社.

何满潮，薛廷河，彭延飞.2001.工程岩体力学参数确定方法的研究 [J].岩石力学与工程学报，20（2）：225-229.

何满潮, 刘斌, 徐能雄 . 2003. 工程岩体三维可视化构模系统的开发 [J]. 中国矿业大学学报, 32 (1): 38-43.

黄润秋, 许模, 陈剑平, 等 . 2004. 复杂岩体结构精细描述及其工程应用 [M]. 北京: 科学出版社 .

贾洪彪, 马淑芝, 唐辉明, 等 . 2002. 岩体结构面网络模拟工程应用研究 [J]. 岩石力学与工程学报, 22 (5): 976-979.

贾洪彪, 唐辉明, 刘佑荣, 等 . 2008. 岩体结构面三维网络模拟理论与工程应用 [M]. 北京: 科学出版社 .

焦玉勇, 张秀丽, 刘泉声, 等 . 2007. 用非连续变形分析方法模拟岩石裂纹扩展 [J]. 岩石力学与工程学报, 27 (4): 682-691.

鞠杨, 谢和平, 郑泽民, 等 . 2014. 基于 3D 打印技术的岩体复杂结构与应力场的可视化方法 [J]. 科学通报, 59 (32): 3109-3119.

李立新, 王建党, 李造鼎 . 1997. 神经网络模型在非线性位移反分析中的应用 [J]. 岩土力学, 18 (2): 62-66.

李世海, 董大鹏, 燕琳 . 2003. 含节理岩块单轴受压试验三维离散元数值模拟 [J]. 岩土力学, 24 (4): 648-652.

李树忱, 李术才 . 2007. 断续节理岩体破坏过程的数值方法及工程应用 [M]. 北京: 科学出版社 .

连建发, 慎乃齐, 张杰坤 . 2001. 分形理论在岩体质量评价中的应用研究 [J]. 岩石力学与工程学报, 20 (S1): 1695-1698.

刘宝许, 乔兰, 李长洪 . 2005. 基于动态围岩分类的高速公路隧道围岩稳定性评价方法 [J]. 北京科技大学学报, 27 (2): 146-149.

刘耀儒, 杨强, 刘福深, 等 . 2006. 基于并行改进遗传算法的拱坝位移反分析 [J]. 清华大学学报, 46 (9): 1542-1550.

卢波, 陈剑平, 王良奎 . 2002. 基于三维网络模拟基础的复杂有限块体的自动搜索及其空间几何形态判定 [J]. 岩石力学与工程学报, 21 (8): 1232-1238.

卢波, 陈剑平, 葛修润, 等 . 2005. 节理岩体结构的分形几何研究 [J]. 岩石力学与工程学报, 24 (3): 461-467.

潘别桐, 井兰如 . 1989. 岩体结构概率模拟和应用 . 岩石力学新进展 [M]. 沈阳: 东北工学院出版社, 55-57.

申艳军, 徐光黎, 张亚飞, 等 . 2010. 基于集对分析的可拓学方法在地下硐室围岩分类中的应用 [J]. 地质科技情报, 5 (29): 125-130.

沈东东 . 2009. 高地应力围岩分级方法适宜性分析探讨 [J]. 现代隧道技术, 46 (6): 43-47.

慎乃齐, 刘飞, 连建发 . 2002. 人工神经网络在围岩稳定性分类中的应用 [J]. 工程地质学报, 10 (S): 436-438, 472.

孙恭尧, 黄卓星, 夏宏良 . 2002. 坝基岩体分级专家系统在龙滩工程中的应用 [J]. 红水河, (3): 6-11.

孙广忠 . 1983. 岩体力学基础 [M]. 北京: 科学出版社 .

孙广忠 . 1985. 岩体工程地质研究现状及展望 [J]. 工程勘察, 1: 20-23.

孙广忠 . 1988. 岩体结构力学 [M]. 北京: 科学出版社 .

孙洪泉, 谢和平 . 2008. 岩体断裂表面的分形模拟 [J]. 岩土力学, 2 (29): 347-352.

孙晓光, 周华强, 何荣军. 2007. 基于蚁群算法和神经网络的位移反分析 [J]. 西安科技大学学报, 27 (4): 569-572, 589.

孙玉科. 1986. 岩体边坡稳定分析 [J]. 岩石力学与工程学报, 5 (1): 91-102.

陶振宇. 1991. 岩石力学原理与方法 [M]. 武汉: 中国地质大学出版社.

田华, 肖明. 2007. 地下厂房围岩参数场位移反分析 [J]. 武汉大学学报 (工学版), 40 (2): 38-41.

王锦国, 周志芳, 杨建, 等. 2001. 溪洛渡水电站坝基岩体工程质量的可拓评价 [J]. 勘察科学技术, 6: 21-25.

王明年, 何林生. 1998. 建立公路隧道施工阶段围岩分级的思考 [J]. 广东公路交通, (S1): 125-127.

王明年, 刘大刚, 刘彪, 等. 2009. 公路隧道岩质围岩亚级分级方法研究 [J]. 岩土工程学报, 10 (31): 1590-1594.

王明年, 炜韬, 刘大刚, 等. 2010. 公路隧道岩质和土质围岩统一亚级分级标准研究 [J]. 岩土力学, 2 (31): 547-552.

王迎超, 孙红月, 尚岳全, 等. 2010. 基于特尔菲-理想点法的隧道围岩分类研究 [J]. 岩土工程学报, 32 (4): 651-656.

伍法权. 1993. 统计岩体力学原理 [M]. 武汉: 中国地质大学出版社.

谢和平, Pariseau W G. 1994. 岩石节理粗糙系数 (JRC) 的分形估计 [J]. 中国科学 B 辑, 24 (5): 524-530.

徐光黎, 唐辉明, 潘别桐. 1993. 岩体结构模型与应用 [M]. 武汉: 中国地质大学出版社.

徐金明, 谢芝蕾, 贾海涛. 2010. 石灰岩细观力学特性的颗粒流模拟 [J]. 岩土力学, 31 (S2): 390-395.

徐能雄, 何满潮. 2003. 褶皱岩体三维可视化构模技术及其工程应用 [J]. 岩土工程学报, 25 (4): 418-421.

徐能雄, 武雄, 汪小刚, 等. 2006. 基于三维地质建模的复杂构造岩体六面体网格剖分方法 [J]. 岩土工程学报, 28 (8): 957-961.

杨小永, 伍法权, 苏生瑞, 等. 2006. 公路隧道围岩模糊信息分类的专家系统 [J]. 岩石力学与工程学报, 21 (1): 100-105.

杨志法, 王思敬, 等. 2002. 岩土工程反分析原理及应用 [M]. 北京: 地震出版社.

张向东, 徐峥嵘, 苏仲杰, 等. 2001. 采动岩体分形裂隙网络计算机模拟研究 [J]. 岩石力学与工程学报, 20 (6): 809-812.

张宜虎, 周火明, 邬爱清. 2009. 结构面网络模拟结果后处理研究 [J]. 岩土力学, 9 (30): 2855-2861.

张倬元, 王士天, 王兰生. 1994. 工程地质分析原理 [M]. 北京: 地质出版社.

郑颖人, 张德微, 高效伟. 1986. 弹塑性问题反映计算的边界元法 [M]. 上海: 同济大学出版社, 377-386.

中华人民共和国国家标准编写组. 2006. 水力发电工程地质勘察规范 (GB 50287—2006) [S]. 北京: 中国计划出版社.

中华人民共和国国家标准编写组. 2015. 工程岩体分级标准 (GB 50218—2014) [S]. 北京:

中国计划出版社.

钟登华, 李明超, 杨建敏. 2005. 复杂工程岩体结构三维可视化构造及其应用 [J]. 岩石力学与工程学报, 24 (4): 575-580.

钟登华, 李明超, 刘杰. 2007. 水利水电工程地质三维统一建模方法研究 [J]. 中国科学 E 辑, 37 (3): 455-466.

周创兵, 叶自桐, 何炬林, 等. 1998. 岩石节理张开度的概率模型与随机模拟 [J]. 岩石力学与工程学报, 17 (3): 267-267.

周建民, 金丰年, 王斌, 等. 2005. 洞室跨度对围岩分类影响探讨 [J]. 岩土力学, 26 (S1): 303-305.

周维垣, 杨若琼, 尹建民, 等. 1997. 三维岩体构造网络生成的自协调法及工程应用 [J]. 岩石力学与工程学报, 16 (1): 29-35.

Barton N. 1973. Review of a new shear strength criteria for rock joints [J]. Engineering Geology, (7): 287-332.

Barton N. 1987. Rock mass classification, tunnel reinforcement selection using the Q-system [C]. Rock Classification Systems for Engineering Purposes. ASTM International.

Barton N. 1999. TBM performance estimation in rock using Q_{TBM} [J]. Tunn Undergr Sp Tech, (9): 30-34.

Barton N. 2002. Some new Q-value correlations to assist in site characterization and tunnel design [J]. International Journal of Rock Mechanics and Mining Sciences, 39 (2): 185-216.

Barton N. 2007. Future directions for rock mass classification and characterization-Towards a cross-disciplinary approach [C]. Rock Mechanical: Meeting Society's Challenges and Demands, (1-2): 179-189.

Barton N, Lien R, Lunde J. 1974. Engineering classification of rock masses for the design of tunnel support [J]. J Rock Mech, 6 (4): 189-236.

Bieniawski Z T. 1973. Engineering classification of jointed rock masses [J]. Civil Engineer in South Africa, 15 (12): 335-344.

Bieniawski Z T. 1978. Determining rock mass deformability: experience from case histories [C] //International Journal of Rock Mechanics and Mining Sciences & Geomechanics Abstracts. Pergamon, 15 (5): 237-247.

Bieniawski Z T. 1989. Engineering rock mass classifications: a complete manual for engineers and geologists in mining, civil and petroleum engineering [M]. New York: Wiley, 215.

Cai M, Kaiser P K, Uno H, et al. 2004. Estimation of rock mass deformation modulus and strength of jointed hard rock masses using the GSI system [J]. International Journal of Rock Mechanics and Mining Sciences, 41 (1): 3-19.

Cai M, Kaiser P K, Tasaka Y, et al. 2007. Determination of residual strength parameters of jointed rock masses using the GSI system [J]. International Journal of Rock Mechanics and Mining Sciences, 44 (2): 247-265.

Deere D U. 1964. Technical description of rock cores for engineering purposes [J]. Rock Mech & Eng Geol, 1: 17-22.

Dershowitz W S, Einstein H H. 1988. Characterizing rock joint geometry with joint system models [J]. Rock mechanics and rock engineering, 21 (1): 21-51.

Gokceoglu C, Aksoy H. 2000. New approaches to the characterization of clay-bearing, densely jointed and weak rock masses [J]. Engineering Geology, 58 (1): 1-23.

Grimstad E, Barton N. 1993. Updating the Q- system for NMT. Proc [C] //Int Symp on Sprayed Concrete, Fagernes, Norway. Norwegian Concrete Association, Oslo, 20.

Hamidi J K, Shahriar K, Rezai B, et al. 2010. Performance prediction of hard rock TBM using Rock Mass Rating (RMR) system [J]. Tunnelling and Underground Space Technology, 25 (4): 333-345.

Hoek E. 1994. Strength of rock and rock masses [J]. ISRM News, J2 (2): 4-16.

Hoek E, Brown E T. 1998. Practical estimates of rock mass strength [J]. Int J Rock Mech Mi Sci, 34: 1165-1186.

Hoek E, Diederichs M S. 2006. Empirical estimation of rock mass modulus [J]. Int J Rock Mech Min Sci, 43 (2): 203-215.

Hoek E, Kaiser P K, Bawden W F. 1995. Support of underground excavations in hard rock [M]. Rotterdam: Balkema.

Hoek E, Carranza-Torres C, Corkum B. 2002a. Hoek-Brown failure criterion-2002 edition [C] // Proceedings of 5th North American Rock Mechanical Symposium and Tunneling Association of Canada Conference: NARMS-TAC, 267-271.

Hoek E, Marinos P G, Marinos V P. 2005. Characterisation and engineering properties of tectonically undisturbed but lithologically varied sedimentary rock masses [J]. International Journal of Rock Mechanical and Mining Sciences, 42 (2): 277-285.

Hoek E, Marinos P, Benissi M. 2002b. Applicability of the geological strength index (GSI) classification for very weak and sheared rock masses: the case of Athens schist formation [J]. Bull Eng Geol Environ, 57: 151-60.

Hudson J A, Priest S D. 1983. Discontinuity frequency in rock masses [C] //International Journal of Rock Mechanics and Mining Sciences & Geomechanics Abstracts. Pergamon, 20 (2): 73-89.

Ikeda K A. 1970. A classification of rock conditions for tunnelling [J]. 1st Int Congr Eng Geology, IAEG, Paris, 1258-1265.

Isik N S, Doyuran V, Ulusay R. 2008. Assessment of deformation modulus of weak rock masses from pressuremeter tests and seismic surveys [J]. B Eng Geol Environ, 67: 293-304.

Kulatilake P, Wu T H. 1984. Estimation of mean trace length of discontinuities [J]. Rock Mech and Rock Eng, 17 (4): 215-232.

Mihalis I K, Kavvadas M J, Anagnostopoulos A G. 2001. Tunnel Stability Factor—A new parameter for weak rock tunneling [J]. Proceedings of the Fifteenth International Conference on Soil Mechanical and Geotechnical Engineering, 1-3: 1403-1406, 2399.

Milne D, Pakalnis R. 1998. Rock mass characterization for underground hard rock mines (Reprinted from Canadian Tunnelling, 1998) [J]. Tunn Undergr Sp Tech, 13: 383-391.

Palmstrom A. 1995. RMi—a rock mass characterization system for rock engineering purposes [D].

PhD thesis, University of Oslo, Department of Geology.

Palmstrom A, Broch E. 2006. Use and misuse of rock mass classification systems with particular reference to the Q-system [J]. Tunnels and Underground Space Technology, 21: 575-593.

Palmstrom A, Singh R. 2001. The deformation modulus of rock masses—comparisons between in situ tests and indirect estimates [J]. Tunnelling and Underground Space Technology, 16 (2): 115-131.

Pells P J, Bertuzzi R. 2008. Discussion on article titled "Use and misuse of rock mass classification systems with particular reference to the Q-system" by Palmstrom and Broch [Tunnelling and Underground Space Technology, 21 (2006): 575-593] [J]. Tunnels and Underground Space Technology, 23 (3): 340-350.

Priest S D, Hudson J A. 1981. Estimation of discontinuity spacing and trace length using scanline surveys [C] //International Journal of Rock Mechanics and Mining Sciences & Geomechanics Abstracts. Pergamon, 18 (3): 183-197.

Russo G. 2007. Improving the reliability of GSI estimation: The integrated GSI-RMI system [C]. Underground Works under Special Conditions, 123-130, 159.

Russo G. 2009. A new rational method for calculating the GSI [J]. Tunn Undergr Sp Tech, 24 (1): 103-111.

Sapigni M, Bert M, Bethaz E, et al. 2002. TBM performance estimation using rock mass classifications [J]. Rock Mech Mining Sci, 39: 771-788.

Serafim J L, Pereira J P. 1983. Consideration of the geomechanical classification of Bieniawski [C]. Proc Int Symp on Engineering Geology and Underground Constructions, 1: 1133-1144.

Sonmez H, Gokceoglu C, Ulusay R. 2003. An application of fuzzy sets to the Geological Strength Index (GSI) system used in rock engineering [J]. Engineering Applications of Artificial Intelligence, 16 (3): 251-269.

Sonmez H, Ulusay R. 1999. Modifications to the Geological Strength Index (GSI) and their applicability to stability of slopes [J]. Int J Rock Mech Min Sci, 36: 743-760.

Stille H, Palmstrom A. 2008. Ground behaviour and rock mass composition in underground excavations [J]. Tunn Undergr Sp Tech, 23: 46-64.

Tsiambaos G, Saroglou H. 2010. Excavatability assessment of rock masses using the Geological Strength Index (GSI) [J]. B Eng Geol Environ, 69: 13-27.

Ulusay R, Gokceoglu C. 1997. The modified block punch index test [J]. Can Geotech J, 34: 991-1001.

Zhang L, Einstein H H. 2000. Estimating the intensity of rock discontinuities [J]. Int J Rock Mech Min Sci, 37 (5): 819-837.

Zhang L Y, Einstein H H. 2010. The Planar Shape of Rock Joints [J]. Rock Mech Rock Eng, 43: 55-68.

第2章　大型地下工程围岩结构精细化描述评价体系构建

我国地下岩体工程规模日益增大,如:溪洛渡水电站主厂房尺寸(跨度×高度)为 32.8m×78.2m、白鹤滩水电站主厂房尺寸(跨度×高度)为 32.0m×78.5m、向家坝水电站主厂房尺寸(跨度×高度)可达 33.4m×85.5m,同样,施工难度亦在不断增大,如锦屏 I ~ II 级水电站地下厂房处于高-极高地应力区施工开挖,岩爆、劈裂鼓胀、突涌水事故屡次发生,为支护设计方案的选取提出了更高的技术要求,而实现合理、准确支护设计的前提在于围岩质量状况的准确认知。

在实际应用过程中,往往会出现不同围岩分类方法评价结果不一致的状况,究其核心原因在于,对现场围岩缺乏细致描述,导致在实际应用分类方法时,对某些定量指标值的确定存在"估"和"蒙"的嫌疑,难以满足工程的准确性要求。解决以上问题的必由之路在于提高对围岩岩体结构特征的定量化认知程度,而岩体结构精细化描述体系无疑是目前最佳的实现手段与方法。

岩体结构精细化描述体系最先由黄润秋等(2004)系统提出,其建立了详尽的岩体结构描述方法、描述体系等,为实现对围岩特征的准确认知奠定了地质基础;此后,胡波等(2007)扩充了精细化描述体系,提出了统计窗数码成像综合精细描述法;夏才初、许崇帮等(2010,2011)将其应用于金鸡山隧道节理特征描述,并借此进行了隧道围岩变形破坏分析及局部块体稳定性分析,取得了较好的工程效果。王述红(2012)提出了将确定性结构面与随机结构面相结合来模拟岩体结构面的方法,并明确确定性结构面、随机结构面的详细确定方法,运用三维网络模拟技术生成及结构面动态校核机制,建立精细结构面空间模型。以上研究为岩体结构精细化描述提供了借鉴思路。

本章旨在介绍大型地下工程围岩质量评价的精细化描述体系,分析其评价因素、评价方法、评价流程及标准等。首先,开展我国地下工程项目资料收集、整理,总结其规模与现状、围岩及地应力、变形与破坏等特点,并与国外地下工程特点开展对比,明确我国大型地下工程建设特点及精细化描述重点;其次,以大岗山水电站地下厂房区围岩岩体结构为研究对象,详细探讨厂房区围岩岩体结构地质演化机理、评价指标、描述体系、描述方法及统计规律等特征,并对研究区赋存地质环境特征予以详细介绍,形成了大型地下硐室施工期岩体结构特征的精细化描述体系,为建立"大型地下工程集成化围岩分类体系"提供原始地质素材和评价指标依据。

2.1　国内外大型地下工程特点

2.1.1　地下硐室群规模

与采矿巷道、公铁路隧道相比，水电地下硐室具有大断面、大跨度、高边墙的特点（图2.1）。其中，采矿巷道断面约在10m²，公路、铁路交通隧道断面在100m²左右，而目前水电地下硐室主厂房面积普遍大1~2个数量级，介于1500~3000m²之间。

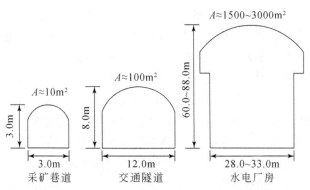

图2.1　矿业、交通、水电行业地下硐室尺寸示意图

图2.2为中日两国地下厂房断面面积随年份的变化情况，图中共收集了中国80个、日本43个地下厂房的数据。我国第一座水电站地下厂房——古田溪一级电站于1956年投入运行，其厂房尺寸为：59.6m（长）×12.5m（宽）×29.5m（高），断面面积约为369m²。日本于1943年建成了第一个地下水电站工程，其断面面积约为409m²。

随着时代的进步，两个国家的地下水电站的建设规模都在日趋增大。日本早于中国13年建设地下水电站，其中，最大的葛野川厂房断面面积约为1500m²；我国虽然晚于发达国家建设地下水电站，但是发展速度之快，是没有任何一个国家可以相比的，断面面积呈指数式急剧增大。如向家坝地下厂房尺寸为：255.4m（长）×33.4m（宽）×88.2m（高），断面面积达2945m²，约为日本最大断面的2倍，也是当今世界上最大断面的地下厂房。

我国地下厂房高度随时间的变化如图2.3所示。随着经济实力的增强，施工技术的快速发展，地下厂房的高度也呈指数式急剧增大。完工或在建的高度超过80m的地下厂房有：三峡87.24m，向家坝88.2m，糯扎渡81.7m，乌东德84.8m等。日本最高的新高濑川地下厂房高度为59.5m，约为向家坝高度的2/3。我国诸如以上地下水电工程的高度当今世界上罕有。

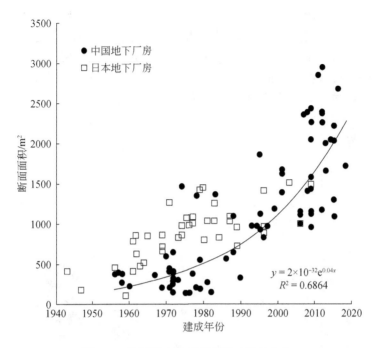

图 2.2　地下厂房断面面积随时间的变化

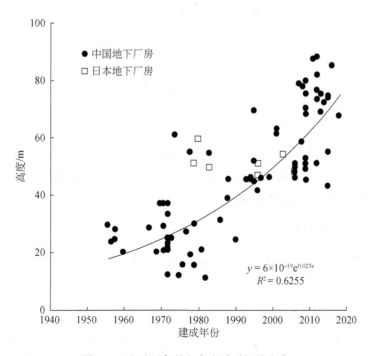

图 2.3　地下厂房硐室高度随时间的变化

　　图 2.4 为我国地下厂房硐室跨度随时间的变化情况。与断面面积和高度类似，地下厂房的跨度随时间亦呈指数式增大。完工或在建的跨度超过 30m 的地下厂房有：小湾 30.6m，三峡 32.6m，瀑布沟 30.7m，向家坝 33.4m，官地 31.1m，拉西瓦 30m，长河坝 30.8m，乌东德 31.5m 等。与日本最大的几个地下厂房的跨度相当，与德国于 1974 年建成的世界上跨度最大的瓦尔德克第二抽水蓄能电站 ［106m（长）×33.5m（宽）×54m（高）］ 相比略小。可见，中国地下厂房跨度也是当今世界少见。

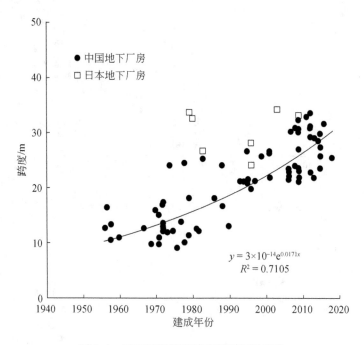

图 2.4　地下厂房硐室跨度随时间的变化

　　我国地下厂房长度在世界上也罕有，是国外地下水电站厂房长度的 2 ~ 4 倍（图 2.5）。国外厂房长度一般小于 200m，而我国大于 400m 的地下厂房有糯扎渡 418m、溪洛渡 430.3m、乌东德 400m 等大型地下工程。

2.1.2　地下硐室群体形特点

　　按照硐室断面形状，地下硐室群体形可分为拱顶直边墙体形、拱顶斜边墙体形、曲线形体形等三类。其中，曲线形体形包括椭圆形、马蹄形和鸡蛋形等断面形状。

　　我国地下厂房硐室基本上均为拱顶直边墙体形。之前，顶拱矢跨比常设置在 1/5 ~ 1/3，这种体系的最大缺点是拱座问题，不仅应力集中，而且施工难以成形。所以，近年来趋向于采用顶部为半圆拱，拱端与垂直边墙直接衔接，不设拱

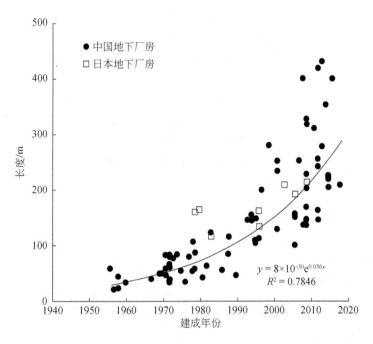

图 2.5　地下厂房硐室长度随时间的变化

座。如图 2.6 所示的大渡河大岗山水电站地下硐室群布置形式，这种形式是我国目前最常用的硐室体形。该体系的优点是厂内机电设备、管路系统布置方便，施工开挖容易实现。缺点是拱肩与岩锚梁之间容易出现应力集中。而在溪洛渡、锦屏 1、锦屏 2 级、官地、瀑布沟、猴子岩、长河坝、黄金坪等众多大型地下厂房都采用了该体形。

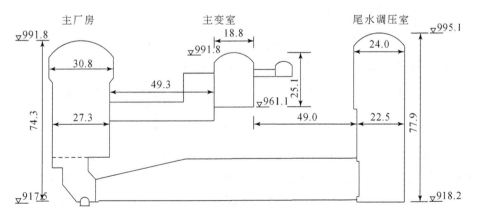

图 2.6　典型地下硐室体形（大岗山水电站）示意图（单位：m）

根据收集的文献统计得出：日本约有 79% 的地下厂房采用带拱座的拱顶直边墙体形，16% 为鸡蛋形，5% 为圆筒直墙形。但是，值得注意的是，自 1983 年在今市地下电站首次设计鸡蛋形（图 2.7）以来，鸡蛋形迅速在今市、葛野川、神流川、大河内、伊奈川第二、有峰第三、赤石等 7 个地下水电站中普及，成为最主要的地下厂房体形；而在此之前，硐室体形基本上为拱顶直边墙体形。分析原因可知：鸡蛋形硐室充分利用了拱的承载力，受力更合理，极大地减小了应力集中问题，从而减小位移、应变和松弛深度。类似地，在波兰拉布卡–扎尔地下水电站砂页岩互层围岩中采用椭圆形；在欧洲最大的德国瓦尔德克 II 级电站砂岩、板岩中采用马蹄形等曲线形硐室。

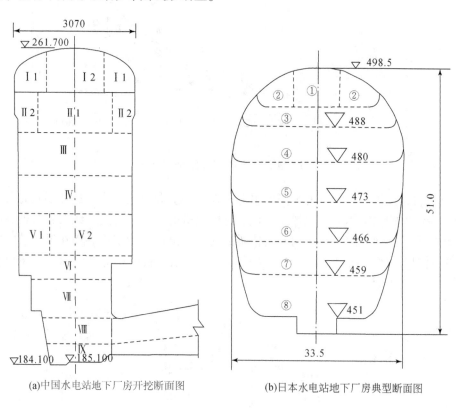

(a)中国水电站地下厂房开挖断面图　　　　(b)日本水电站地下厂房典型断面图

图 2.7　中日地下硐室体形对比（单位：m）

目前我国的地下水电硐室在断面面积、高度和长度上均属世界第一，而地下硐室体形设计相对单一，变化不大，国外的曲线形硐室经验值得我们借鉴。特别是在高烈度、高地应力、围岩条件较差的地区，硐室体形的优化显得尤为重要。

2.1.3　地下硐室群围岩特征

图 2.8 为收集到的 74 个水电站地下硐室群围岩统计结果。在三大岩类中，火成岩占总数的 51%，主要为花岗岩、玄武岩、闪长岩、流纹岩和安山岩；沉积岩占 41%，其中碳酸盐岩为化学沉积岩，如灰岩、白云岩及部分变质的大理岩，碎屑岩主要为砂岩、砂岩夹泥岩或页岩；变质岩仅占 8%，主要为片麻岩、片岩和混合岩。

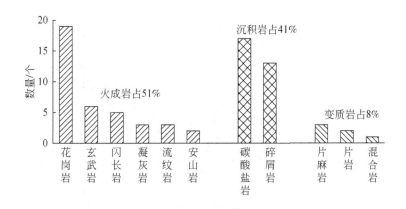

图 2.8　地下厂房硐室围岩岩性统计直方图

由图 2.8 可知，我国地下硐室围岩主要为花岗岩、灰岩、砂岩或砂岩夹泥岩，分别占总数的 26%、23% 和 18%，三者约占总数的 67%。这除了与我国的地层岩性分布有关外，还与我们在选址上充分考虑了围岩的力学性质有关，一般尽量选择强度高、近似各向同性的围岩介质。

2.1.4　地下硐室群埋深及地应力特征

地下硐室群硐室的埋深也随着建设时代的发展而增大（图 2.9）。近十余年来，地下厂房的埋深普遍大于 200m，多数超过 350m，个别达 530m。而锦屏 Ⅱ 级电站的引水隧洞最大埋深达 2525m。

对于地下硐室埋深的问题，需辩证地进行分析。在西南高山峡谷区，把地下厂房硐室群布置在垂直埋深和水平埋深大的河岸里，诚然可以减小因河谷卸荷造成的地应力方向和量值差异大的影响，具有地应力分布相对均匀、围岩质量相对较好等优点，却会带来在高地应力条件下开挖卸荷造成的围岩应力的猛然释放，产生与重力驱动迥然不同的变形破坏模式。基于对目前已建成的锦屏 Ⅰ ～ Ⅱ 级、猴子岩等地下厂房的围岩变形破坏特征的反思，在厂址选择时，应综合考虑硐室的埋深问题，而不能一味追求围岩的强度和完整性。

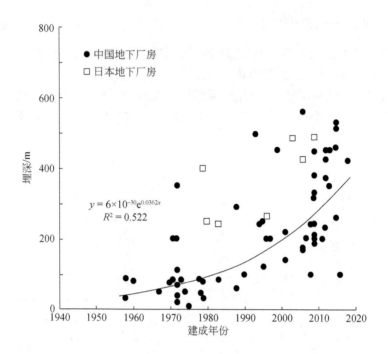

图 2.9   地下厂房硐室埋深随时间的变化情况

随着我国水电资源开发向西部推进，以及地下厂房埋深的增大，地应力值也越来越大。地应力值之高也是前所未遇（图 2.10）。其中，最大主应力 $\sigma_1 >$ 30MPa 的工程有：锦屏 Ⅰ 级 31.5 ~ 38.5MPa、锦屏 Ⅱ 级 33.0 ~ 44.7MPa、官地 25 ~ 38.4MPa、猴子岩 29.5 ~ 36.4MPa、长河坝 24.5 ~ 32MPa、双江口 27.5 ~ 38MPa 等电站；地应力 $\sigma_1 >$ 20MPa 的工程就更为常见。相反，地处地震带上的日本大型水电站的地应力值则要小得多。例如，盐原 $\sigma_1 = 5$MPa（流纹岩，埋深 200m）、新高濑川 $\sigma_1 = 8 \sim 11$MPa（花岗闪绿岩，埋深 280m）、大河内 $\sigma_1 = 10$MPa （玢岩，埋深 250m）、葛野川 $\sigma_1 = 12.6$MPa（泥岩、砂岩，埋深 500m）、小丸川 $\sigma_1 = 6$MPa（花岗闪绿岩，埋深 400m）、神流川 $\sigma_1 = 17.4$MPa（砂岩，埋深 500m）。

可见，尽管中、日水电站埋深基本相当（图 2.9），但是与日本 6 个大型水电站的地应力值相比，我国水电站的最大主应力 σ_1 要大 2 ~ 3 倍。因此，地应力的高与低不能只看其绝对值的大小，而且要看其相对值的大小。由于围岩介质的储能条件的不同，应以强度应力比 S 来反映地应力的高低。

图 2.11 为我国水电典型地下厂房强度应力比 S 统计结果。若参照 GB 50218— 2014《工程岩体分级标准》划分标准，在收集到的 29 个水电地下厂房中，有 5 个属极高地应力（$S \leqslant 4$），有 10 个属高地应力（$4 < S \leqslant 7$），7 个属中等地应力（7 <

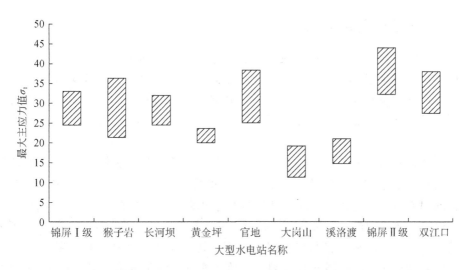

图 2.10　我国典型地下厂房硐室地应力统计值

$S \leq 10$），7 个属低应力场（$S > 10$）。属于高地应力场的地下硐室超过 50%，比例相当高。

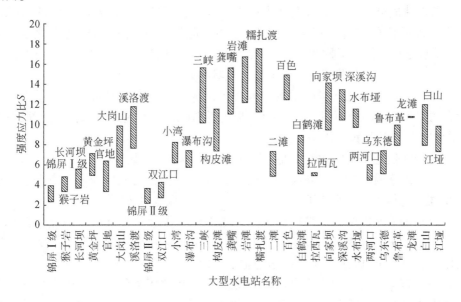

图 2.11　地下厂房硐室强度应力比

为此，本书建议针对大型地下硐室群特点及其工程的重要性，尽快进行地应力划分标准、地应力测试技术、地应力与洞群布局关系等研究。

2.1.5　地下硐室群围岩破坏特点

按照破坏机制分类，地下硐室围岩变形破坏模式可分为：结构控制重力驱动型、应力驱动型和复合驱动型等三种模式。对于浅埋、中低应力环境下的围岩破坏以重力驱动型为主；在高地应力环境下，则以应力驱动型为主，重力驱动型破坏是次要的。近年来，地下硐室出现了诸多常规经验所不熟悉的破坏模式。

例如，大岗山水电站主厂房花岗岩围岩受 β_{80} 辉绿岩岩脉控制处，于 2008 年 12 月 16 日发生了近 3000m³ 的塌方，这是我国水电站地下厂房首次出现如此大规模的塌方事故。此属受结构面控制的重力驱动破坏。锦屏 I 级硐室群出现多处片帮剥落、弯折内鼓、喷层开裂。猴子岩在主厂房开挖至第 IV 层时，就出现了大量的张开碎裂、剥离、岩爆和剪切破坏等。具体表现为：岩锚梁开裂和错位 33 处，围岩开裂 6 处，喷层膨胀开裂、脱落 166 处，锚头内陷 3 处，渗水 33 处等多种变形破坏现象。后两者为应力驱动型，为主破坏。

由上可见，我国水电地下硐室群无论在变形量级上，还是在破坏规模上都是世界上罕见的，而且变形破坏模式极其多样复杂。

若以建成第一个地下水电站为标志算起，我国地下水电站的建设滞后德国 49 年，滞后日本 13 年。尽管我国地下水电站起步较晚，但其发展速度之快，取得的成就之多，是世界瞩目的。本节通过收集、整理和分析大量的国内外文献及水电工程资料，得出我国地下水电站工程具有如下典型特点：

（1）近年我国地下水电站硐室群规模巨大，洞群布置异常复杂，是世界上罕有的。其最大断面面积近 3000m²，高度近 90m，跨度超过 33m，在断面面积、高度和长度上均属世界第一。

（2）我国地下硐室体形主要为拱顶直边墙体形，略显体系单一。

（3）地下硐室围岩以花岗岩、灰岩、砂岩或砂岩夹泥岩为主，三者占总数的 67%。总体上围岩介质强度高，完整性好，工程地质条件好。

（4）随着水能资源开发向西推进，地下硐室埋深不断加大，地应力值越来越大。与埋深大致相当的日本地下水电站相比，我国的地应力 σ_1 要大 2~3 倍；属极高、高地应力的地下硐室超过总数的 50%。

（5）近年，地下硐室群出现了异常的变形和破坏事件。大岗山主厂房出现大规模的塌方；锦屏 I 级、猴子岩地下硐室群出现大范围的大变形，出现多处应力驱动型围岩破坏。今后，除重视重力驱动型破坏之外，更应注重围岩的应力驱动型及复合型破坏。

2.2　依托工程概况

本书依托大岗山水电站地下硐室群开展围岩结构精细化描述，现对大岗山水电站地下硐室群特征开展详细介绍。大岗山水电站位于四川省大渡河中游的雅安市石棉县、甘孜州泸定县交界处，属大渡河干流规划的第14个梯级电站，其上游与硬梁包水电站尾水相接，下游与龙头石水电站库水相连，坝址距下游石棉县约40km，距上游泸定县约72km（图2.12）。

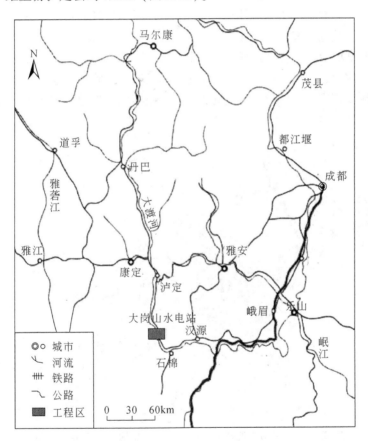

图2.12　大渡河大岗山水电站地理位置示意图

大岗山水电站坝址区控制流域面积为6.27万km²，占全流域的81%，年平均流量约1010m³/s，电站规划正常蓄水位11 230m，最大坝高约210m，总库容约7.42亿m³，电站装机容量2600MW（4×650MW）。

该水电站引水发电系统采用全地下厂房形式，拟沿大渡河左岸依次布置主副厂房、主变室、尾水调压室等三大硐室，整体轴向为N55°E，垂直埋深390～

520m，水平埋深 310～530m。根据使用功效的不同，主副厂房内布置有主机间、副厂房及安装间，其中主机间断面尺寸为：顶拱跨度 30.80m，岩壁吊车梁以下跨度27.30m，高度74.3m；安装间断面尺寸与主机间相同，但高度仅为36.50m；副厂房断面尺寸为：跨度27.30m，最大高度47.70m，各自长度分别为145.5m、60.50m、20.58m，总长226.58m。主厂房顶拱高程为991.80m，机组安装高程944.50m，底板高程为918.02m。主变室断面形式为典型圆拱直墙型，开挖跨度为18.8m，开挖高度为25.1m，总长度为144m。顶拱高程986.7m，底板高程962.1m。尾水调压室系统采用"两机一室一洞"布置方案，设置两个长条形、圆拱直墙型阻抗式调压室，总长度130m，用16m厚的岩柱隔墙分隔。隔墙以下分为两室，两室以宽顶堰式连通。其断面尺寸为：调压室上室跨度24m，下室跨度20.5m。调压室底板高程995.10m，顶拱高程920.02m，高度77.9m。此外，引水发电系统还包括岸塔式进水口、4条压力管道、出线洞、母线洞、排风洞、尾水连接洞、尾水隧洞及相关附属洞室，最终形成规模庞大、结构复杂的大型地下洞室群（图2.13）。

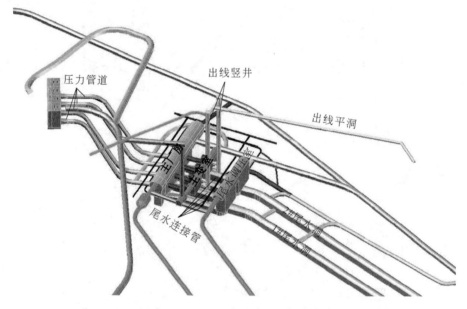

图2.13　大岗山水电站引水发电系统大型地下洞室群布置形式

现有地下厂房区施工地质调查及前期勘察表明，地下厂房区地层岩性主要为灰白色、微红色中粒黑云二长花岗岩（γ_2^{4-1}），夹杂浅层侵入的辉绿岩脉（β），此外还有少量由此两种岩浆岩热液和构造作用形成的热液蚀变岩和动力变质岩。厂房区内无大的区域断裂切割，构造形式以断层和节理裂隙为主，且断层多沿辉绿岩脉与围岩接触构造带发育。总体而言，地下厂房区岩体质量较好，但由于遭受多期构造作用，岩体完整性状况受到一定程度破坏，特别是辉绿岩脉与围岩接触构造带处，岩体结构破碎，微观矿物定向排列特征明显，成为地下厂房区岩体稳定性状况的控制性区域。

现场地应力测试表明：大岗山地下厂房区应力场是构造应力和自重应力叠加而成，且构造应力占据主导地位。其中，$\sigma_1 = 11.37 \sim 19.28\mathrm{MPa}$，均值约 14.5MPa，相对于湿抗压强度（90 ~ 110MPa），完整性系数 $K_v = 0.55 \sim 0.75$ 花岗岩而言，围岩强度应力比 S 为 6.5 ~ 8，且考虑 σ_1 一般小于 20MPa，总体而言，地应力状况属中等应力区，局部偏高。

大岗山水电站工程场地 50 年超越概率 10% 的地震动峰值加速度值为 0.20 ~ 0.30g，相当于地震基本烈度的Ⅷ度。中国地震局地质研究所、中国地震局地球物理研究所、四川省地震局工程地震研究院 2004 年 10 月提出的《大渡河大岗山水电站工程场地地震安全性评价报告》中介绍：经国家地震安全性评定委员会审定，中国地震局批复（中震函〔2004〕253 号文），大岗山水电站坝址 50 年超越概率 10% 基岩水平向峰值加速度为 251.7Gal①，相应地震基本烈度为Ⅷ度；50 年超越概率 5% 基岩水平向峰值加速度为 336.4Gal；100 年超越概率 2% 基岩水平向峰值加速度为 557.5Gal。

2.3　地下工程岩体结构地质演化机理分析

岩体结构自然力学特性与其生成、演化过程密切相关，为实现对工程区域岩体特征的系统认识，需首先从其地质演化机理入手，探讨其在不同时代地层的形成环境、形成过程及岩相变化特征，探讨研究区岩体结构的建造、改造过程，为以后岩体结构特征的精细化、定量化描述奠定地质基础。

在漫长的地质演化历程中，岩体结构经历原生建造、构造改造、次生改造作用，其岩石成分复杂、结构形态迥异。一般而言，原生建造为岩体结构形成的基础，构造改造是岩体结构演化过程的主体，次生改造则加速了岩体结构的改造进程，在部分工程实践中起到重要控制作用。大岗山水电站地下厂房区出露岩石主要为中深成侵入的花岗岩和浅成侵入的辉绿岩脉，以及少量经热液和构造作用改造而形成的热液蚀变岩和动力变质岩。现分别从这三个方面阐述。

2.3.1　岩体结构原生建造过程分析

2.3.1.1　黑云二长花岗岩（γ_2^{4-1}）内部结构原生建造

大岗山水电站厂房区主要岩性为前震旦纪晋宁—澄江期"黄草山断块"西

---

①　$1\mathrm{Gal} = 1\mathrm{cm/s^2}$。

缘花岗岩，据深成岩 QAP 定量矿物分类方案，本区内花岗岩分属二长花岗岩和正长花岗岩（覃礼貌，2007）（图2.14），其中以黑云二长花岗岩分布广泛，是区内岩浆岩最常见的岩石类型。岩石组合显示出晋宁—澄江期成陆造山运动晚期，造山碰撞阶段至陆缘裂谷发育阶段岩体减压增温过程。

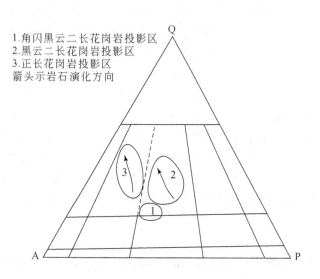

1. 角闪黑云二长花岗岩投影区
2. 黑云二长花岗岩投影区
3. 正长花岗岩投影区
箭头示岩石演化方向

图2.14　大岗山花岗岩岩石类型（覃礼貌，2007）

中粒黑云二长花岗岩（γ_2^{4-1}）在区域上呈不规则状岩株出露，与原岩呈典型侵入接触关系，接触面多为外倾形，倾角多在 70°以上，显示岩体剥蚀程度较浅（覃礼貌，2007）。岩体中常见角闪辉长岩、花岗混合岩等岩石包体。岩浆冷凝收缩过程中，在内部形成原生张性缓倾角节理，节理规模一般较小，但均密集发育。

基岩在气液交代作用下常沿节理发生热液自交代蚀变活动，其主要类型有绿帘石化、钾长石化和硅化等，此外岩体中还发生钠黝帘石化体蚀变，形成绿帘石、微斜长石等矿物组成的细脉，显示出花岗岩体的侵入特征成因。

1. 绿帘石化

绿帘石化主要与形成霏细斑岩脉的岩浆活动有关，与霏细斑岩脉紧密伴生，主要以细脉的形式充填于花岗岩中缓倾角的原生节理带中（图2.15），表现出沿建造层面蚀变的特点。

绿帘石一般呈半自形柱状或他形细粒状产出，局部呈现强烈破碎现象，可见其形成时代较早，其后遭受进一步构造改造。但绿帘石化强度普遍较弱，一般为 5% ~ 8%，绿帘石化蚀变往往使节理面变为光滑，降低其抗剪强度。

图 2.15　花岗岩中近于水平原生层节理，并沿节理有绿帘石充填

2. 钾长石化

钾长石化是由于 Fe^{3+} 的散布，被交代黑云二长花岗岩出现不均匀的红色，该类蚀变主要沿原生节理出现，裂隙中心蚀变强度大，向两侧逐渐减弱，相应颜色也是向两侧逐渐变浅，宽度一般有限，为 1～5cm（图 2.16）。

图 2.16　花岗岩原生张性节理因钾长石化蚀变呈现一定宽度"红线"
（据中国水电工程顾问集团成都勘测设计研究院，2005）

钾长石化的蚀变矿物主要为微斜长石，局部含有少量钾长石。矿物一般为他形粒状，以蚕食状交代斜长石，形成交代港湾结构和交代蚕食结构，常常伴随有弱绢云母化和硅化，形成细鳞片状绢云母和微粒状石英分布于被交代矿物边缘。蚀变强度可达 30%~40%，钾长石化蚀变强度虽较大，且对岩体结构有一定的影响，但蚀变本身对岩石的强度影响并不大。

3. 硅化

硅化也是地下厂房区内常见的一种蚀变现象，但蚀变强度最低，多以孤立点状进行蚀变，在露头上不易发现。硅化石英一般为细粒-微粒的他形粒状，主要交代长石类矿物，也见有交代暗色矿物，常形成交代穿孔结构、交代蠕虫结构、交代蚕食结构等，分布极不均匀，其形成可能与区域低温混合热液活动有关，硅化作用与钾长石化相似，虽对岩体结构有一定的影响，但蚀变本身对岩石的强度影响并不大。

4. 钠黝帘石化

钠黝帘石化是钠质在低温热液活动过程中对中粒黑云二长花岗岩交代蚀变的产物，所形成的矿物为钠长石、黝帘石及少量绿帘石、绢云母等。被交代的矿物为斜长石。蚀变矿物多呈聚合粒状分布，常形成交代港湾结构、交代蚕食结构。钠黝帘石化的形成强度一般在 20%~30%，存在一定岩体质量的劣化。从其蚀变强度和分布特征上看，该类蚀变与粒间热液活动有关，而与原生层节理关系不明显。由于该类蚀变程度总体较低，分布与构造断裂或裂隙关系不大，因此对岩体的结构影响不大。

综上所述，岩浆原位入侵冷凝过程产生缓倾角层节理，但规模和延展性均一般，并在气液交代作用下，沿缓裂节理面发生绿帘石化、钾长石化和硅化蚀变，此外，岩体还发生钠黝帘石化体蚀变。缓倾角层节理破坏了岩体完整性，而绿帘石化和钠黝帘石化进一步降低了岩体质量，而钾长石化和硅化过程对岩体质量相对无明显不利影响。

2.3.1.2　辉绿岩脉（β）侵位过程原生建造

大岗山水电站厂房区还揭露有二叠纪末印支—燕山期浅成侵入的辉绿岩脉，在区域分布上，岩脉沿大渡河断裂—磨西断裂的近南北向成群展布，而向东、西两侧逐渐稀少。据《四川省区域地质志》（1991），其形成环境为造山带和大陆板块内部构造作用，并呈现多期性特征，且主要为印支—燕山期陆内推覆造山晚期基性岩墙事件的产物。

二叠纪末印支—燕山期构造运动不仅新形成大量不规则的张性断裂，还导致区域性断裂强烈的伸展活动，引起岩石圈的破裂，为辉绿岩脉的侵位创造了环境；而扬子地缘西部曾在二叠纪—印支早期发生过大规模基性岩浆喷溢事件，夏廷高等（2005）研究认为，该区的辉绿脉岩与本次喷溢事件产物——峨眉山玄武岩有同源演化关系。峨眉山玄武岩代表原始熔融岩浆的成分，而本区岩脉则为残余岩浆侵入到地壳中浅部分异的结果，岩脉的充填和形成过程与构造运动同时进行，当岩脉侵入至浅部地壳时，在 SN 向构造带和 NW 向构造带活动作用下，侵位充填于构造活动产生的大量张断裂中。该分析亦可解释研究区岩脉与区域大断裂产状近乎一致的地质统计特征。

受岩脉侵位环境的影响，其延伸形态多样，一般宽度稍大（>1m）的岩脉在可视范围内剖面多呈等宽的板状、平面为相对平直延伸的长条状，端头逐渐尖灭；在密集发育部位可有交汇复合现象；而宽度较小的岩脉形态多不规则，分支、串接、弯转、折拐、错移、断头等现象屡见不鲜。

伴随着岩脉侵位充填的过程，原生热液蚀变作用紧密伴生，其中主要为绿泥石-绢云母化蚀变，其蚀变强度变化的方向上呈现双向性特征，即沿辉绿岩脉的边缘既有向外侧的蚀变强度变化，又有向岩脉中心的蚀变强度变化。该特征亦表明蚀变热液是沿辉绿岩脉边缘运移活动，同时对辉绿岩脉及其围岩进行交代，故形成以脉壁为中心向两侧逐渐交代扩散的蚀变强度梯度带。蚀变总强度不超过 25%。

绿泥石-绢云母化交代作用主要是绿泥石部分取代原生暗色矿物，伴随绢云母部分交代斜长石，两种蚀变矿物均呈细鳞片状集合体，一般为稀疏团块状、云雾状散布，定向不明显，多呈浅绿灰色，比较暗淡，故从颜色上看，蚀变使辉绿岩颜色变浅，而使二长花岗岩颜色变深，一般蚀变带单侧宽度为 10~30cm，少数可达 50cm，发生位置主要是在有较大规模（≥2m）岩脉且存在顺岩脉构造改造处（图 2.17）。

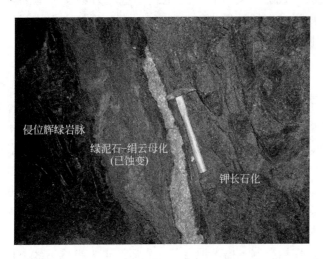

侵位辉绿岩脉

绿泥石-绢云母化
（已蚀变）

钾长石化

图 2.17　辉绿岩脉侵位过程伴生的绿泥石-绢云母化
（据中国水电工程顾问集团成都勘测设计研究院，2005）

考虑绿泥石、绢云母均为细鳞片状的低硬度、弱抗风化性矿物，在后期构造应力作用下，改造可出现定向和重结晶，向片理化方向发展，形成辉绿岩和花岗岩内裂面蚀变形式，主要表现为沿陡倾角裂隙蚀变，对岩体的质量和结构有一定的不利影响。

2.3.2　岩体结构构造改造过程分析

地质演化过程中的每次构造活动，宏观上相当于对区域岩体进行了一次大规模的加卸载作用，对岩体结构特征构造改造的分析，即是对岩体经受的加卸载的回溯过程，必须借助于地质力学分析方法，重点分析研究区构造应力场的演变及对应结构面的构造配套。

从大地构造上来说，厂房区位处川滇 SN 构造带的北段，主要受该构造带的控制；同时，NE 向龙门山构造带在坝区的北部通过，川西高原之 NW 向构造带也在厂房区附近出现，以上三个构造带及其构造应力场对厂房区地质构造的形成和发展均有影响，并起着不同程度的控制作用。这种多期次的构造运动以及多个构造带的共同发育、复合叠加，使得岩体结构面发育体系更加错综复杂。从地质构造发展历史来说，本区经历了晋宁—澄江期、加里东期、海西期、印支期、燕山期和喜马拉雅期等多次构造运动，其中晋宁—澄江期、印支—燕山期以及喜马拉雅期等运动留下明显构造痕迹。

据中国水电工程顾问集团成都勘测设计研究院（以下简称"成勘院"）（2005）、覃礼貌（2007）对大岗山水电站构造应力场及其构造配套形迹演化研究，并结合《四川省区域地质志》（1991），本区构造应力场可分为 4 期，各自产生新的构造形迹或对原生节理组予以二次改造，现分述如下。

2.3.2.1　太古宙—新元古代早期—扬子地台基底形成阶段

本区为扬子西缘早期裂陷槽发展阶段，经过两次构造旋回，形成了扬子地台基底，其中在第二期"扬子旋回"中，由于褶皱回返，地台边界的 SN 向安宁河大断裂发生强烈剪切挤压作用，形成了大量呈斜列式展布的褶皱和断裂，当剪切挤压应力松弛时，地下深处的高温热流沿深大断裂上升到地壳上层与原生变质岩发生交代作用，在断裂带上形成混合岩和混合花岗岩。由于深大断裂的继承性活动，岩浆上侵形成晋宁—澄江期花岗岩，上文介绍的"黄草山断块"花岗岩即为该期构造岩浆入侵活动产物。

受该期构造作用影响，扬子地台基底先后产生 3 组构造线方向：近 EW 向→SN 向→NNE-NE 向，中元古代（东川运动）因受 SN 向挤压作用，形成近 EW 向构造裂隙带（褶皱、断裂、挤压破碎带和片理等），后（满银沟运动）受下部岩体 EW 向断裂张拉作用，本区 SN 向长大断裂带形成，成为目前区域内主要的断裂发育方向，且直接影响着厂房区岩体小型断裂（Ⅲ-Ⅳ级结构面）发育走向，震旦纪（晋宁—澄江运动）即对应扬子地台二次旋回期，安宁断裂强烈逆时针剪切挤压作用形成 NNE-NE 向的构造褶皱和冲断裂区，且沿原 SN 向主构造带斜列分布，后期的岩浆活动沿这些斜裂断裂区侵入地表。该期的构造活动地质意义在于：形成区域性的控制性断裂区带，并为厂房区"黄草山断块"花岗岩岩浆入侵创造地质条件。

2.3.2.2　晚震旦世、二叠纪——古生代地台期

该期为地壳运动相对平稳的地台发展阶段。主要构造活动为频繁的区域升降运动，而升降活动一方面造成地层出现不连续沉积，另一方面进一步弱化了前期发育的控制性断裂带，为后期岩浆入侵改造活动提供了便利。

2.3.2.3　晚二叠世、三叠纪——地台活化期之大陆边缘分野及造山阶段

二叠纪晚期的印支运动使得扬子地台西侧拉张下陷，形成新的次级地槽（松潘-甘孜地槽）及邻近新生断裂带，并对原区域控制断裂带进行强烈拉伸作用，如上文所言，为基性岩脉的侵位创造了环境。

印支运动末期扬子板块受西部羌塘-昌都陆块、北部欧亚陆块碰撞作用影响，本区进入大陆边缘碰撞造山的发展阶段。其中东部前陆整体抬升，西部的松潘-甘孜地槽系因强烈挤压而发生大规模褶皱回返造山，并在原构造应力场（近 EW 向）联合作用下，形成松潘-甘孜 SN 向台缘推覆造山带；且松潘-甘孜造山带继续受构造挤压作用，产生向扬子地台的逆掩、推覆，形成 NNE 向的龙门山巨型推覆构造带。

该期构造活动对厂房区岩体结构地质意义有三点：①新创造松潘-甘孜地槽，又使其褶皱回返，形成区域性造山推覆构造带，使厂房区地应力场方向产生一定程度改变；②构造活动使区域性断裂张拉裂开，为基性岩浆喷溢创入侵环境；③进一步劣化了厂房区岩体结构，使得 SN、EW、NNE 向优势节理组发育得以加强。

2.3.2.4　侏罗纪、第四纪——地台活化期之陆内造山阶段

侏罗纪末期的燕山运动，继承了前期 EW 向挤压作用，对区域构造线方向进一步强化；后期的喜马拉雅运动和挽近（新）构造运动表现为间歇性的升降，但此时，区域构造力作用方向主要表现为 NWW 向的挤压，使得 SN 向和 NW 向先成断裂再次活动，并形成新的活动断层或地震断裂构造，而 NNE 向龙门山断裂带则发生顺时针走滑现象。

该期的地质构造活动对厂房区岩体结构影响在于：①强化了区域构造线方向，使得厂房区地应力水平进一步提高，局部呈现高应力场；②NWW 向挤压作

用使原生断裂、节理发生侧滑，不仅劣化原生裂隙结构，且产生了新的侧列式短节理；③使花岗岩与辉绿岩接触带压性（压扭性）破碎蚀变带内矿物定向排列特征明显，形成典型软弱断层带。大岗山水电站厂房区岩体构造改造地质演化过程详细图解见图 2.18。

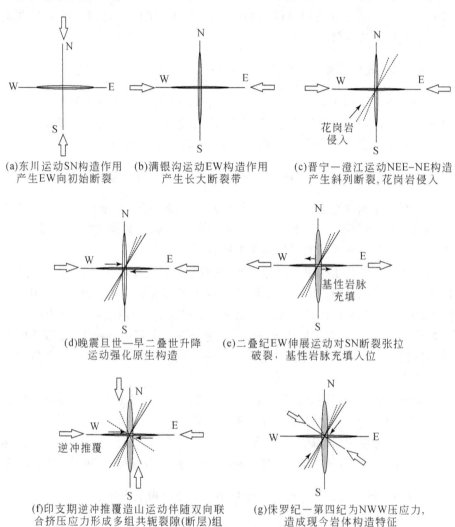

(a)东川运动SN构造作用　　(b)满银沟运动EW构造作用　　(c)晋宁—澄江运动NEE-NE构造
产生EW向初始断裂　　　　产生长大断裂带　　　　　产生斜列断裂, 花岗岩侵入

(d)晚震旦世—早二叠世升降　　(e)二叠纪EW伸展运动对SN断裂张拉
运动强化原生构造　　　　　破裂, 基性岩脉充填入位

(f)印支期逆冲推覆造山运动伴随双向联　　(g)侏罗纪—第四纪为NWW压应力,
合挤压应力形成多组共轭裂隙(断层)组　　造成现今岩体构造特征

图 2.18　大岗山水电站厂房区岩体构造改造演化过程图解

2.3.3　岩体结构次生改造过程分析

岩体结构的次生改造指在地表条件下，由外营力作用（风化、卸荷、地下水、人工开挖爆破）对岩体结构进一步劣化改造的过程。对地下三大厂房区而

言，其垂直埋深390~520m，水平埋深310~530m，岩体多为新鲜岩体，受风化作用影响可忽略不计；同样，由于其规划布置距河谷最近的水平距离大于400m，河谷下切卸荷作用对其影响亦非常有限；该区段只需考虑地下水和施工期开挖爆破作用对岩体结构的次生改造作用。

2.3.3.1　地下水作用对岩体结构次生改造过程

据成勘院水文地质调查，本区地下水主要属裂隙水，其次为第四系松散堆积层的孔隙水及钾长花岗岩中特殊的"岩溶"水。而裂隙水据埋藏特征可划分为三个层次：①浅表风化（卸荷）裂隙水；②浅部构造裂隙水；③深部构造裂隙水（地下热水）。对地下厂房区而言，受埋藏位置和条件限制，第四系松散堆积层的孔隙水、浅表风化（卸荷）裂隙水及深部构造裂隙水（地下热水）对岩体结构特征影响微弱，主要为浅部构造裂隙水的影响作用。

浅部构造裂隙水主要集中在碎裂状岩脉、断层破碎带及张性（张扭性）裂隙中，对岩体结构面的次生改造影响主要为水化学溶滤作用，特别是对富含钠长石、钾长石的花岗岩，使其生成亲水性黏土矿物（蒙托石及高岭石等），受后期地质构造及地下水作用岩体更加破碎。此外，对于绿泥石化的片理状辉绿岩脉而言，由于其对裂隙贯通产生封闭而起到相对阻水效果，使得地下水仅沿岩脉与花岗岩接触带附近运移，并对接触带上的亲水矿物（绿泥石）进一步定向蚀变，成为厂房区典型软弱结构面，地下水对岩体结构次生改造过程实际上是对软弱破碎带结构面抗剪强度特征的劣化过程。

2.3.3.2　开挖爆破对岩体结构次生改造过程

施工期开挖爆破对岩体结构的特征主要体现在两点：①对原有结构面自身发育强度特征的劣化，其造成原结构面的张开、疏松，本质是对结构面抗剪特性的降低过程；②对岩体结构空间分布特征状况进一步劣化，一方面产生新的次生结构面，另一方面则造成不连续结构面的岩桥贯通，二者联合作用本质上是对岩体完整性程度的降低过程（图2.19）。

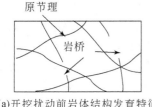
(a)开挖扰动前岩体结构发育特征

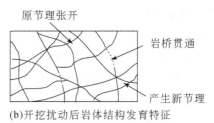
(b)开挖扰动后岩体结构发育特征

图2.19　开挖爆破扰动对岩体结构次生改造作用

人工开挖爆破扰动对岩体结构次生改造过程集中体现在工程施工期，与工程活动密切相关，亦是施工期工程安全与质量控制的重要考虑因素。但其本质上是对原节理组的加速劣化改造过程，仍受控于岩性岩相、原节理发育特征、地应力水平、水文地质条件等，此外，其与爆破方法、装药量等密切相关。

2.4　地下工程岩体结构特征评价指标

2.4.1　结构面成因类型

张倬元等（1994）对岩体结构面成因类型及其特征予以详细归纳，将其分为原生结构面、构造结构面和浅表生结构面三种类型，其探讨的结构面成因类型均为地质作用产物，与人类活动无关，现笔者加入"工程改造结构面"（定义：工程改造结构面系指由人类工程活动所新生、加速改造的结构面），按照上文岩体结构特征地质演化过程分析，其仍隶属于次生改造作用。

据此，按照岩体结构面成因类型，可分为原生建造结构面、构造改造结构面、次生改造结构面，对于火成岩而言，原生建造结构面指岩浆侵入、喷溢、冷凝过程中形成的结构面，其为岩体结构特征的基础载体，是对岩体完整性破坏的"第一把刀"；构造改造结构面指多期地质构造运动所形成的结构面，其一方面源于对原生建造结构面的构造改造，另一方面是由构造应力活动产生的新结构面，所具有的典型特征在于严重受控于各个期次的构造应力场，对构造改造结构面的认识过程，即对该区域构造应力演化的回溯过程；次生改造结构面是对原生建造、构造改造结构面的加速劣化的产物，与外营力作用关系密切，可细分为浅表层次生改造结构面和工程改造结构面，由于该类结构面与工程岩体稳定性关系密切，亦是工程活动必须重点关注的方面。

此外，根据结构面成因的力学效应，结构面可分为张性结构面和剪性结构面，张性结构面是由张拉（张扭）作用产生的破裂面，具有：①产状不稳定，延伸不远，单组节理呈侧列产出；②结构面表面粗糙不平，无滑动擦痕；③多张开，并被细脉充填，脉宽变化较大，且不平整；④呈现不规则形状，如树枝状、网状、锯齿状及共轭雁列状等。由于其结构面多张开，且粗糙不平，其具有延伸性差、含水量大、抗剪强度高等特性。剪性结构面是由剪性（剪扭）作用产生的结构面，具有：①产状稳定，双向（走向、倾向）延伸性好；②结构面表面平直光滑，局部可见擦痕；③若被矿物充填，脉宽多均匀平直；④常呈现共轭 X形节理组，并表现等距性、等韵律特征等。由于其结构面平直光滑，呈现一定地质韵律特征，故其具有延伸性好、透水性差、抗剪强度低等特性。

根据大岗山水电站地下厂房区现场地质调查分析，从结构面地质演化成因将厂房区结构面分为：原生建造结构面、构造改造结构面、绿泥石化蚀变带、工程改造结构面四组，并依据其各自的力学效应进行二次细分（表2.1）。

表2.1　大岗山水电站地下厂房区结构面成因类型分组

地质成因类型	力学效应	分布区位及地质特征	工程地质评价
原生建造结构面	张（张扭）性结构面	1. 晋宁—澄江期花岗岩分期入侵边缘的流线、流层等，呈现平行及垂直冷凝收缩面，其中多为平缓型张性裂隙，并被酸性霏细斑岩细脉充填，出现绿帘石蚀变现象 2. 晋宁—澄江期花岗岩与围岩接触面发生热液熔融混合作用而形成的张性节理组	1. 厂区缓倾角裂隙组的重要组成部分，因绿帘石化作用，表面平直光滑，但延伸性一般，对局部岩体稳定性影响较大 2. 多形成混融结构面，工程地质条件良好，对岩体稳定性影响不大
	剪（剪扭、压剪）性结构面	1. 晋宁—澄江期花岗岩与围岩接触面发生热液接触变质作用而形成的剪性节理组 2. 印支期辉绿岩脉后期入侵与原岩浆岩接触面的热液蚀变作用所形成的剪性节理组	1. 该组节理发育较少，且变质作用对强度、稳定性影响一般 2. 受后期构造改造作用影响，矿物成分和强度特征变化显著，部分发生强烈蚀变，发展为绿泥石–绢云母化蚀变带
构造改造结构面	张（张扭）性结构面	1. 二叠纪晚期 EW 向区域断裂引张运动，厂区花岗岩拉张脆性破裂，形成多组张性结构面，后被辉绿岩脉入侵充填，岩脉形态多样特征为此次张性结构面特征反映 2. 印支末期推覆造山运动使得厂区花岗岩与岩脉接触带附近发生逆冲活动，产生"里德尔剪切带"中的张性 T 结构面，具有雁列式、错断式等形态	1. 基本被岩脉入侵充填，局部张裂隙受后期 EW 向挤压作用重新闭合，对厂区岩体稳定性影响甚微 2. 多沿岩脉式断层的上盘发育，与岩脉呈大角度相交，但多为缓倾角裂隙，具有一定的延伸性，与厂区构造结构面配合，可产生岩脉边界处局部塌方、冒顶
	剪（剪扭、压剪）性结构面	1. 多期构造运动过程中花岗岩中形成的 SN、EW、NNE、NWW 向剪（剪扭、压剪）性断层、挤压破碎带、剪切裂隙组 2. 印支末期推覆造山运动中花岗岩与岩脉接触带附近发生逆冲活动中"里德尔剪切带"中的剪性 R 结构面	1. 厂区节理发育的最常见形式，是构成厂房围限块体的重要组分，与岩脉配合，成为厂区稳定性的重要控制成分 2. 多沿岩脉上盘发育，对岩脉接触带完整性造成破坏，对岩脉边界处稳定性造成一定影响

地质成因类型	力学效应	分布区位及地质特征	工程地质评价
绿泥石－绢云母化蚀变带	压剪性结构面	印支期辉绿岩脉后期入侵与原岩浆岩接触面的热液蚀变+动力变质+地下水活动联合作用形成，矿物定向排列特征明显	主要发生在有较大规模（≥2m）岩脉且存在于顺岩脉构造改造处，强度状况极差，为厂区控制性工程地质因素，对岩体稳定性影响较大
工程改造结构面	张性结构面	1. 受现场工程爆破震动影响，爆炸应力波和爆生气体的张拉作用产生张破裂带 2. 工程开挖卸荷作用产生卸荷张裂隙	对地下厂房区工程范围内浅表层岩体（松动圈）稳定性具有一定影响，并加速劣化原生、构造结构面
	剪性结构面	1. 受现场工程爆破震动影响，爆炸应力波和爆生气体的冲击压缩产生剪性破裂带 2. 工程开挖卸荷过程产生卸荷剪切裂隙	对地下厂房区工程范围内浅表层岩体（松动圈）完整性、稳定性具有显著影响，并加速劣化原生、构造结构面

2.4.2　结构面分级体系

根据结构面规模、工程地质性状对厂房区结构面划分类别，评价不同层次结构面性状，找出岩体结构发育规律性，为进一步深入研究岩体结构特征及质量评价奠定基础。

谷德振（1979）提出了根据结构面规模及工程稳定影响性，将结构面分为五级的分级方案（表 2.2），不同级别的结构面对岩体稳定问题所起的作用显著不同，基于此可实现对多用途的岩体稳定性评价；张倬元等（1994）站在工程范围内实际应用角度，将结构面规模分为贯通性宏观软弱面（A 类）、显现结构面（B 类）和微隐结构面（C 类）三种级别，大体上对应于谷德振分级体系中的 Ⅲ～Ⅴ 级；黄润秋等（2004）基于发育规模对结构面进行一级划分：Ⅰ级——断层型或充填型结构面，Ⅱ级——裂隙型或非充填型结构面，Ⅲ级——非贯通型岩体结构面，在此基础上，基于工程地质性状进行详细二级划分（表 2.3）。该分级方法与工程范围紧密结合，抓住影响工程区岩体稳定性的主要结构面，依据张开度、充填物、连续性进行细分，可基本满足工程区内岩体结构特征与稳定性分析。

表 2.2   岩体结构面分级体系及其工程地质特征（据谷德振，1983；聂德新等，2008）

级序	分级依据	地质类型	工程地质评价
Ⅰ级	延伸数千米以上，深度可切穿一个构造层，破碎带宽度在数米至数十米以上，在1：20万地质图上方可体现	主要指区域性深大断裂带或大断裂带	属于大型软弱结构面，可构成独立的力学介质单元，关系工程所在区域稳定性
Ⅱ级	延伸数百米至数千米，宽度在1～5m，在1：5万地质图上可体现	主要包括不整合面、假整合面、原生软弱夹层、层间错动带、断层、侵入岩接触带及风化夹层等区域性地质界面	属于软弱结构面，可形成块裂体边界，控制工程区岩体稳定性，直接影响工程布局
Ⅲ级	延伸十米至数十米，宽度0.5m左右，仅在一个地质年代地层中分布；有时仅在一种岩性中分布，可在1：2000地质图体现	各种类型的断层、原生软弱夹层、挤压接触破碎带、层间错动带等	多属于软性结构面，参与块裂岩体切割破坏，直接影响工程具体部位岩体稳定性
Ⅳ级	数米至数十米，无明显宽度，在1：2000地质图上无反映，为统计性结构面	包括节理、片理、层理、劈理以及卸荷裂隙、风化裂隙等	硬性结构面，是岩体结构效应基础，直接影响岩体完整性、强度及变形破坏方式
Ⅴ级	连续性极差，分布随机，属刚性接触的细小、隐蔽裂面，在地质图上均无反映，为统计结构面	包括微小节理、隐蔽裂隙及线理等，亦包括结合力差的层理	硬性结构面，影响岩块的强度及破坏方式，在部分高应力区的岩爆与此级结构面发育关系密切

表 2.3   工程区岩体结构面等级分类（据黄润秋等，2004）

类型	结构面特征	代表性结构面	工程地质特征评价
Ⅰ级（断层型或充填型结构面）	连续或近似连续，有确定的延伸方向，延伸长度一般>100m，可有一定厚度或影响带	软弱夹层断层面或断层破裂带某些贯通性表生结构面	破坏了岩体的连续性，构成岩体力学作用界面，控制岩体变形破坏的演化方向、稳定性计算的边界条件
Ⅱ级（裂隙型或非充填型结构面）	近似连续，有确定的延伸方向，延伸长度为数十米，可有一定厚度或影响带	长大缓裂隙带、裂密带，层面，某些贯通型结构面	破坏了岩体的连续性，构成岩体力学作用界面，可对块体的剪切边界形成一定控制作用

类型	结构面特征	代表性结构面	工程地质特征评价
Ⅲ级（非贯通型结构面）	硬性结构面，随机断续分布，延伸长度数米或数十米，具有统计优势方向	各类原生和构造裂隙	破坏岩体的完整性，使岩体力学性质具有各向异性特征，影响岩体变形破坏方式，并控制岩体的渗透特性

基于以上三种结构面分级结果，不同等级结构面对工程区岩体特征的影响是不同的，相应的研究方法亦应存有差别，以谷德振教授五级方案为例，其所言的Ⅰ级结构面多为延伸长、规模大的区域性大断裂带，为区域地壳稳定性研究的主题，可认为其属于区域性结构面。对其的研究方法应基于区域地质分布状况（空间分布）、地质演化史（时间历程）的方法展开，研究目的在于：①探究工程在区域地质上的安全性与可靠性；②判定Ⅱ～Ⅴ级结构面在区域地质上的从属关系。磨西断裂、大渡河断裂、安宁河断裂北段等均属Ⅰ级结构面，对其距工程距离、构造元素、构造特征等分析有助于对工程范围内的岩体结构面发育状况的清晰把握，可将其归入岩体结构区域地质演化中分析。张倬元、黄润秋教授的分级方案均未包括区域结构面（Ⅰ级），可能亦出于此考虑。同样，对Ⅱ～Ⅲ级结构面而言，其均有一定延伸长度与充填物，对工程区岩体稳定性影响显著，具有典型的工程地质特征，可依据现场地质勘查予以逐条确定，认为其属确定性结构面，对应于张倬元教授分级中的贯通性宏观软弱面（A类）及黄润秋教授分级中的断层型或充填型结构面（Ⅰ级）和裂隙型或非充填型结构面（Ⅱ级）。同样，对于Ⅳ～Ⅴ级结构面，对工程区岩体强度与稳定性具有较大影响，但分布形式呈现较强的随机性，难以通过现场地质勘查逐条描述，可认为其属于随机性结构面（或统计性结构面）。据此，对大岗山水电站地下厂房区岩体结构面分级方法，借鉴以上三种分级方法，建立四级分级方案，并依据研究方法的不同，将结构面均归属为确定性结构面和随机性结构面两类，详见表2.4。

表2.4　大岗山水电站地下厂房区施工期岩体结构面分级

一级级序	二级级序	规模		工程地质意义	代表性结构面
		长度 l/m	宽度 b/m		
Ⅱ（辉绿岩脉）	确定性	>100	0.5~7.0	厂房区特定软弱结构面，独立的工程地质单元，控制岩体变形破坏演化方向，为厂房区岩体稳定的控制性因素	β_{80}、β_{81}、$\beta_{c1\sim9}$ 等11条

续表

一级级序	二级级序	规模		工程地质意义	代表性结构面
		长度 l/m	宽度 b/m		
Ⅲ（断层型长大裂隙）	确定性	>100	0.2~1.0	厂房区特定软弱结构面，多沿岩脉边界发育，是厂区岩体稳定性的重要影响因素	f_{56}、f_{57}、f_{58}、f_{59}、f_{60}、f_{61} 等
Ⅳ（一般性小断层型或特长型裂隙）	确定性	30~100	0.02~0.2	软弱或硬性结构面、破坏岩体完整性，是构成局部块体稳定性的控制边界	f_{c1}、f_{3cz-7}、f_{b3}、f_{b4}、f_{wt-1}
Ⅴ（断续延伸的非三壁贯通型基体结构面）	Ⅴ₁（张开或充填型裂隙）	随机性	>10	0.005~0.02	硬质结构面、控制岩体的完整性，是导致岩体力学各向异性和非均一性重要因素，并影响岩体变形破坏方式	—
	Ⅴ₂（闭合裂隙）	随机性	<10	<0.005		

2.4.3　岩体结构类型划分

岩体结构类型的划分，是对结构面、结构体自然特性及各自组合关系的进一步概括，可借此进行岩体质量分级、块体围限搜索和稳定性评价。岩体结构类型的划分不仅要反映岩体结构的特性，而且要充分考虑结构面组合关系及构造变形程度，依据结构面和结构体组合、接触关系来体现不同岩体结构所具有的不同的工程地质特性。

关于岩体结构类型划分，谷德振（1979）率先提出岩体结构类型分类方案，该方案依据两大量化指标：结构面间距、完整性系数，并参考结构面组数、自身发育特征等因素，将岩体结构分为整体块状、层状、碎裂及散体结构四大类，为满足工程需要，依据结构面的发育程度和组合特征进行亚类划分，该分级方案已逐渐被接纳，并被广泛推广；现水利水电行业系统行业规范——GB 50287—2006《水力发电工程地质勘察规范》亦基本传承该分类思路，并根据水电系统需要对该分类方案改造、整理，将"镶嵌结构"单独归为一大类，形成五级分类方案，并对各大级的亚类细化分级，新加入了"次块状结构""巨厚层状结构""互层状结构""块裂结构"等亚级。两种常用岩体结构类型分类方法对比见表 2.5。

依据以上两种岩体结构类型划分标准，结合大岗山水电站地下厂房区岩体结构发育特征，建立了适合大岗山水电站地下厂房区岩体结构类型划分表，详见表 2.6。

表 2.5　两种常用岩体结构类型分类方法对比

谷德振等岩体结构类型分类方案（聂德新，2008）				GB 50287—2006《水力发电工程地质勘察规范》			
岩体结构类型	亚类	主要分级指标		岩体结构类型	亚类	主要分级指标	
		结构面间距/cm	完整性系数			结构面间距/cm	完整性系数
整体块状结构	整体结构	>100	>0.75	块状结构	整体块状结构	>100	>0.75
	块状结构	100~50	0.75~0.6		块状结构	100~50	0.75~0.55
					次块状结构	50~30	0.55~0.35
层状结构	层状结构	50~30	0.6~0.35	层状结构	巨厚层状结构	>100	>0.75
					厚层状结构	100~50	0.75~0.55
					中厚层状结构	50~30	0.6~0.35
	薄层状结构	<30	<0.4		互层状结构	30~10	<0.35
					薄层状结构	<10	<0.35
碎裂结构	镶嵌结构	<50，一般为数厘米	<0.35	镶嵌结构	镶嵌结构	30~10	0.15~0.35
	层状碎裂结构	<100	<0.4	碎裂结构	块裂结构	30~10	<0.4
	碎裂结构	<50	<0.3		碎裂结构	<10	<0.3
散体结构	散体结构	—	<0.2	散体结构	碎块状结构	很小	很差
					碎屑状结构	极小	极差

表 2.6　大岗山水电站地下厂房区岩体结构类型划分表

类型	亚类	岩体完整性描述	J_v/(条/m³)	V_p/(m/s)	K_v
块状结构	块状结构	结构面轻度发育，一般1~2组，间距一般50~100cm，多闭合，岩体较完整	5（3~9）	>4500	0.6~0.75
	次块状结构	结构面中等发育，一般2~3组，间距一般30~50cm，多闭合，岩体较完整	7（4~10）	4000~4500	0.5~0.6
镶嵌结构	镶嵌结构	结构面较发育，一般3组，间距一般10~30cm，多闭合，岩块嵌合紧密，岩体完整性差	10~12	3500~4000	0.35~0.5
碎裂结构	块裂结构	结构面较发育，一般3~5组，间距一般10~30cm，部分微张开，充填岩屑，岩块嵌合较松弛，岩体完整性差		2500~3500	0.2~0.35
	碎裂结构	结构面发育，大于5组，间距一般小于10cm，裂隙张开1~5mm，充填岩屑及泥质物，岩块嵌合松弛，岩体完整性差	20	1500~2500	0.1~0.2
散体结构	碎块状结构	岩块夹岩屑或泥质物，裂隙普遍张开5mm以上，充填岩屑及泥质物，岩体破碎	>35	<1500	<0.1

2.4.4　控制性结构面判定依据及特征讨论

不同等级的结构面对岩体完整性、强度及稳定性的影响是截然不同的，而对岩体强度、变形起控制性作用的往往是规模大、延展性好的软弱结构面（带）。在工程岩体有限范围内，该类结构面往往对整个工程稳定起到至关重要的作用，此处涉及控制性结构面的概念。据罗国煜等（1982，1986）、蒋建平等（2001）关于优势结构面的定义，其可包括两种：统计优势结构面和地质优势结构面，其中统计优势结构面即在区域内通过统计得出的数量居多的结构面，地质优势结构面为具有危险方位、自身性质极差的结构面，而真正意义上的优势结构面应为二者的结合；徐光黎等（1993）认为"优势结构面"具有强烈的工程概念，其应与工程尺寸和重要性程度密切相关；笔者认同徐光黎等（1993）的观点，认为：优势结构面系指对工程区岩体强度、变形、稳定性起控制性作用的结构面，其不应体现在数量上，而应体现在工程控制效应上，且要与工程因素紧密结合。

据以上讨论，大岗山水电站地下厂房区内广泛发育的辉绿岩脉带或群，脉体自身普遍破碎，且多数内部结构已发生强烈绿泥石化蚀变，呈现典型绿泥石化条带。此外，边界伴随有一定宽度的断层带，其内部矿物组分上，含有一定数量的黏粒、亲水性强矿物（绿泥石等），遇水亦软化或泥化，强度急剧变差，呈现塑性变形，渗透稳定性较差等特征。整体而言，可认为辉绿岩脉是一种软弱结构面。

辉绿岩脉不仅控制岩体变形破坏演化方向，是厂房区局部块体失稳的控制性边界。同时其本身亦可作为独立地质单元，受工程开挖作用，自身的变形破坏亦将对厂房区岩体稳定性起到关键影响，该观点在现场开挖过程中亦得到验证，如主厂房岩脉 β_{80} 开挖塌方事故。因此，辉绿岩脉作为厂区岩体稳定的控制性因素，应作为重要控制性结构面看待。

此外，辉绿岩脉在后期地质构造演化历程中，沿岩脉两侧围岩接触区，形成了具有一定宽度、规模的断层影响带，该影响带具有较完整的构造岩序列，上下盘（或某一盘）破碎带由构造角砾、碎裂物（局部绿泥石化断层泥）组成，宽度 0.1~0.4m，其结构类型为破碎双裂夹泥（屑）型，工程地质性状总体较差，对厂房区岩体稳定性亦起到重要的影响，亦应作为优势（控制性）结构面进行分析。

总体而言，地下厂房区内发育的辉绿岩脉（群）及其两侧断层影响带为厂房内控制性结构面，各自对应于结构面分级中的Ⅱ～Ⅲ级结构面。

2.5　岩体结构特征描述体系及统计规律分析

岩体结构作为原生建造、构造改造和次生改造作用的产物，其形成和演化过程实质是岩体内外界物质和能量交换的过程。在岩体结构内，各组成要素呈现出多层次性、非线性和不确定性等，各种信息呈现出确定性与随机性、模糊性与不确定性共存，使得岩体结构成为一套复杂的系统（陈昌彦，1997）。故此，对于岩体结构特征需基于多元描述体系与系统化规律统计方法予以全方位分析，以真实反映研究区内岩体结构发育特征，进而实现对围岩的质量评价、力学参数估算及稳定性评价。

2.5.1　岩体结构特征描述体系

2.4 节提出了研究区岩体结构特征评价指标，按照不同的指标体系可将岩体结构划分为不同组分，而现实操作中，除了上述分类的控制性指标外，仍需对具体结构面进行工程地质性状描述，而实现这工作的重要基础则为：建立相应的岩体结构特征描述体系，以系统、全面、规范、相对简捷地描述不同等级的结构面。

按照结构面分级亚级指标，可分为确定性结构面和随机性结构面，对大岗山水电站地下厂房区而言，Ⅱ～Ⅳ级结构面均为确定性结构面，具有较长延伸性和确定延伸方向，且Ⅱ级结构面还发育一定厚度的影响带，故对其应侧重于描述单个结构面的延展情况、内部发育特征。而 V 级结构面属随机性结构面，对其描述无需针对单独一条展开，而应通过规模统计寻求该组结构面内在规律，进而实现对研究区内结构面分布特征的把握。

2.5.1.1　确定性结构面描述体系

厂房区确定性结构面可细分为岩脉（Ⅱ级）、长大断层（Ⅲ级）、小断层和长大型裂隙（Ⅳ级），据各自描述内容差异，描述指标体系亦有所不同。详见表 2.7。

表 2.7　大岗山水电站地下厂房区施工期确定性结构面（Ⅱ～Ⅳ级）描述体系

描述对象	描述指标体系	描述指标详细介绍
岩脉 （Ⅱ级）	揭露位置	揭露该组岩脉的开挖层数、开挖底板高程（m）、洞向、岩性及详细发育位置
	发育规模	介绍该组岩脉产状、延伸状况、宽度、连续性、形态等特征
	物质组分	按照岩块（>60mm）、砾（2～60mm）、岩屑（0.075～2mm）、泥（<0.075mm）颗粒大小进行粒度成分分析； 进行 X 射线衍射、磨片鉴定或 SEM 扫描进行矿物成分、微观结构分析

描述对象	描述指标体系	描述指标详细介绍
岩脉 （Ⅱ级）	结构面性状	按照物质组合关系进行定名描述： 岩块岩屑型（面平直-起伏，粗糙，岩块、岩屑>90%，黏粒含量无或很少，无胶结岩块）； 岩屑夹泥型（面平直-起伏，稍粗糙，岩块、岩屑>70%，局部夹泥，面覆泥膜，黏粒含量<10%，无胶结）； 泥夹岩屑型（面平直-起伏，光滑，充填岩块、岩屑、断层泥，泥连续分布，黏粒含量 10%～30%，无胶结）
	风化蚀变特征	按照岩脉风化蚀变强弱特征进行分组： 全风化蚀变：锤击有松软感，出现凹坑，矿物手可捏碎，用锹可以挖动；除石英颗粒外，云母、长石等矿物已风化蚀变为次生矿物； 强风化蚀变：锤击哑声，岩石大部分变酥，易碎，用镐撬可以挖动，坚硬部分需爆破；除石英颗粒外，云母、长石等矿物大多风化蚀变； 弱风化蚀变上段：岩石断面粗糙，起伏；锤击声较哑，易碎，开挖需爆破；沿部分裂隙岩石风化成颗粒状，裂隙面多风化变色； 弱风化蚀变下段：岩石断面较致密平直；锤击声较清脆，开挖需爆破；局部沿裂隙岩石风化成颗粒状，部分裂隙面风化变色； 微风化蚀变-新鲜：岩石断面致密平直；锤击声清脆，开挖需爆破；极少量裂隙面风化变色，大多新
	影响带特征	介绍岩脉与围岩接触关系：①焊接式接触；②裂隙式接触；③断层式接触；介绍影响带宽度及相关工程地质描述，包括影响带结构类型（块状、次块状、镶嵌状、碎裂状、块裂状及散体状）、接触带充填物质成分等
	地下水状况	按照岩脉附近每 10m 水量 q（L/min）实测值，分为潮湿（$q<10$L/min）、渗滴水（10L/min<$q<25$L/min）、线状流水（25L/min<$q<125$L/min）及涌水（$q>125$L/min）；无实测条件时，可根据目测方法估计其隶属范围
断层及长大裂隙组 （Ⅲ、Ⅳ级）	揭露位置	揭露断层（或长大裂隙）开挖层数、底板高程（m）、洞向、岩性及详细位置
	发育规模	介绍该组断层（或长大裂隙）产状、延伸状况、宽度、连续性等特征
	胶结类型	介绍该组断层（或长大裂隙）与围岩的胶结程度，包括： 好：硅质或硅化胶结、绿帘石化、钾长石化 较好：致密石英脉充填 一般：局部石英脉夹蚀变物充填；或方解石团块胶结； 差：岩屑、碎裂岩、糜棱岩、钙质物、绿泥石及断层泥充填
	起伏状况	介绍该组断层（或长大裂隙）自身结构面起伏状况，分为：①平直（镜面）光滑；②平直粗糙；③波状起伏粗糙；④阶坎起伏粗糙

描述对象	描述指标体系	描述指标详细介绍
断层及长大裂隙组（Ⅲ、Ⅳ级）	风化、蚀变特征	风化程度。①新鲜：无浸染或零星浸染；②微风化：零星浸染，有水蚀现象；③弱风化：普遍浸染，颜色与原岩出现显著差异，手搓有滑感；蚀变程度。①无蚀变：构造与物质组分与原岩一致；②轻度蚀变：存在弱蚀变现象，表观与原岩有一定差异，但物质组分无显著变化；③重度蚀变：不论表观及物质组分较原岩已显著变化，如钾长石化、绿帘石化、绿泥石化等
	地下水状况	描述内容如岩脉（Ⅱ级）

2.5.1.2　随机性结构面描述体系

据表2.4结构面分级方法，厂房区随机性结构面包括张开型基体裂隙（V_1级）和闭合型基体裂隙（V_2级），对基体结构面而言，所有的描述体系均可分为两组：①反映基体结构面空间分布几何特征的指标，如组数、产状、间距、连续性、迹长等；②反映基体结构面自身发育特征的指标，如粗糙度、张开度、蚀变度、充填物、壁面强度等。故大岗山水电站地下厂房区随机性结构面描述体系可表示为表2.8。

表2.8　大岗山水电站地下厂房区施工期随机性结构面（Ⅴ级）描述体系

描述指标（大类）	描述指标（亚级）	描述指标详细介绍
结构面空间分布几何特征指标	组数	组成岩体结构的节理组数，分组不宜过于粗糙，但亦不宜过密，组别间应具有显著的区别，常借助于结构面方位体现
	产状	结构面的空间展布位置，此处推荐采用产状三要素法
	迹长	结构面在露头面的出露长度，反映结构面空间延伸性
	间距	相邻同组结构面之间的垂直距离，多采用平均距离或典型结构面间距表示
	连通率	结构面在露头上贯通长度与总长度之比，反映结构面在空间上的连续性状况
结构面自身发育特征指标	粗糙度	包括宏观上的起伏度和微观上的粗糙度，影响结构面自身抗剪强度特性
	张开度	结构面相邻岩壁之间的垂直距离，一般认为<0.5mm为闭合节理
	蚀变度	结构面因热液作用、动力接触发生蚀变强弱程度
	充填物	隔离结构面两岩壁的充填物质，典型特征是与原岩在物质组分上有一定差异
	壁面强度	结构面相邻岩壁的等效抗压强度，多采用点荷载强度表示

2.5.2　岩体结构特征描述方法

2.5.2.1　确定性结构面描述方法

对大岗山水电站地下厂房区确定性结构面（Ⅱ～Ⅳ级结构面），采取了逐条跟踪地质素描与表格记录相结合、及时归纳汇总，并辅助多元分析手段的综合地质调查方法。

（1）现场素描与记录：按照结构面等级划分，对 I ～ Ⅳ 级结构面分别编号，并建立各自地质档案，当施工开挖揭露到该组结构面时，对其进行现场地质素描，完整展示其延伸状况、宽度、连续性及产状等特征，填写地质档案卡，详细记录揭露位置、发育规模、结构面性状、风化特征、影响带特征及地下水状况，形成一套完整的地质记录卡。

（2）据开挖进度进行资料汇总：现场每开挖 1 层后，对该层不同部位三壁所调查到的同一级别的结构面予以汇总，形成该级别结构面汇总表，以便寻求各自之间的关联性，并可用于指导下一层开挖该结构面的位置确定与稳定性预测。

（3）对逐条结构面跟踪汇总：对在不同硐室、开挖层、露头面揭露到的同一条结构面予以跟踪汇总，形成该条结构面延展总结表，以获得该结构面空间展布、形态特征及构造组分的变化规律，以便对其稳定性状况进行整体把握。

（4）多元分析手段相结合：定时从现场选取典型结构面样本进行室内微观组分、物理力学实验，并将试验结果及时反馈至现场，以随时调整现场调查方法。

2.5.2.2　随机性结构面描述方法

随机性结构面的两大描述指标体系：结构面空间分布几何体系指标和自身发育特征指标，前者反映的是结构面空间延展状况，可借助精测线法、统计窗法来完成，亦可借助钻孔岩心解译、数字摄影解译法来实现。后者反映的是结构面自身发育特征，可借助测线法、统计窗法，对研究区内结构面采用随机抽样测试来实现。

1. 精测线法

精测线法即在研究区选取合适测试点位，沿不同方向布置多条测线，量测与测线相交切的所有结构面几何特征，并随机抽样对结构面进行粗糙度、张开度、蚀变度、壁面强度、充填物等方面的统计与量测。

图 2.20 为大岗山水电站主厂房第Ⅶ层开挖结束后，对 β_{81} 岩脉及其影响带范围进行的结构面精测线统计，其中上盘统计距离为 15m，结构面统计条数为 49 条，对每条节理编号，分别确定其中心对应测线位置、产状、迹长或（删节）半迹长、间距、结构面类型、隙宽、胶结充填状况、含水情况，并随机抽样测取粗糙度、壁面强度等指标。

(a)现场布置测线与删节线

(b)随机抽样结构面粗糙度量测

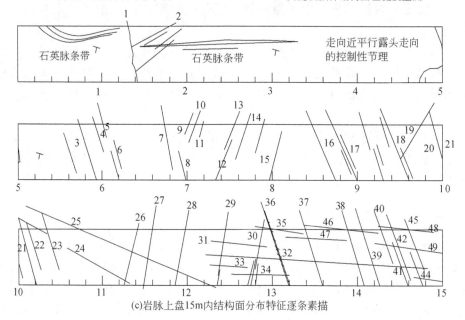

(c)岩脉上盘15m内结构面分布特征逐条素描

图2.20　主厂房 β_{81} 岩脉影响带内结构面精测线统计（第Ⅶ层）

2. 统计窗法

Kulatilake（1984）最先提出统计窗量测法，假定节理面呈圆盘状，其中心点呈均匀分布，方位与迹长分布独立，倾向、倾角线性无关，采用矩形统计窗，将节理与统计窗存在的几何关系分为切割、交接、包含三种类型，如图2.21所示。统计窗法包含更大的统计面，有效地减少了采样误差，统计结果更加接近真实情况，越来越多地应用于结构面量测。

统计窗法在估算迹长时因无需预先知晓迹长的密度分布形式，仅需了解节理面与统计窗三种几何关系的条数，借助概率统计、点估计方法，可实现对节理迹长的估算，目前常用的迹长估算方法归纳为4种。

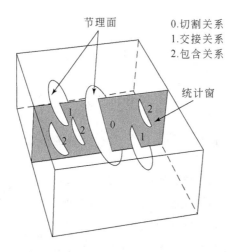

图 2.21　节理组与统计窗存在的几何关系

1）Kulatilake 迹长点估计法

已知矩形统计窗尺寸为 $w \times h$，且节理与统计窗存在切割、交接、包含三种关系，通过统计以上三种形式的节理条数 n_0、n_1、n_2，并拟合获得倾向、倾角概率密度函数 $f(\alpha, \beta)$ 后，应用点估计法得到迹长估算公式如下：

$$\bar{l} = \frac{wh(1 + n_0/n - n_2/n)}{(wB + hA)(1 - n_0/n + n_2/n)} \tag{2.1}$$

其中，$A = \iint\limits_{\alpha_l\beta_l}^{\alpha_\mu\beta_\mu} \dfrac{1}{(1 + \tan^2\beta \cos^2\delta)^{1/2}} f(\alpha, \beta) \mathrm{d}\alpha\mathrm{d}\beta$；$B = \iint\limits_{\alpha_l\beta_l}^{\alpha_\mu\beta_\mu} \dfrac{1}{(1 + \cot^2\beta \sec^2\delta)^{1/2}} f(\alpha,$
$\beta)\mathrm{d}\alpha\mathrm{d}\beta$；$l$，$\mu$ 分别为倾向、倾角上下限；δ 为结构面倾向与统计窗夹角。

Kulatilake 点估计法因需统计倾向、倾角概率密度函数 $f(\alpha, \beta)$，计算过程繁琐，实用性较差。

2）Lastett 迹长估计法

Lastett（1982）迹长估计法基于极大似然原理，通过统计窗法统计得到三种类型的节理数目及观测迹长，进而构建估计节理平均迹长的极大似然公式：

$$\bar{l} = \frac{2}{(n_1 + 2n_2)}\left(\sum_{i=1}^{n_0} x_i + \sum_{j=1}^{n_1} y_j + \sum_{k=1}^{n_2} z_k\right) \tag{2.2}$$

式中，n_0、n_1、n_2 分别表示与统计窗呈切割、交接、包含三种类型的条数；x_i 是第 i 条切割节理观测迹长；y_j 是第 j 条交接节理观测迹长；z_k 是第 k 条包含节理观测迹长。

如式（2.2）所示，该方法未考虑统计窗尺寸对迹长估计的影响，在不同尺寸的统计窗内统计估算的同一种节理迹长差别很大，其结果对于工程实践的指导作用有限。

3）*H-H* 迹长估计法

根据节理交切窗口概率与矩形统计窗尺寸（$w \times h$）的关系，假定节理中点服从均匀分布，且不考虑节理倾角的影响，黄润秋和黄国明（1999）提出了 *H-H* 迹长估算公式：

$$\bar{l} = \frac{n_1 + 2n_0}{2n} \frac{\pi wh}{w+h} \tag{2.3}$$

式中，n_0、n_1 分别表示与统计窗呈切割、交接关系的条数，n 是节理总数，$n = n_0 + n_1 + n_2$。

该方法无需进行概率密度函数计算，仅需统计交切测窗节理数目来估算节理平均迹长，具有快捷实用的优点；而工程实践表明，节理倾角对节理与测窗的交切条件具有显著影响，故其应用范围受到一定局限。

范留明（2002，2004）针对以上问题，并将统计窗节理迹长分为确定迹长（包含关系）和不确定迹长（切割、交接关系），对 *H-H* 迹长估计模型予以优化，提出了计算结果更加稳定的广义 *H-H* 迹长估计法：

$$\bar{l} = \frac{n_2}{n} l_2 + \left(1 - \frac{n_2}{n}\right) l_h \tag{2.4}$$

式中，n、n_0、n_1 同式（2.3）一致，$l_2 = \frac{1}{n_2} \sum_{i=1}^{n_2} l_{2i}$（包含节理平均迹长）；$l_h = \frac{n_1 + 2n_0}{n_1 + n_0} \frac{wh\Delta\beta}{wB + HA}$（切割、交接节理平均迹长）；$\Delta\beta$ 为节理在统计窗内视倾角的上下限值之差（$\Delta\beta = \beta_{max} - \beta_{min}$），$A = \pm(\sin\beta_{max} - \sin\beta_{min})$ $[\beta \in [0, \pi/2)$，取正号；$\beta \in [\pi/2, \pi)$，取负号$]$，$\beta = \cos\beta_{min} - \cos\beta_{max}$。

4）圆形统计窗迹长估计法

Mauldon 和 Zhang（1976，1998）等利用圆形统计窗估算节理平均迹长，同样认为节理与统计窗存在切割、交接、包含三种关系，如图 2.22，在已知窗口半径 r，只需统计三种关系的节理条数，即可实现迹长计算。

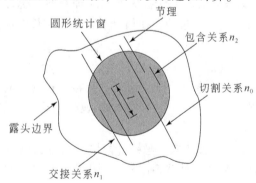

图 2.22　同组节理分布与圆形统计窗几何关系

具体估算公式为

$$\bar{l}=\frac{\pi(n+n_0-n_2)}{2(n-n_0+n_2)}r \tag{2.5}$$

式中，n_0、n_2 分别表示与统计窗呈切割、包含关系的条数，n 是节理总数，$n=n_0+n_1+n_2$。

圆形统计窗法无需考虑节理产状偏差对计算结果影响，且无需复杂的积分计算，相较矩形统计窗，具有实用、简便特点。但对地下硐室而言，露头多沿硐室走向呈条带状分布，在现场布置圆形统计窗存在测窗边界难以界定及测窗半径偏小等问题，圆形统计窗更适合露头面较广阔的边坡等。

2.5.3　确定性结构面特征指标统计及规律分析

2.5.3.1　岩脉（Ⅱ级）特征指标及规律统计（Shen et al.，2017）

1. 产状特征

对厂房区不同高程揭露的辉绿岩脉统计结果显示（图2.23），岩脉优势产状有 4 组：①N70°E/NW∠68°，②N9°W/SW∠67°，③N47°W/SW∠82°，④N78°W/SW∠75°。

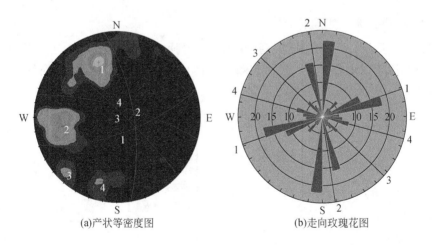

(a)产状等密度图　　　　　　　(b)走向玫瑰花图

图2.23　厂房区辉绿岩脉群产状分布特征

其中①、②项为主要发育产状，可见厂房区辉绿岩脉群走向主要为近 SN-NE，倾向 NW-W，少量走向为 NWW，倾向 SW。

从岩脉倾角分布柱状图（图2.24）可知，倾角大于60°的陡倾岩脉占岩脉总数的84%以上，其中又以65°~85°的陡倾角岩脉最为发育，占岩脉总数的65.8%；在中等倾角的岩脉中，以45°~50°的占据主导，大致为4.3%，

<45°的缓倾岩脉在厂房区几乎不发育，仅见一条，可见厂区主要发育为陡倾岩脉。

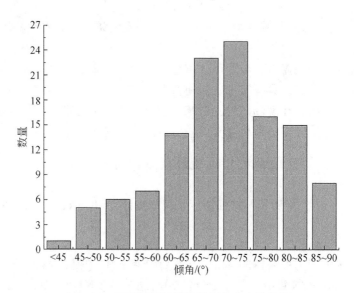

图 2.24　厂房区辉绿岩脉群倾角分布柱状图

2. 延伸状况及宽度特征

在地下厂房内，由于无法直接观测辉绿岩脉的实际延伸情况，只能利用各硐室揭露情况予以组合分析，进而推断其延伸长度，对照厂房区不同高程平切图，见图 2.25，可推断延伸长度为 100~300m。

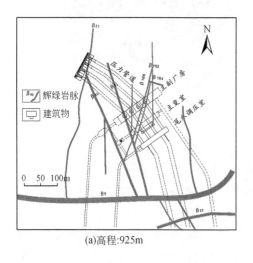

(a)高程:925m

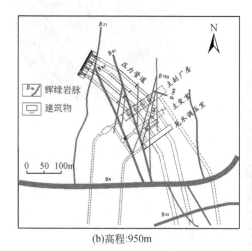

(b)高程:950m

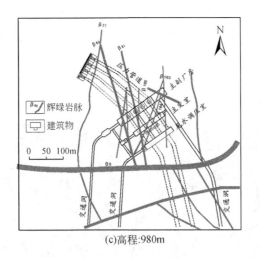

(c)高程:980m

图 2.25　厂房区不同高程揭露的辉绿岩脉

岩脉群的宽度可通过各硐室揭露情况予以统计。统计结果显示，厂房区内岩脉宽度差异显著，小的仅为 1~2cm，宽的可达 8m。但总体上，岩脉宽度普遍较小，多<80cm，而宽度>1.5m 的长大规模辉绿岩脉为 β_{80}、β_{81}、β_{163}、β_{164}、β_9等。其详细揭露位置、发育特征见表 2.9。

表 2.9　厂房区主要揭露的长大辉绿岩脉一览表

编号	产状	发育位置	与围岩接触关系	宽度/m	边界断层
β_{80}	N20°W/SW∠63°	仅副厂房揭露	断层式接触	4~5	f_{57}、f_{58}
β_{81}	N12°W/SW∠77°	三大厂房均揭露	断层式接触	1.8~2.2	f_{59}、f_{60}
β_{163}	N30°E/NW∠60°	主变室、安装室	裂隙式接触	0.8~1.4	
β_{164}	SN /W∠65°	三大厂房均揭露	裂隙式接触	0.5~1.1	
β_9	N60°W/NE∠80°	尾水洞、交通洞揭露	断层式接触	5.5~8	f_{12}、f_{13}

3. 形态特征

厂房区较大规模的辉绿岩脉形态在剖面上多呈板状、透镜状，平面上为较平直延伸的长条状；而宽度较小的分支岩脉多不规则，分支、串接、弯转现象较普遍，尖灭、折拐、错移、断头屡见不鲜，局部脉体有花岗岩捕房体。辉绿岩脉形态特征可归纳为三种：

（1）单一形态：此种形态的一条岩脉单独发育形成。有的较为平直［图 2.26（a-1）］；有的随构造裂隙面弯折，甚至于宽度特征发生变异［图 2.26（a-2）］。

（2）组合形态：有的两相邻岩脉之间对连通的构造裂隙进行充填岩脉组合形成近"H"形的组合岩脉；有的在基体岩脉一侧或两侧，形成数条分支岩脉，构造成类似渗水状的组合岩脉［图2.26（b）］。

（3）错动扭曲形态：辉绿岩脉还因后期强烈的大地构造错动作用形成走向多变、错动扭曲的形态［图2.26（c）］。

(a-1)单一平直状态　　　　　　　　(a-2)单一弯折状态

(b)分支级合状态　　　　　　　　(c)错动扭曲状态

图 2.26　辉绿岩脉的发育形态特征

4. 物质组分

1）粒度成分分析

从 β_{80} 岩脉主厂房塌方段取 8 组岩样，按照施工期确定性结构面（岩脉，Ⅱ级）描述体系的要求：按照岩块（>60mm）、砾（2~60mm）、岩屑（0.075~2mm）、泥（<0.075mm）的颗分标准，采用筛分法进行粒度成分分析。

在颗粒级配组成（图2.27）中，岩块（>60mm）含量为 1.46%~3.35%，平均为 2.26%，砾石（2~60mm）含量为 61.35%~64.46%，平均为 62.73%，岩屑（2~0.075mm）含量为 18.28%~25.74%，平均为 21.1%，泥（<0.075mm）平均

含量为 6.57%，黏粒含量少，约 1.25%，<5mm 粒径颗粒含量平均为 40.82%。总体来看，级配良好（GW）。按照岩脉（Ⅱ级）描述体系–结构面性状分类法，β_{80} 岩脉应属岩屑夹泥型（B2）。

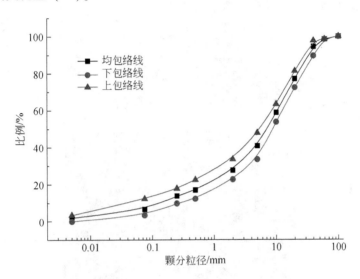

图 2.27　地下厂房区 β_{80} 岩脉粒度成分分析包络曲线

2）微观结构及成分分析

大岗山水电站地下厂房区多处揭露有辉绿岩脉，现分别从 β_{163} 岩脉中央、β_{80} 岩脉中央及边界接触带取三个典型岩样，分别代表未（微）风化蚀变岩脉、局部蚀变岩脉及完全蚀变岩脉，通过 X 射线衍射、镜下磨片鉴定及 SEM 试验进行微观结构及物质成分分析。X 射线衍射采用中国地质大学（武汉）地质过程与矿产资源国家重点实验室（GPMR）的 X-RAY 衍射仪（XPERT PRO DY2198）；镜下磨片鉴定采用成勘院的偏光显微镜（MDSG600）；SEM 试验采用地质过程与矿产资源国家重点实验室（GPMR）的 JSM-35CF 扫描电子显微镜。

镜下磨片鉴定结果（图 2.28）表明，未（微）风化蚀变岩脉外观颜色呈灰绿–绿色，块状构造，主要矿物为基性斜长石和普通辉石，镜下具有典型辉绿结构，辉石呈他形粒状，充填于自形–半自形板柱状的斜长石搭成的格架之中；局部蚀变岩脉中斜长石大多已破碎成极细的碎块，辉石已经多蚀变成小粒度的绿泥石团块，新生矿物和残留辉石碎斑呈现一定的定向排列特征；完全蚀变岩脉中的矿物颗粒（斜长石）明显碎裂，形成网脉状，早期辉石蚀变产物绿泥石受水化和水解作用影响，逐渐向黏土转变。矿物定向排列特征明显。

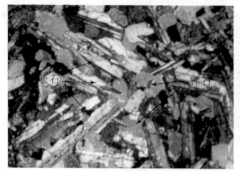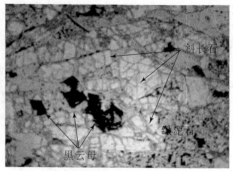

(a)未(微)蚀(正交偏光,20倍)　　　　　(b)局部蚀变(正交偏光,29倍)

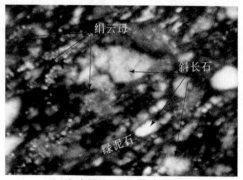

(c)完全蚀变(正交偏光,36倍)

图 2.28　不同风化蚀变程度的岩脉镜下磨片鉴定分析（据成勘院，2004）

SEM 鉴定结果（图 2.29）表明，未（微）风化蚀变岩脉矿物完整性较好，可观察到自形-半自形板柱状的斜长石及未蚀变的粒状辉石块；局部蚀变岩脉中斜长石出现破碎，完整性有限，SEM 扫描观察部分辉石已经发生蚀变，成为薄片状的绿泥石，附着于斜长石上，此外，薄片状绿泥石呈现一定的定向排列特征；完全蚀变岩脉中的矿物颗粒碎裂，成为典型薄片状结果，颗粒之间出现明显空洞，且整个矿物结构呈现显著定向排列特征。SEM 分析结果与磨片鉴定试验较为吻合。

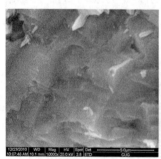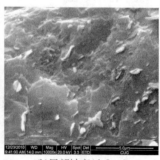

(a)未(微)蚀变(d=5μm)　　　(b)局部蚀变(d=5μm)　　　(c)完全蚀变(d=5μm)

图 2.29　不同风化蚀变程度的岩脉 SEM 扫描分析

5. 内部结构形态

据辉绿岩脉内部裂隙的发育特征、块体尺度、嵌合程度及风化蚀变程度，可将岩脉内部结构分为块状结构、次块状结构、镶嵌结构、块裂结构、碎裂结构及散体结构等6种（图2.30），相关分类标准可参考水利水电相关规范分类细则（中华人民共和国国家标准编写组，1999）。

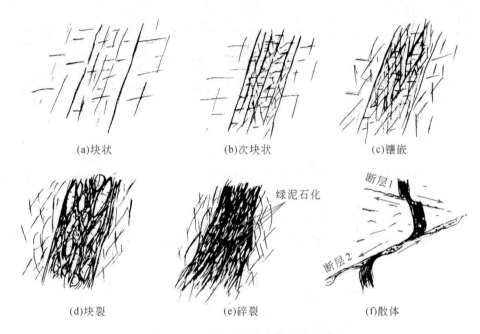

(a)块状　　　　　　　(b)次块状　　　　　　　(c)镶嵌

(d)块裂　　　　　　　(e)碎裂　　　　　　　(f)散体

图2.30　厂房区岩脉内部结构特征分类

对厂房区辉绿岩脉内部结构统计表明，厂房区内的辉绿岩脉内部结构总体较为破碎，以镶嵌结构和块裂结构为主，共占67%；性状最差的碎裂结构和散体结构共占24%；而性状较好的块状结构、次块状结构仅占9%。

6. 与围岩接触关系

据辉绿岩脉与围岩接触关系，可分为焊接式接触、裂隙式接触、断层式接触等3种（图2.31）。

焊接式接触表现为接触面致密，无任何充填，相对原岩强度几乎无降低；裂隙式接触表现为岩脉与围岩接触带出现断裂裂隙，但宽度一般<5cm，部分有充填，按照有无充填及充填物强度特征，可细分为刚性裂隙式和柔性裂隙式接触；断层式接触系指岩脉与围岩接触带出现一定宽度（5~30cm）的断层带，断层带主要物质成分为断层泥、糜棱岩及绿泥石等，强度一般在8~25MPa（施密特锤试验），呈现显著有别于围岩的物理力学特性。

(a)焊接式接触　　(b)裂隙式接触(包括刚性、柔性裂隙式两种)　　(c)断层式接触

图2.31　厂房区岩脉与围岩接触关系类型

对厂房区揭露的 214 条辉绿岩脉与接触关系统计（图 2.32）表明，断层式接触和柔性裂隙式接触占据主导地位，分别为 88 条（41.12%）和 58 条（27.1%），较次的刚性裂隙式接触为 46 条（21.5%），焊接式接触类型最为少见，仅 22 条（10.28%），显示厂房区岩脉受后期构造运动和动力变质作用的强烈影响。

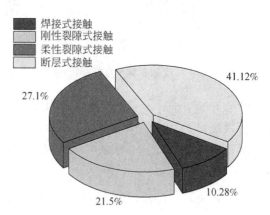

图2.32　厂房区岩脉与围岩接触关系类型统计饼图

2.5.3.2　断层（含长大裂隙组）（Ⅲ～Ⅳ级）特征指标及规律统计

现场施工地质勘察，地下厂房区发育有断层（含长大裂隙组）Ⅲ～Ⅳ级共计27条，其中Ⅲ级结构面断层19条，Ⅳ级结构面断层8条，呈现的显著特征在于：多沿厂房区大型岩脉与花岗岩接触带发育，形成"岩脉型断层"。这种现象

可能是厂房区在区域反复构造变形中不同岩性应力差异、调整的结果。

1. 产状特征

对厂房区不同高程、位置揭露的断层（含长大裂隙组）的统计显示（图2.33），厂房区Ⅲ~Ⅳ级断层（含长大裂隙组）优势产状有 4 组：①N27°W/SW∠63°，②SN/E∠42°，③N18°W/NE∠77°，④N49°E/NW∠81°。其中①、②项为主要发育产状，可见近 SN-NW，倾向 SW-E，少量走向为 NNE，倾向 NW。

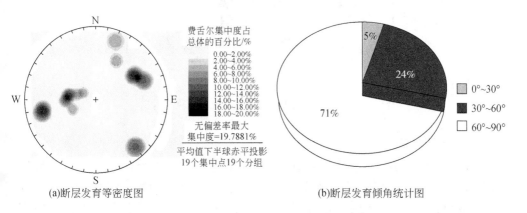

(a)断层发育等密度图　　　　　　　　　　(b)断层发育倾角统计图

图 2.33　大岗山水电站断层产状特征统计

倾角大于 60°的陡倾断层（含长大裂隙组）占断层总数的 71%以上，其中又以 70°~90°的陡倾角断层最为发育，占总数的 55%；中等倾角断层的比例，为24%，<30°的缓倾断层在厂房区几乎不发育，仅占 5%，可见两条。

2. 延伸长度

厂房区断层（含长大裂隙组）均指长度>30m 的长大裂隙，在有限尺寸的硐室开挖中难以直接观其实际延伸情况，如岩脉（Ⅱ级）方法类似，可通过各硐室揭露情况予以空间组合分析，进而推断其延伸长度。沿岩脉接触带发育的断层，其长度应与岩脉延伸长度相似，应在 100~300m。由于施工期厂房断层统计资料有限，对照厂房区结构面分级指标，厂房区断层（含长大裂隙组）Ⅲ、Ⅳ级与可研阶段Ⅲ、Ⅳ级结构面大体对应，可参考其对Ⅲ、Ⅳ级结构面延伸长度的统计与分析。

如图 2.34，厂房区断层推测延伸长度主要在 100~200m，约占 40%，其次为 100m 以内，占 38%；而Ⅳ级长裂隙规模相对较小，部分仅在单个硐室揭露，而在相邻硐室内无相应出露点，故该级结构面延伸长度较难把握，在研究中，只能根据部分在多个硐室或地表有揭露结构面进行追踪丈量。得到Ⅳ级结构面延伸长度多在 50~100m，少量到 100 多米。

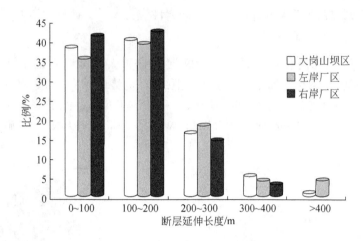

图2.34　大岗山水电站断层延伸长度统计

3. 宽度特征

对厂房内断层（含长大裂隙组）（Ⅲ～Ⅳ级）进行宽度统计知：厂房区断层（Ⅲ级）宽度差异显著，但多数均小于10cm，占总数的67%，而宽度10～20cm占总数的26%，20～50cm大宽度断层仅为2条；厂区长大裂隙组（Ⅳ级）宽度多为2.5～5cm，其中<5cm占总数的64%。而大于10cm仅占7%左右。

4. 结构类型

通过对断层内部物质组成进行分析研究，其绝大多数的工程类型为岩块岩屑型（B1），只有少数为岩屑夹泥型（B2）或泥夹岩屑型（B3）。

同时，考虑厂区大多数断层的揭露点规模较小，不易采样，故在现场地质调查过程中，更主要针对断层主破碎带的物质组成进行现场判别估计，并对其工程类型予以定名划分。现场调查表明，厂房区断层（或长大裂隙组）绝大多数为岩块岩屑型（B1），仅有少数为岩屑夹泥型（B2）和泥夹岩屑型（B3）。可见人工现场确定方法虽然存在一定误差，但是仍可基本反映厂区断层的结构类型。

而长大裂隙组（Ⅳ级结构面）主要通过颗分试验进行。试验表明，厂区Ⅳ级结构面破碎带中泥质含量，特别是黏粒含量不多，均<10%，故Ⅳ级结构面物质组成以岩屑砾型为主，含砾屑型次之。其结构类型均为岩块岩屑型。

同样通过野外现场判别估计得出，长大裂隙组（Ⅳ级结构面）主要结构类型亦为岩块岩屑型，而破碎带结构以双裂夹泥（屑）型为主，单裂夹泥屑型次之，局部为双面破裂型和破裂岩型。

2.5.4　随机性结构面特征指标统计及规律分析

受结构面分布特性、人工开挖揭露范围的限制，对随机性结构面描述一般应通过对研究区整体统计来反映其空间分布随机特征，根据统计演绎方法的不同，可具体分为两种方法：①统计模型法，即通过对现场结构面大量量测、调查、归纳，进而获得表征结构面特性的相关特征指标；②概率模型法，即随机抽取有限露头面调查量测，获取结构面参数的概率分布形式，然后基于随机模拟方法获得结构面网络分布模型，进而提取相关特征指标。

大岗山水电站地下厂房区施工期结构面特征调查采用统计模型与概率模型相结合的方法，对结构面产状、三壁延伸状况依据开挖进度跟踪描述，而对描述结构面具体特征指标采用了概率模型方法。首先依据现场逐条跟踪描述，获取足够的统计样本，为结构面分组提供样本参考。接着，依据产状分组结果，配合开挖进度，随机布置测线、统计窗对各组结构面进行抽样量测，获取反映结构面参数的概率分布形式。最后，通过概率模型法获得反映结构面的特征指标及其规律。

2.5.4.1　随机性结构面空间分布几何特征指标统计及规律分析

随机性结构面空间几何特征指标包括结构面组数、产状、迹长、间距及连通率五个因素，以上因素构成了岩体空间方位的展布特征及其完整性，对岩体质量及稳定性评价影响至关重要。现针对大岗山水电站地下厂房区随机性结构面空间分布特征进行阐述。

1. 结构面分组

根据现场地质跟踪素描及相关记录卡片，通过结构面产状统计分析，获得岩体结构面优势方位，进而对结构面进行组别划分。

根据目前施工地质调查资料，统计地下厂房区内节理裂隙产状分布，可知：

（1）地下厂房区节理组产状［图 2.35（a）］以 NW 向偏 SW，NE 向偏 NW 为主，其中 NW 向偏 SW 占产状总数的 30%，NE 向偏 NW 占产状总数的 27%；NW 向偏 NE 向，NE 向偏 SE 向分别占总数的 21% 和 23%，数量相当。倾角以陡倾角为主，缓倾角占总节理数的 17%，中倾角占 27%，陡倾角占 56%。

（2）依据等密度图分析结果［图 2.35（b）］，地下厂房区节理优势方位有：N31°E/SE ∠17°、N89°E/SE ∠78°、N20°W/SW ∠75°、N7°E/NW ∠67°、EW/N ∠81°，据此，统计优势结构面可分为 5 组。

2. 结构面产状分布拟合及规律分析

根据以上分组结果，对各组结构面进行统计分析，建立各组结构面产状分布拟合形式，对于走向，以优势方位为中心，上下偏差 20° 为统计范围，获得拟合该组走向分布形式的原始数据；倾向与走向相关，不再单独拟合；倾角以中心点角度为中心，上下偏差 15° 予以统计，来反映该组倾角分布形式。并采用 X^2 拟合和 K–S 拟合非参数假设检验。详细产状拟合结果见表 2.10。

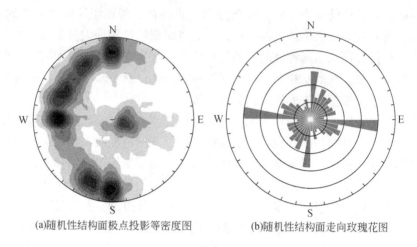

(a)随机性结构面极点投影等密度图　　　(b)随机性结构面走向玫瑰花图

图 2.35　随机性结构面优势方位统计及分组

表 2.10　厂房区优势组产状分布拟合结果

编号	优势方位	走向					倾角				
		X^2	D_n	X_α^2	$D_{n,\alpha}$	分布	X^2	D_n	X_α^2	$D_{n,\alpha}$	分布
1	N31°E/SE∠17°	4.6	0.16	9.5	0.19	正态	0.8	0.15	9.5	0.19	正态
2	N89°E/SE∠78°	4.5	0.23	6.0	0.19	均匀	2.3	0.21	7.8	0.19	正态
3	N20°W/SW∠75°	5.5	0.20	7.8	0.19	正态	2.6	0.21	7.8	0.19	正态
4	N7°E/NW∠67°	1.1	0.26	6.0	0.19	均匀	4.9	0.23	7.8	0.19	均匀
5	EW/N∠81°	9.8	0.20	11.1	0.19	正态	2.7	0.22	6.0	0.19	正态

3. 结构面迹长估算及规律分析

2.4.2 节介绍了基于统计窗进行随机性结构面迹长估算的方法，应用统计窗统计节理迹长时，存在以下采样偏差。①取样偏差：节理越长，连通性越好，其在窗内出现概率越大，反之则小；②删节偏差：过长的节理超过了统计窗范围，观测的迹长仅为删节迹长；③舍弃偏差：过短节理失去统计意义，予以舍弃。利用统计窗法对节理迹长进行估算的过程，即对以上偏差的有效修正过程。

笔者在《节理迹长与统计窗选位关联性分析》（申艳军等，2011）一文中，讨论了结构面迹长估算方法的适用范围：Kulatilake 和 Wu（1984）的点估计法和圆形统计窗法需要统计窗内节理切割、交接、包含 3 种关系的条数 n_0，n_1，n_2，均满足一定样本规模，若统计窗内某一种关系条数过多，其计算结果与实际情况差别明显；H-H 迹长估计法强调长大节理对节理迹长的控制因素，侧重于切割、交接关系条数 n_0，n_1 统计，对于包含关系条数 n_2 过多的统计窗，计算结果显著小于实际情况；广义 H-H 迹长估计法对节理进行分类，适用范围更广阔，但采用视倾角差修正统计窗尺寸的方法，使得统计窗尺寸对计算结果影响很大；相应地，Lastett 迹长估计法则过多考虑短小节理对节理迹长的折减影响，以统计交接、包含关系条数 n_1，n_2 为主，若切割关系条数 n_2 过多，计算值趋向于无穷大。

该文（申艳军，2011）并指出了各估算方法所对应的计算要求：Kulatilake和 Wu（1984）点估计法和圆形统计窗法中，统计窗内节理条数需满足一定规模，且各类型节理应分布均匀，其计算结果方具有较好的参考价值；Lastett 迹长估计法适用于估算测窗内多为短中型节理的迹长；H-H 迹长估计法对长大节理组迹长估计精确度较高，而广义 H-H 迹长估计法可同时满足各种类型节理组迹长的估计，但与统计窗尺寸选取关联性强，且对测窗的短边敏感度大于长边。

基于以上结论，根据厂房区 5 组统计优势节理组目测延伸长度，选取其优势发育区段布置统计窗，并分别推荐合适的方法估算其迹长，详细推荐方法及估算结果见表 2.11。

表 2.11　厂房区优势节理组迹长估算方法及结果

编号	优势方位	估算方法适宜性					估算结果/m				
		点估计法	Lastett法	H-H法	广义H-H法	圆统计窗法	点估计法	Lastett法	H-H法	广义H-H法	圆统计窗法
1	N31°E/SE∠17°	×	○	×	○	×	—	2.78	—	2.59	—
2	N89°E/SE∠78°	○	×	○	○	○	6.78	—	8.72	6.32	9.96
3	N20°W/SW∠75°	○	×	○	○	○	9.79	—	12.38	8.65	10.02
4	N7°E/NW∠67°	×	×	○	○	×	—	—	7.85	7.02	—
5	EW/N∠81°	○	×	○	○	○	17.35	—	18.35	14.22	16.69

注：估算方法适宜性一栏中，○为适用；×为不适用。

对于随机性结构面迹长概率模型形式，受开挖露头的限制，很难实测真实迹长的概率分布函数形式，故本书借助于精测线法，根据精测线现场记录表量测的节理组的实测迹长，进而形成实测迹长统计直方图，考虑同一物理量分布特征的自相似性，可用实测迹长分布函数来代表全迹长分布形式。

由实测迹长统计直方图（图 2.36）可知，大岗山水电站地下厂房区随机性结构面节理组迹长分布形式大体上服从对数正态分布。

4. 结构面间距分布拟合及规律分析

结构面间距指同组相邻结构面之间的垂直距离，一般采用平均间距表示，现归纳国内外结构面间距（平均间距）与结构类型的对应关系（表 2.12）。对照可知，一般认为间距>1.0m 对应完整性结构，0.4～1.0m 属较完整，0.2～0.4m 属较破碎，<0.2m 属破碎岩体。

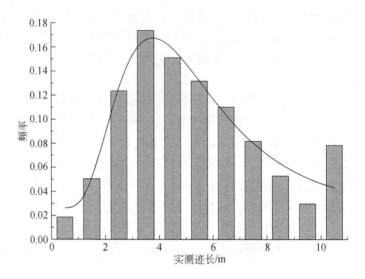

图 2.36 厂房区优势节理组实测迹长分布形式及拟合关系

概型:对数正态分布,均值 $\mu=4.82$,均方差 $\sigma=0.496$,相关性系数 $R^2=0.887$

表 2.12 国内外结构面间距与结构类型对应关系

结构类型	结构面间距/m							
	岩土工程勘察规范(GB 50021—2001)	国标(GB 50218—2014)	水力发电工程地质勘察规范(GB 50287—2006)	铁路工程地质勘察规范(TB 10012—2015)	公路工程地质勘察规范(JTJ 064—98)	ISRM	美国	加拿大
完整	>1.0	>1.0	>1.0	>1.0	>1.0	>2.0	>3.0	>2.0
较完整	0.4~1.0	0.4~1.0	0.5~1.0	>0.4	>0.4	0.6~2.0	0.9~3.0	0.6~2.0
较破碎	0.2~0.4	0.2~0.4	0.3~0.5	<0.4	<0.4	0.2~0.6	0.3~0.9	0.2~0.6
破碎	<0.2	<0.2	0.1~0.3	<0.2	<0.2	0.06~0.2	0.05~0.3	0.06~0.2
极破碎	散体状	散体状	<0.1			<0.06	<0.05	<0.06

结构面间距可依据现场精测线法获得的实测记录表进行分类,考虑统计条数有限,故对间距的分组较为粗糙,采用了 5 组分类,统计获得其平均间距及间距概率分布形式,如图 2.37。

5. 结构面连通率分布拟合及规律分析

从地质学角度上看,结构面连通率指某长度测线上结构面投影迹长占总长之百分比,可表示为

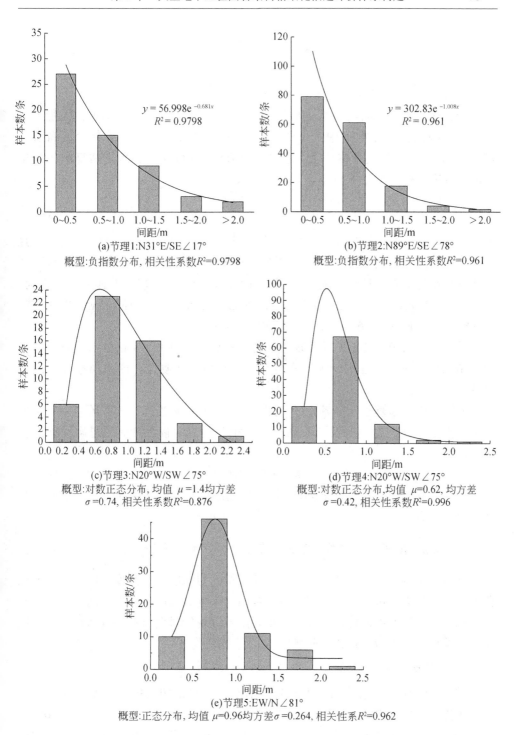

$$y = 56.998e^{-0.681x}$$
$$R^2 = 0.9798$$

(a)节理1:N31°E/SE∠17°
概型:负指数分布,相关性系数R^2=0.9798

$$y = 302.83e^{-1.008x}$$
$$R^2 = 0.961$$

(b)节理2:N89°E/SE∠78°
概型:负指数分布,相关性系数R^2=0.961

(c)节理3:N20°W/SW∠75°
概型:对数正态分布,均值 μ=1.4均方差
σ=0.74,相关性系数R^2=0.876

(d)节理4:N20°W/SW∠75°
概型:对数正态分布,均值 μ=0.62,均方差
σ=0.42,相关性系数R^2=0.996

(e)节理5:EW/N∠81°
概型:正态分布,均值 μ=0.96均方差σ=0.264,相关性系R^2=0.962

图2.37　厂房区优势节理组间距分布形式及拟合关系

$$K = \frac{\sum l_{\mathrm{tl}}}{\sum l_{\mathrm{tl}} + \sum l_{\mathrm{rb}}} \tag{2.6}$$

式中，$\sum l_{\mathrm{tl}}$，$\sum l_{\mathrm{rb}}$ 分别表示结构面投影迹长总长与岩桥总长。

若获得某条结构面投影迹长加之岩桥长度，即可计算出其连通率，但受人工开挖露头限制，实际操作中一般采用间接量测方法获得。本书参考黄润秋等（2004）推荐的基于迹长估计的连通率计算方法（窗口法），采用估算结构面迹长的统计窗进行连通率 K 计算，其具体公式为

$$K = \frac{n_1 + 2n_0}{2N + n_2} \tag{2.7}$$

式中，n_0、n_1、n_2 分别表示与统计窗呈切割、交接、包含三种类型的条数，且 $N = n_0 + n_1 + n_2$。借助于迹长估算所布置的统计窗，利用式（2.7）对大岗山地下厂房区随机统计优势节理组的连通率进行估算，得到优势节理组的连通率分别为：①N31° E/SE ∠17°，0.382；②N89° E/SE ∠78°，0.736；③N20° W/SW ∠75°，0.888；④N7°E/NW ∠67°，0.713；⑤EW/N ∠81°，0.938。

计算结果与节理迹长对照发现，二者呈现显著对应关系，随着节理迹长的增大，结构面连通率亦逐渐变大，该结论与实际情况相吻合，说明推荐公式的准确性。

同时，由于节理连通率较难以实测，为实现对节理连通率的经验应用，本书依据节理迹长与连通率的对应关系，搜集相关资料大量统计后，得出以下经验公式：

$$K \approx 0.3 \ln T + 0.1 \tag{2.8}$$

式中，K 为节理连通率；T 为节理迹长（现场难以布置统计窗时，可用实测迹长大体代替换算）。

2.5.4.2　随机性结构面自身发育特征指标统计及规律分析

随机性结构面自身发育特征指标包括结构面粗糙度、张开度、蚀变度、壁面强度及充填物五个因素，以上因素对结构面自身抗剪强度特性影响明显，进而对受结构面强度控制的岩体稳定性产生重要影响。现针对大岗山水电站地下厂房区随机结构面自身发育特征进行阐述。

1. 结构面粗糙度评价方法

结构面粗糙度系指结构面表面起伏形态，其对结构面抗剪强度起控制性作用。根据其表征对象的不同，可分为起伏度（结构面宏观大尺度趋势性状态）和粗糙度（结构面微观凸凹状态），孙广忠（1988）将起伏状况分为平直、波浪状、锯齿状和台阶状，粗糙状况分为镜面、平滑和粗糙，但无明确定量评价指

标；Barton 提出用粗糙度系数 JRC 来表示结构面表面状态特征，并提出结构面粗糙起伏轮廓曲线标准图，为便于与围岩分级方法 Q 法相结合，提出了 JRC 和 Q 法粗糙度系数 J_r 的关联图表，该方法已得到国际 ISRM 标准认可。

此外，结构面粗糙度评价方法还有分形理论法、直边图解法、摄影法等（徐光黎，1993；杜时贵等，1996；张林洪和邓钢，1998），大岗山水电站采用了 Barton 标准轮廓曲线对比法（经验类比法）进行粗糙度评价，依据杜时贵（1992，2005）简易纵剖面仪制作及量测方法，设计简易粗糙度量测仪，并实测获得随机结构面粗糙度轮廓曲线，与推荐标准轮廓图对比可快速得知对应的 JRC 及 J_r 值。

2. 结构面张开度评价及规律分析

结构面张开度系指结构面左右（或上下）两壁之间的垂直距离（mm），该指标与结构面渗流特征强弱密切相关，且对结构面抗剪强度存在显著劣化作用，亦是评价结构面是否属软弱性结构面的重要指标，故需密切关注其指标特征。

目前多采用塞尺来量测结构面张开度，根据张开尺寸的不同，结构面张开度可分为闭合（<0.5mm）、微张（0.5～5mm）、张开（>5mm）三种类型。现场依据大岗山水电站厂区结构面特征及评价精细化要求，现以张开度 20mm 为界限，>20mm 即认为是确定性结构面（且一般认为>100mm 为软弱性结构面），反之为随机性（硬性）结构面。确定性结构面张开度（宽度）已在上文介绍，本小节仅介绍随机性结构面张开度统计规律特征情况。

随机抽取大岗山水电站地下厂房区 V 级结构面（<20mm）359 条进行张开度统计，统计结果表明（图 2.38）：V 级随机结构面张开度呈现典型负指数分布形式，随机抽样统计中，厂房区内 V 级结构面张开度一般<0.08mm，而属于裂开结构面（0.5～5mm）有 41 条，占总数的 11.4%，属张开型结构面（>5mm）仅 8 条，可见，V 级结构面多属闭合型结构面，其对结构面抗剪强度相对有利。

3. 结构面蚀变度特征评价

厂区内随机结构面蚀变弱化作用包括 3 种形式：①花岗岩原生建造过程中，沿结构面热液自交代蚀变活动，其主要类型有绿帘石化、钾长石化、硅化及钠黝帘石化体蚀变等；②岩脉侵位充填过程，原生热液蚀变作用对结构面绿泥石-绢云母化蚀变；③构造改造、次生改造作用对原蚀变结构面的二次蚀变。

由于蚀变作用的复杂性与多期性，对结构面蚀变特征采用定性分级评价方法，首先按照蚀变产物强度差异可分为无强度劣化蚀变、轻度强度劣化蚀变及严重强度劣化蚀变三种，其中钾长石化、硅化及钠黝帘石化体蚀变属无强度劣化蚀变，绿帘石蚀变属轻度强度劣化蚀变，绿泥石-绢云母化、构造改造蚀变、次生改造蚀变属于严重强度劣化蚀变；接着依据不同类型的蚀变程度差异可细分为完全未蚀变、轻微蚀变、中等蚀变及强烈蚀变四种。

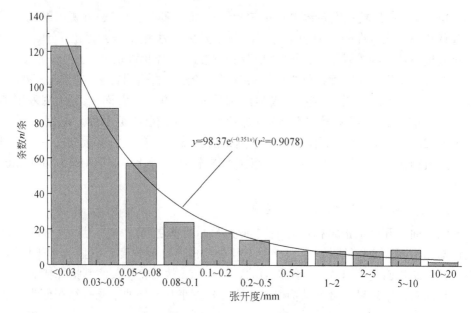

图 2.38　大岗山水电站厂房区 V 级结构面张开度统计

现场精测线法在统计获得结构面相关参数的同时，亦对地下厂房区随机性结构面蚀变情况进行抽样调查，现场共抽取调查了 628 条随机性结构面，发现存在蚀变现象的条数为 35 条，占总数的 5.57%，其中存在最多的是绿泥石–绢云母化蚀变，共计 19 条，而钠黝帘石化属体蚀变，在结构面蚀变中调查未发现。需要说明的是，由于构造改造蚀变、次生改造蚀变均属于对原蚀变结构面的二次劣化，统计过程中仅考虑原生蚀变，未将二次蚀变考虑进去。详细统计结果见表 2.13。

表 2.13　结构面蚀变程度分级及统计（按蚀变物强度差异）

蚀变产物强度差异分级	代表性蚀变类型	统计条数	比例/%
无强度劣化蚀变	钾长石化	5	14.3
	硅化	2	5.7
轻度强度劣化蚀变	绿帘石化	9	25.7
	钠黝帘石化	0	0
重度强度劣化蚀变	绿泥石–绢云母化	19	58.3

4. 结构面充填物特征评价

对于随机性结构面而言，多属于闭合型结构面，不存在充填物特征概念，但对于张开度特征中的微张、张开型结构面，以及对于蚀变度特征中的中度蚀变、强烈蚀变结构面，仍需考虑充填物发育特征状况。

同样采用定性分级评价方法，厂房区结构面按照充填物自身强度特征分为硅质充填物、铁质充填物、钙（钾）质充填物、泥质充填物四种。按照充填物厚度分为：薄膜充填（<1mm）、薄层充填（1～5mm）、中层充填（5～20mm）及厚层连续充填（>20mm）四种，后两者对应于张开型结构面，且厚层连续充填（>20mm）属确定性结构面（Ⅱ～Ⅳ级）研究范畴，本部分仅关注充填物厚度<20mm 的状况。

借助现场精测线法，现场共抽取调查 628 条随机性结构面，发现存在充填物的条数为 98 条，占总数的 15.6%，但大多数属薄膜充填，表观上呈现不连续的铁质、钙（钾）质薄膜，或因地下水浸染作用的泥质薄膜充填；而硅质充填物的厚度往往较大，一般在 2～20mm，呈平直条带状，但条数有限；而厚度较大的中层充填多为绿泥石蚀变泥质充填物，反映了绿泥石-绢云母化蚀变对结构面质量的强烈劣化作用。充填物特征详细统计结果见表 2.14。

表 2.14　随机性结构面充填物特征统计

充填物厚度	代表性蚀变类型	统计条数	比例/%
薄膜充填	铁质充填物	6	6.2
	钙（钾）质充填物	16	16.3
	泥质充填物	25	25.5
薄层充填	硅质充填物	2	2.0
	钙（钾）质充填物	10	10.2
	泥质充填物	21	21.4
中层充填	硅质充填物	3	3.1
	泥质充填物	15	15.3

5. 结构面壁面强度特征评价

结构面壁面强度特征反映结构面两侧岩壁强度状况，是判断结构面存在蚀变的重要指标，亦是反映结构面抗剪能力的重要依据。大岗山水电站地下厂房区采用回弹仪估算结构面壁面强度，一般对同组结构面选取不同部位进行 5 次测试，剔除明显异常数据后，取其平均值反映结构面壁面强度特征。

根据现场精测线记录卡回弹仪实测数据（表 2.15），并依据结构面张开度、蚀变度发育特征进行分组，现场共测得结构面 137 组，其中属闭合型结构面的有 85 组，属微张无蚀变的有 9 组，属微张蚀变的为 17 组，属张开无蚀变的有 4 组，属张开蚀变的有 22 组。

从表 2.15 可知，随着结构面张开度、蚀变度的增大，结构面壁面强度快速降低，且蚀变作用对结构面壁面强度劣化效果更为显著。

表 2.15　随机性结构面壁面强度特征统计

结构面类型（张开度）	亚级类型（蚀变度）	统计条数	比例/%	壁面强度统计平均值/MPa
闭合型	无蚀变	85	62.0%	58.9
微张型	无蚀变	9	6.6%	52.4
	蚀变	17	12.4%	35.7
张开型	无蚀变	4	2.9%	47.2
	蚀变	22	16.1%	23.5

注：无蚀变包括完全无蚀变和轻微蚀变，蚀变包括中等蚀变和强烈蚀变。

2.6　围岩赋存地质环境特征及评价指标分析

2.6.1　地应力水平特征分析

大岗山工程区位于川滇南北向构造带北段，为南北向与北西向、北东向等多组构造的交会复合部位。厂房区上覆山体雄厚，谷坡陡峻，基岩裸露，自然坡度一般 40°~65°，相对高差一般在 600m 以上，大渡河谷呈"V"形嵌入河曲。上述区域构造的发育和地形的切割，形成厂房区较为复杂的应力环境。

大岗山工程区地应力场以水压致裂法和孔径法实测地应力为基础，通过数据分析和对比，筛选出能代表整个工程区地应力场的特征测试点，进而确定整个工程区的地应力场。对于地下厂房区而言，可利用工程区地应力场已有测试成果，结合针对性的数值模拟方法，以综合确定厂房区现今地应力场空间分布特征和变化规律。

2.6.1.1　地下厂房区地应力场已有测试成果分析

据可研阶段地应力测试情况，现场共进行了 6 孔水压劈裂法平面应力测试和7 组孔径法空间地应力测试。其中水压劈裂法平面应力测试沿河床布置 D503、D506、D507、D508、D616、D716 等 6 个钻孔，其中 4 孔布置在拱坝坝基河床，2 孔布置在两岸低高程部位；孔径法空间地应力测试点布置在地下厂房区 PD3、PD3z 平硐中，具体位置分别为左岸 PD3 平硐 0+273m、0+446m、0+516m，PD3z 平硐 0+25m、0+150m、0+245m，其中 PD3、PD3z 距离主厂房区最近距离仅45m，对于主厂房地应力场的确定有一定参考意义。

据可研阶段地应力测试成果，地下厂房区地应力场分布规律总结如下：

（1）σ_1、σ_2、σ_3 均表现随埋藏深度的增加而增大的特征，且受岩体完整度的影响。

（2）厂房周围地应力测试表明，大渡河河谷左岸低高程水平埋深约 300m 的完整岩体中 $\sigma_1 = 11.37 \sim 22.19$MPa，方向为 NE18.15°~60.95°，仰角 0.19°~38.62°，表明 σ_1 的方向受地形影响明显，但其量级又远大于自重应力，且倾角较小，即地形的强烈切割使最大主应力（σ_1）方向发生偏转，大致与左岸 NE 向山脊一致。

（3）地下厂房区最大主应力 $\sigma_1 = 11.37 \sim 19.28$MPa，平均值约 14.5MPa，相对于湿抗压强度 70～80MPa，完整性系数 0.6～0.75 岩体而言，围岩强度应力比略小于 4。

2.6.1.2　地下厂房区地应力场数值分析

考虑到已实测区域地应力的最大主应力 σ_1 量级为 11.37～19.28MPa，应力边界条件分别取 11～15MPa 和 3～5MPa 进行 9 个方案（见表 2.16）的试算。以求拟合前期在左岸 PD3 平硐 0+273m、0+446m、0+516m，PD3z 平硐 0+25m、0+150m、0+245m 中测试的地应力结果（表 2.17）。最终采用 M5 方案予以初始地应力的拟合，基本吻合实测情况。

表 2.16　不同方案的应力边界条件　　　　（单位：MPa）

方案编号		M1	M2	M3	M4	M5
边界荷载	N55°E	11.0	12.0	12.0	13.0	13.0
	N25°W	3.0	3.0	4.0	4.0	5.0
方案编号		M6	M7	M8	M9	
边界荷载	N55°E	14.0	14.0	15.0	15.0	
	N25°W	4.0	5.0	4.0	5.0	

表 2.17　左岸平硐 PD3、PD3z 地应力实测表

测点编号	测点位置		σ_1			σ_2			σ_3		
	硐号及硐深	程/m	量值/MPa	方向 $\alpha/(°)$	倾角 $\beta/(°)$	量值/MPa	方向 $\alpha/(°)$	倾角 $\beta/(°)$	量值/MPa	方向 $\alpha/(°)$	倾角 $\beta/(°)$
σ_{PD3-1}	PD03 0+516m										
σ_{PD3-2}	PD03 0+446m		20.15	18.15	9.14	13.70	161.0	64.5	7.12	278.60	21.60
σ_{PD3-3}	PD03 0+273m		18.50	52.84	1.03	10.01	168.34	87.62	4.75	322.80	2.13
σ_{PD3-4}	PD03cz 0+245m	980	13.01	60.95	38.62	10.10	53.03	-51.11	2.43	327.85	-3.88
σ_{PD3-5}	PD03cz 0+150m		11.37	44.91	23.46	9.96	91.53	-57.71	2.90	324.43	-20.86
σ_{PD3-6}	PD03cz 0+25m		19.28	54.30	0.19	10.70	146.33	84.55	4.58	324.28	5.44
σ_{PD7-1}	PD07 0+244m	975	7.67	284.33	6.38	5.95	203.88	-56.00	3.39	10.13	-33.23

注：1. α 为主应力在水平面上投影方位角，以北为 0°，顺时针转。

2. β 为主应力倾角，仰角为正。

考虑 PD3cz 平硐 0+25m（σ_{PD3-6}）、0+150m（σ_{PD3-5}）及 0+245m（σ_{PD3-4}）测点位于主厂房硐室之内，对硐室群地应力拟合有一定参考意义，可采用该三个测点为代表研究采用不同方案时的模拟效果，从而确定厂房区地应力场拟合结果。

地下厂房硐室群轴线为 N55°E，与厂房区地应力场最大主应力近似平行，为方便结果分析，建模时取模型的长边方向与厂轴线方位一致，造成边界荷载与模型边界面之间的夹角偏大而模型的边界部位边界效应明显。模型内部，边界效应迅速降低，对厂房部位的影响甚微。

通过模拟计算得到的初始应力场为：σ_1 为 12.8～16.5MPa，σ_2 为 3.94～5.31MPa，σ_3 为 2.63～5.21MPa；σ_1 的方位以 N45°～65°E 为主。与厂房区地应力的实测值及地应力场数值模拟拟合的结果比较接近，可较好地反映实际情况。

2.6.1.3　地下厂房区地应力场分布小结

综合现场地应力测试结果和地应力数值模拟方法，得到以下结论：

（1）大岗山地下厂房区地应力场是构造应力和自重应力叠加的应力场，而构造应力是厂房区应力场的主要组成部分，且总体应力大小以中等应力为主，局部偏高。

（2）地下厂房区应力场 σ_1、σ_2、σ_3 均呈现出随埋藏深度的增加而增大的特征，并受岩体完整程度的影响，局部出现地应力异常特征。

（3）地下厂房区应力场 $\sigma_1 = 11.4～19.8$MPa，方位以 N45°～65°E 为主，σ_3 为 2.28～5.42MPa，围岩强度应力比略小于 4，而岩石强度应力比略大于 4，根据国内外采用的岩石强度应力比标准（表 2.18），大岗山地下厂房区地应力场属中等偏低应力区。

表 2.18　国外采用的岩石强度应力比 S 分级表

分类法	低地应力区	中地应力区	高（强）地应力区
法国隧协	>4	2～4	<2
日本应用地质协会	>4	2～4	<2
苏联顿巴斯矿区	>4	2.2～4	<2.2
日本国铁隧规	>6	4～6	2～4
中国水力发电勘察规范	>7	4～7	<4（<2 为极高应力）

（4）地下厂房区轴线方向的水平应力为 11.11～19.74MPa，侧压力系数为 1.06～1.85；垂直轴线方向的水平应力为 2.50～12.65MPa，侧压力系数为 0.22～0.96，在地下厂房埋深范围内，基于统计规律的推演分析体现了地下厂房区地应力随埋深的变化趋势。

2.6.2　地下水状况分析

2.6.2.1　地下厂房区地下水类型及特征

地下厂房区地下水类型按赋存条件主要为基岩裂隙水，基岩裂隙水按其埋藏条件可进一步分为基岩裂隙潜水、基岩裂隙承压水：

（1）基岩裂隙潜水。主要受辉绿岩脉、断层及裂隙控制。依赋存条件分为：①张性或张扭性裂隙含水，常见单条裂隙出水，含水性相对较弱，局部可见此类裂隙具地下水潜蚀形成的张开现象；②沿辉绿岩脉发育形成的断层破碎带或构造交汇带，带内及其上盘的影响带含水，呈渗滴水或线性流水出露，其中在主副厂房线 β_{80}、β_{81} 岩脉上盘出水量较大，局部呈涌水状。

（2）基岩裂隙承压水。地下厂房区内深部花岗岩岩体较完整，断层、岩脉和节理裂隙的切割为深部基岩裂隙承压水的形成创造了条件。SN 向、NE 向、EW 向等陡倾角结构面与缓倾角裂隙的组合或围限，构成了不同的裂隙承压含水区和不同深度的裂隙承压储水构造，可区分为浅部裂隙承压水和深部裂隙承压热水。据地下厂房区 22 个钻孔揭露，浅部裂隙承压水具有短时承压的特点，不同裂隙承压含水区之间不存在直接的水力联系，但在同一承压储水构造内的钻孔裂隙承压水具有水力联系。

2.6.2.2　地下厂房区地下水化学特征

根据地下厂房区地下水水化学分析结果。由此可知：

（1）地下厂房区附近大渡河河水、沟水的矿化度为 0.150 ~ 0.165g/L，pH 为 7.9 ~ 8.5，水质类型为 $HCO_3^--Ca^{2+}$ 及 $HCO_3^--Ca^{2+}-Mg^{2+}$ 型，属弱碱性淡水。

（2）基岩裂隙潜水矿化度为 0.108 ~ 0.140g/L，pH 为 7.6 ~ 8.6，水质类型主要为 $HCO_3^--Ca^{2+}$ 型，个别为 $HCO_3^--SO_4^{2-}-Ca^{2+}$ 型，属弱碱性淡水。

（3）深部基岩裂隙承压水为深循环热水、温泉水，矿化度变化较大，一般为 0.097 ~ 0.128g/L，最大达 0.403g/L，pH 为 8.7 ~ 9.2，水质类型以 $HCO_3^--SO_4^{2-}-Ca^{2+}-(Na^++K^+)$ 型为主，其次为 $HCO_3^--SO_4^{2-}-(Na^++K^+)$ 型，属弱-强碱性淡水。

按照 GB 50287—2006《水力发电工程地质勘察规范》附录 G（环境水对混凝土腐蚀性的判别标准）判定，地下厂房区大渡河水、沟水和基岩裂隙水对混凝土无任何腐蚀性，仅深部裂隙承压热水对混凝土具溶出性、弱腐蚀性。

2.7　本 章 小 结

本章首先对国内外大型水电地下工程开展综合对比，归纳了我国现今大型水电地下工程特点；而后，以大岗山水电站地下厂房区岩体结构特征为研究对象，对该工程地下硐室群岩体结构特征进行了详细地质特征描述，建立了大型地下工程围岩结构精细化描述方法；最后，在介绍研究区工程概况基础上，分别从岩体结构地质演化机理、岩体结构特征评价指标、岩体结构特征描述体系、描述方法、统计规律特征以及岩体赋存地质环境特征等方面展开地质特征精细化描述，得到大型地下工程围岩结构精细化描述体系，研究结论如下：

（1）我国地下水电站硐室群规模巨大，硐室群布置异常复杂，断面面积、高度和长度均属世界第一；但地下硐室体形主要为拱顶直边墙体形，略显体系单一；地下硐室围岩工程地质条件均相对好；我国地下硐室埋深加大，导致超过50%地下硐室处于极高、高地应力状况，出现围岩应力驱动型、复合型破坏等新特征。

（2）大岗山水电站地下厂房区岩石主要为中深成侵入的花岗岩、浅成侵入的辉绿岩脉，以及少量经热液和构造作用改造而形成的热液蚀变岩和动力变质岩。在漫长的地质演化历程中，岩体结构经过岩浆入侵原生建造、多期地质构造改造、地下水及工程开挖次生改造作用，形成了具有一定地质规律的结构体。

（3）大岗山水电站地下厂房区从结构面地质演化成因可分为原生建造结构面、构造改造结构面、绿泥石化蚀变带、工程改造结构面四组；大岗山水电站地下厂房区岩体结构面可建立结构面四级分级方案，并依据研究方法的不同，将结构面均归属为确定性结构面和随机性结构面两类；大岗山水电站地下厂房区岩脉影响带共轭节理组发育存在典型地质韵律特征，辉绿岩脉（群）及其两侧断层影响带为厂房内优势（控制性）结构面；大岗山水电站地下厂房区岩体结构类型可分为块状结构、镶嵌结构、碎裂结构及散体结构四种，按照相关定量化分级指标，可细分为对应详细亚级结构。

（4）大岗山水电站地下厂房岩体结构特征采用多元描述体系与系统化规律统计方法，按照结构面分级亚级指标，可分为确定性结构面、随机性结构面两类，其中，Ⅱ～Ⅳ级结构面均为确定性结构面，而Ⅴ级结构面属随机性结构面，不同结构面类型对应描述体系与描述方法存在差异。

（5）分别对大岗山水电站地下厂房区确定性结构面（Ⅱ～Ⅳ级岩脉、长大断层）和随机性结构面（Ⅴ级）进行了评价指标统计与规律分析，得出了一系列发育规律与特征，基于诸类规律特征的描述结果可为围岩质量评价提供原始数据与地质素材。

（6）大岗山水电站围岩赋存地质环境特征具有的主要特征为：大岗山地下厂房区地应力场是构造应力和自重应力叠加的应力场，而构造应力是地应力场的主要组成部分，且总体应力大小以中等应力为主，局部偏高。地下厂房区应力场 $\sigma_1 = 11.4 \sim 19.8$ MPa，方位以 N45°～65°E 为主，σ_3 为 $2.28 \sim 5.42$ MPa，属中等偏低应力区；地下厂房区地下水类型按赋存条件主要为基岩裂隙水，按其埋藏条件可细分为基岩裂隙潜水、基岩裂隙承压水，对混凝土无任何腐蚀性，仅深部裂隙承压热水对混凝土具溶出性、弱腐蚀性。

参 考 文 献

陈昌彦 . 1997. 工程岩体断裂结构系统复杂性研究及在边坡工程中的应用 [D]. 北京：中国科学院地质研究所 .

杜时贵，陈禹，樊良本 . 1996. JRC 修正直边法的数学表达 [J]. 工程地质学报，4（2）：36-43.

杜时贵 . 1992. 简易纵剖面仪及其在岩体结构面粗糙度系数研究中的应用 [J]. 地质科技情报，11（3）：91-95.

杜时贵 . 2005. 岩体结构面抗剪强度经验估算 [M]. 北京：地震出版社 .

范留明，黄润秋 . 2004. 一种估计结构面迹长的新方法及其工程应用 [J]. 岩石力学与工程学报，23（1）：53-57.

范留明，黄润秋，丁秀美 . 2002. 侧裂结构面迹长估计方法研究 [J]. 水利学报，4（1）：23-27.

谷德振 . 1979. 岩体工程地质力学基础 [M]. 北京：科学出版社 .

谷德振，王思敬 . 1985. 中国工程地质力学的基本研究 [M] 北京：地质出版社 .

胡波，王思敬，刘顺桂，等 . 2007. 基于精细结构描述及数值试验的节理岩体参数确定与应用 [J]. 岩石力学与工程学报，26（12）：2458-2465.

黄国明，黄润秋 . 1999. 基于交切条件下的不连续面迹长估计算法 [J]. 地质科技情报，18（1）：105-107.

黄润秋，许模，胡卸文，等 . 2004. 复杂岩体结构精细描述及其工程应用 [M]. 北京：科学出版社 .

蒋建平，章杨松，罗国煜，等 . 2001. 优势结构面理论在岩土工程中的应用 [J]. 水利学报，16（8）：90-96.

罗国煜，吴恒 . 1986. 岩坡稳定系统工程分析的初步探讨 [J]. 地质论评，32（2）：165-173.

罗国煜，王培清，蔡钟业，等 . 1982. 论边坡两类优势面的概念及其研究方法 [J]. 岩土工程学报，4（2）：40-45.

聂德新 . 2008. 岩体结构、岩体质量及可利用性研究 [M]. 北京：地质出版社 .

申艳军，徐光黎，董家兴，等 . 2011. 节理迹长与统计窗选位关联性分析 [J]. 岩石力学与工程学报，30（3）：596-602.

四川省地质矿产局 . 1991. 四川省区域地质志 [M]. 北京：地质出版社 .

孙广忠 . 1998. 岩体结构力学 [M]. 北京：科学出版社 .

覃礼貌 . 2007. 大岗山拱坝坝基（肩）控制性岩体结构的系统工程地质研究 [D]. 成都：成都理工大学，5：51-52.

王述红，穆楸江，张航，等 . 2012. 岩体结构面精细化空间模型及块体失稳分析 [J]. 东北大学学报（自然科学版），33（08）：1186-1189.

夏才初, 陈孝湘, 许崇帮, 等.2010. 特大跨度连拱隧道岩体节理的精细化描述及其块体稳定性分析 [J]. 岩石力学与工程学报, 29 (1): 2598-2603.

夏廷高, 孙传敏, 尹建忠.2005. 四川挖角坝地区辉绿岩脉岩石学特征及成因研究 [J]. 地质与勘探, 41 (4): 57-61.

徐光黎.1993. 岩体结构面几何形态的分形与分维. [J]. 水文地质与工程地质, 2 (1): 20-22.

徐光黎, 唐辉明, 潘别桐.1993. 岩体结构模型与应用 [M]. 武汉: 中国地质大学出版社.

徐光黎, 李志鹏, 宋胜武, 等.2016. 中国地下水电站洞室群工程特点分析 [J]. 地质科技情报, 35 (2): 203-208.

许崇帮, 夏才初, 陈孝湘.2011. 基于节理精细化描述的隧道围岩变形 [J]. 岩石力学与工程学报, 30 (10): 1997-2003.

张林洪, 邓钢.1998. 结构面壁粗糙度摄影测量及计算 [J]. 岩土工程学报, 20 (4): 92-94.

张倬元, 王士天, 王兰生.1994. 工程地质分析原理 [M]. 北京: 地质出版社.

中国水电工程顾问集团成都勘测设计研究院.2005. 大岗山水电站坝区工程岩体分类及力学特性研究报告 [R]. 成都.

中华人民共和国国家标准编写组.2006. 水力发电工程地质勘察规范 (GB 50287—2006) [S]. 北京: 中国计划出版社.

中华人民共和国国家标准编写组.2015. 工程岩体分级标准 (GB 50218—2014) [S]. 北京: 中国计划出版社.

Kulatilake P, Wu T H. 1984. Estimation of mean trace length of discontinuities [J]. Rock Mech and Rock Eng, 17 (4): 215-232.

Laslett G M. 1982. Censoring and edge effects in areal and line transect sampling of rock joint traces [J]. Mathematical Geology, 14 (2): 125-140.

Laslett G M. 1982. The survival curve under monotone density constraints with application to two-dimensional line segment processes [J]. Biometrical, 69 (7): 153-160.

Shanley R J, Mathtab M A. 1976. Delineations and analysis of clusters in orientation data [J]. MathGeol: 9-23.

Shen Y, Xu G, Yi J. 2017. A systematic engineering geological evaluation of diabase dikes exposed at the underground caverns of Dagangshan hydropower station, Southwest China [J]. Environmental Earth Sciences, 76 (14): 481.

Zhang L, Einstein H H. 1998. Estimating the mean trace length of rock discontinuities [J]. Rock Mechanical and Rock Engineering, 31 (4): 217-235.

第3章 大型地下硐室围岩分级体系评价及集成化

目前，地下硐室围岩质量评价一般采用多种围岩分级方法予以综合评价、选取，但在实际应用过程中，由于不同分级方法所需评价指标、评分标准的差异，应用每种方法均需繁琐的指标选取、叠加、换算过程；此外，目前对于围岩分级方法的选取、参数确定及最终结果判定仍存在盲目性，对围岩分级方法存在一定程度的滥用；同时，随着地下岩体工程规模不断扩大，埋深不断增加，且布置形式亦越来越复杂。对于大型、超大型地下硐室而言，工程扰动、地应力因素等将会对围岩造成明显劣化，若忽视这些新特点对围岩质量的劣化影响，将使其评价结果偏向风险。

本章为有效解决以上问题，通过探讨、整合目前常用围岩分级方法，对各分级方法评价指标、评价标准、适用范围、各自相关性予以综合研究，并定量化探讨工程因素对围岩质量的劣化影响作用，此外，充分考虑高地应力对于围岩质量的控制性影响，借此提出大型地下工程集成化围岩分级体系，而后，编制"大型地下工程集成化围岩分级体系"可视化程序，以实现"一次输入，多种围岩分级方法结果输出"的功能。此外，该程序亦考虑了工程因素、地应力特征对围岩质量的劣化影响，可实现方便、快捷、准确确定不同地质环境下的围岩级别，为大型地下工程围岩质量精细化评价提供了一条新途径。

3.1 围岩质量分级指标选取

大型地下硐室群围岩质量分级方法的提出，旨在全方位反映待评岩体的工程地质特性，通过对优劣条件不同的围岩分级评价，为工程设计和施工支护方案提供科学决策，其有赖于对反映岩体结构特征指标的全面考虑。GeoEng2000 workshop (Stille and Palmstrom, 2003) 将岩体工程评价因素归纳为岩体自身特征、赋存地应力状况、地下水状况及工程因素；Cai (2004) 将岩体分级影响因素归纳为岩体自身特征参数、外界参数和施工参数。可见，为准确实现对岩体工程进行岩体质量评价，不仅需全方位认识岩体自身发育状况，而且需详细探究岩体所赋存的地质环境，并需考虑工程因素对围岩质量的劣化影响。

笔者将地下工程围岩质量影响指标归纳为三部分：围岩结构发育特征指标、赋存地质环境特征指标和工程因素，其中围岩结构发育特征包括完整岩块的强度特征指标、围岩结构空间分布几何形态指标及围岩结构面自身发育状况指标；赋存地质环境指标一般包括地应力特征指标和地下水特征指标，对特深部岩体工程还需考虑地热水平指标；而工程因素系指人类在对自然岩体改造过程中，一切与人类有关的工程活动。

岩体结构发育特征被认为是决定围岩质量的控制性因素（内因），赋存地质环境具有影响和改变围岩原有质量的能力，可作为环境因素（外因），而工程因素建立人类与自然岩体的联系，为人类更好改造和利用岩体，并进行岩体质量分级研究赋予了现实意义，即认为是诱发因素（诱因）。现分别阐述以上三种因素。

3.1.1　岩体结构发育特征指标

3.1.1.1　完整岩块强度特征指标

目前，完整岩块强度特征指标多采用岩石单轴饱和抗压强度值 σ_{ci}（MPa）来表示，该值可通过室内单轴压缩试验确定，在无法实地测试抗压强度 σ_{ci} 值时，可通过点荷载强度指数 $I_{s(50)}$ 予以等效换算，该思路已得到广泛的认可，现通用岩体分级法 RMR、RMi、GSI 法等均采用此方法表示。其中 GB 50218—2014《工程岩体分级标准》中推荐的 σ_{ci} 与 $I_{s(50)}$ 换算关系为

$$\sigma_{ci} = 22.82 I_{s(50)}^{0.75} \tag{3.1}$$

为克服点荷载强度指数 $I_{s(50)}$ 无法真实反映岩体各向异性特征及其自身离散性大的缺陷，Ylimaz（2009）提出了一个新指标——岩心环向荷载强度指标 CSI（core strangle index），通过对岩心施加垂直于轴线的环向线状荷载，当岩心破坏时对应的环向荷载即为 CSI 值。106 根岩心样（花岗岩、玄武岩、砂岩、石膏、大理岩）的试验结果表明，岩石单轴饱和抗压强度值 σ_{ci} 与岩心环向荷载强度指标 CSI 的关联度要远大于与点荷载强度指数 $I_{s(50)}$ 的关联度，并推荐 σ_{ci} 与 CSI 的等效换算关系为

$$\sigma_{ci} = 6.0981 CSI + 7.692 (R^2 = 0.966) \tag{3.2}$$

应用该指标换算岩石单轴饱和抗压强度值 σ_{ci} 较点荷载强度指标 $I_{s(50)}$ 具有不可比拟的优势，但目前问题是环向荷载测试仪测试精度及推广普及有限。

3.1.1.2　岩体结构空间分布几何形态指标

岩体结构空间分布特征状况即岩体空间块度指标特征，亦是岩体结构特征评价的重点，其与结构面组数、密度、产状、迹长、平均间距及连通性等几何形态描述指标密切相关。目前一般采用 RQD 指标、体积节理数 J_v 指标、岩块体积 V_b 及岩体完整性系数 K_v 来反映，通过建立评价指标与几何形态描述指标的内在关

联，实现对岩体结构空间分布的几何形态评价。

1. RQD 指标估算法

RQD 指标通过对岩心累计长度与总长度比值得到，受限于岩心尺寸，其数值与结构面平均间距关系尤为密切，而受延伸性及贯通状况影响相对较小。Priest 和 Hudson（1981）提出 RQD 与结构面平均间距 λ 估算公式为

$$RQD = 100e^{-0.1\lambda}(1 + 0.1\lambda) \tag{3.3}$$

上式仅体现出 RQD 指标与结构面平均间距的关联性，而与结构面迹长、产状、连通性无关。现工程实践已证明，仅用 RQD 指标尚无法准确反映结构空间分布几何特征，但一般可作为重要参考指标予以考虑。

2. 体积节理数 J_v 指标估算法

体积节理数 J_v 指标系指单位体积（m^3）内节理条数，其反映了结构面空间展开状况，较 RQD 值赋予更多的空间分布因素，ISRM（Ulusay，2014）推荐其表达式为

$$J_v = N_1/L_1 + N_2/L_2 + \cdots + N_n/L_n = \sum_{i=1}^{n} N_i/L_i \tag{3.4}$$

式中，N_1，N_2，$\cdots$，N_n 为测线上每组节理总条数；L_1，L_2，$\cdots$，L_n 为垂直每组节理方向测线长度（m），一般量测范围大于 $2m \times 5m$ 可反映节理整体分布状况。

Palmstrom（1995）考虑到随机节理的存在对体积节理数 J_v 结果的影响，随机节理间距经验取值 $L_r = 5m$，体积节理数 J_v 可表示为

$$J_v = \sum_{i=1}^{i} (N_i/L_i) + N_r/5 \tag{3.5}$$

式中，N_r 指随机节理的总条数。

此外，体积节理数 J_v 指标用于反映结构面空间延展特征，与岩块体积 V_b 关联密切，可实现等效换算。

3. 岩体体积 V_b 指标估算法

假定岩体受三条及以上节理切割（图 3.1），则岩块体积 V_b 表达式（申艳军等，2011）为

$$V_b = \frac{s_1 \cdot s_2 \cdot s_3}{\sin\gamma_1 \cdot \sin\gamma_2 \cdot \sin\gamma_3} \tag{3.6}$$

式中，s_i、γ_i 分别表示节理间距（m）及夹角（°）。

另，Kim（2007）考虑节理分布随机性、连贯性等因素对地下工程、边坡工

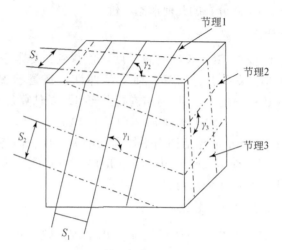

图 3.1　岩体受三组节理切割示意图

程开挖稳定性的影响作用，引入节理连贯性因子 p_i，其表达式如下：

$$p_i = \begin{cases} \dfrac{l_i}{L} & (l_i < L) \\ 1 & (l_i \geqslant L) \end{cases}$$ (3.7)

式中，l_i、L 分别为任意一节理延伸长度及工程需要指定节理临界长度，其值决定于开挖断面尺寸大小（m）。

基于以上分析，岩块体积 V_b 表达式可修正为

$$V_b = \frac{s_1 \cdot s_2 \cdot s_3}{\sqrt[3]{p_1 p_2 p_3} \sin\gamma_1 \cdot \sin\gamma_2 \cdot \sin\gamma_3}$$ (3.8)

此外，考虑 J_v 指标与岩块体积 V_b 的关联性，Palmstrom（1995）、Sonmez 和 Ulusay（1999）提出一个更为实用的经验公式，假定现场实测存在 3 组节理，则采用体积节理数 J_v 对岩块体积 V_b 表示，同样考虑连贯性因子 p_i 影响，则：

$$V_b = \frac{\beta \cdot J_v^{-3}}{\sqrt[3]{p_1 p_2 p_3} \sin\gamma_1 \cdot \sin\gamma_2 \cdot \sin\gamma_3}$$ (3.9)

式中，体积节理数 J_v 计算可依据式（3.5），而岩块形态因子 β 用 3 条测线上不同的节理间距比值（$\alpha_2 = L_2/L_1$、$\alpha_3 = L_3/L_1$）来表示：

$$\beta = \frac{(\alpha_2 + \alpha_2 \cdot \alpha_3 + \alpha_3)^3}{(\alpha_2 \cdot \alpha_3)^3}$$ (3.10)

为方便取值，Palmstrom 建立节理间距比值（α_2、α_3）与岩块形态因子 β 对应表（Palmstrom，1995），推荐采用查图取得 β 值，详见图 3.2。

4. 岩体完整性系数 K_v 指标估算法

据 GB 50218—2014《工程岩体分级标准》附录 A：岩体完整性系数 K_v 应针

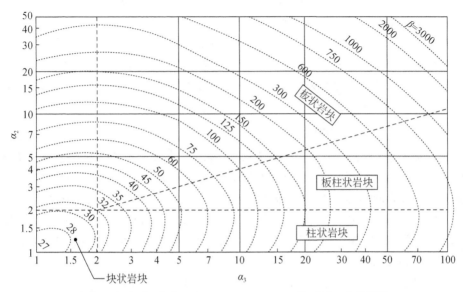

图 3.2 岩块形态因子 β 与节理间距比（α_2、α_3）关系图（申艳军等，2011）

对不同的工程地质岩组或选择有代表性的岩性段测定，应在同一岩体取样测定岩石弹性纵波速度，并应用下式计算：

$$K_v = V_{pm}^2 / V_{pr}^2 \quad (0 \leqslant K_v \leqslant 1) \tag{3.11}$$

式中，V_{pm} 为原位岩体弹性纵波波速（km/s）；V_{pr} 为完整岩块弹性纵波波速（km/s），多通过钻孔取心获取完整岩样测定。

Cai（2004）研究表明，声波在岩体中的传播速度不仅与岩石成分、结构有关，而且与结构面性状、发育程度、充填状况、含水状况有关，应用完整性系数 K_v 可较全面地从定量上评价岩体完整性程度。但在实际工程中，一方面很难保证所有待评岩体均可进行声波测试，另一方面，仅凭声波测试结果并不能完全、准确反映岩体完整性状况，在某些特殊情况下，K_v 值甚至会出现大于 1 的现象。如对原生薄层状的沉积岩，其结构面处于挤密状态，测试得岩体纵波速度（V_{pm}）较高，当岩心从原位岩体中取出测定完整岩块纵波速度（V_{pr}），此时应力卸荷作用，实测结果要比原位岩体速度（V_{pm}）低；此外，对天然状态下含水率较高的岩体，当岩样从原位岩体中取出后，势必因岩样含水率降低而使得岩块纵波速度 V_{pr} 小于 V_{pm}。

故对岩体结构空间分布几何形态指标的测定，应综合归纳各个指标参数，以便对其进行全面、准确的评价。

3.1.1.3 岩体结构面自身发育状况指标

在力学特性上，岩体结构面自身发育状况体现在其自身特征对剪切运动的阻抗能力，受结构面自身特性控制，同时受地下水、地应力水平作用密切影响，结构面的平整起伏程度、光滑粗糙程度、蚀变程度、张开闭合特征、充填胶结情况及充填物组成成分直接控制其抗剪强度。由于结构面发育特征千差万别，很难用较完善的测试手段获得定量化数值，故目前多采用定性描述与定量指标对应关系来评价，可概括为结构面表面状态指标和蚀变充填状况指标，前者反映结构面原生几何状态，后者反映结构面受改造作用的劣化形态。

1. 结构面表面状态指标

结构面表面状态包括宏观几何轮廓、表面起伏状态和微观粗糙度三个要素，Barton（1994）提出粗糙度系数 JRC 来表示结构面表面状态特征，绘制了结构面粗糙起伏轮廓曲线标准图，并提出了 JRC 和 Q 法粗糙度系数 J_r 的关联图表；Palmstrom（1995）在 RMi 分级法中提出，描述结构面粗糙系数 J_R 应综合考虑宏观起伏状态和微观粗糙度的联合影响，由结构面微观光滑性（J_s）与宏观波动性（J_w）乘积求得。

2. 结构面蚀变充填状况指标

结构面蚀变充填状况包括结构面风化蚀变特征及张开充填状况，可依据是否存在张开进行初步分级，而后对于闭合结构面根据其蚀变程度二次分级，并赋予相应分值，对张开型结构面，根据其充填物成分、厚度二次分级，并赋予相应分值。目前国际上通用围岩分级方法多采用此思路评价。

3.1.2　赋存地质环境特征指标

3.1.2.1　应力水平状况指标

对于地应力状况的评价，目前，国内外一般选用岩石强度应力比 S 来判别待评岩体的地应力状态，其表达式为

$$S = \sigma_{ci}/\sigma_{max} \tag{3.12}$$

式中，σ_{ci} 为岩石单轴饱和抗压强度值（MPa）；σ_{max} 为垂直洞轴方向最大初始应力（MPa）。根据 S 值的大小对地应力状况分级，不同围岩分级方法有不同的分级思路，但一般而言，当 S>10 时，说明地应力状况一般，对岩体质量和稳定性影响有限，而 S<10 时，可认为属于高地应力状况。

3.1.2.2　地下水状况指标

考虑地下水发育状况的复杂性，目前地下水状况评价指标多采用定性描述和定量指标综合判定方法，且定性描述起到主导作用。其方法为：首先，现场工程师依据实地观察，确定地下水基本状况（完全干燥、渗水、流水）；其次，在对其初步归类后，再应用相关定量指标予以测定，目前定量指标包括每 10m 段地下

水流量 q（L/min）和节理水压力/最大应力比（P_w/σ_1）。其中地下水流量 q 测定简单，且更为直观，该指标多被选用作为地下水状况评价指标。各岩体分级方法根据每 10m 段地下水流量 q（L/min）实测值，归纳分级后建立地下水状态参数取值对应关系，以实现对地下水状况评价。

3.1.3　工程因素指标

工程因素作为人类对自然岩体改造过程中的工程活动，包括开挖尺寸、开挖方法、开挖走向、开挖形状、工程进度及重要性程度等，各自所具有的特征饱含人类认识、改造自然的智慧结晶。以上工程因素的确定与岩体质量准确评价、开挖支护体系选取密切相关，具体工程因素的主要类型及对围岩质量影响、工程因素对围岩质量劣化效应定量化分析详见 3.3 小节介绍。

3.2　常用围岩分级方法适用性及相关性分析

自从 Terzaghi 创立岩体荷载分级方法开始，时至今日，已有多达上百种分级方法被提出，但国际上通用的围岩分级方法主要有四种：RMR（Bieniawski，1973）、Q（Barton et al.，1974）、RMi（Palmstrom，1995）及 GSI（Hoek et al.，1995），四者均属于多因素多指标的定量化方法，通过总结大量岩体工程实例，提取影响岩体质量的主要因素，通过和差法、积商法及图解法等将各影响因素归纳综合，进而实现对岩体质量评价。

目前，国内唯一适用于各类型岩石工程的评价方法为 BQ 法（GB 50218—2014《工程岩体分级标准》），其综合参考国内外岩体质量分级依据，同时紧密结合我国岩体工程所具有工程特征，推广至今，已在各岩体行业得到广泛应用，并取得了较高认可。此外，水利水电行业采用 GB 50287—2006《水力发电工程地质勘察规范》推荐的水电地下工程围岩分级标准（HC 分级），在水电系统已作为基础性分级标准使用。现针对以上六种常用围岩分级方法，在对各自的评价方法、评价标准简要概述的基础上，对某些方法局部做了优化工作，此外，对各方法适用性及其相关性予以一定的探讨。

3.2.1　常用围岩分级方法概述及优化

3.2.1.1　RMR 法

RMR 法（Bieniawski，1973）主要考虑了 5 个分级因素：岩石单轴抗压强度、岩石质量指标 RQD、裂面间距、裂面性状及地下水状态，并考虑结构面产状影响的修正因素，通过和差法综合划分围岩类别，其详细分级因素评分及分级标准见表3.1。

表 3.1 RMR 分类因素及评分标准表

参数			评分标准					
R1	岩石强度/MPa	点荷载强度	>10	4~10	2~4	1~2	<1	
		单轴抗压强度	>250	100~250	50~100	25~50	5~25	1~5	<1
	评分		15	12	7	4	2	1	0
R2	岩石质量指标 RQD/%		90~100	75~90	50~75	25~50	<25	
	评分		20	17	13	8	3	
R3	裂面间距/cm		>200	60~200	20~60	6~20	<6	
	评分		20	15	10	8	5	
R4	裂面特征	粗糙度	很粗糙	微粗糙	微粗糙	光滑	/	
		张开度	未张开	<1mm	1~3mm	3~5mm	>5mm	
		连续性	不连续	弱连续	中等连续	较连续	连续	
		岩石风化程度	未风化	微风化	弱风化下段	弱风化上段	强风化	
		胶结度	好	较好	中等	差	极差	
	评分		30	25	20	10	0	
R5	地下水	地下水状况	干燥	湿润	潮湿	渗水-滴水	涌水	
		每10m段地下水流量 q/(L/min)	0	<10	10~25	25~125	>125	
	评分		15	10	7	4	0	
R6	节理产状与洞轴线关系对岩体稳定性影响作用		非常有利	有利	中等	不利	非常不利	
	评分		0	-2	-5	-10	-12	
分级标准	分值		100~81	80~61	60~41	40~21	0~20	
	级别		I	II	III	IV	V	
	定性描述		非常好	好	一般	差	非常差	

3.2.1.2 Q 法

Q 分级法（Barton，1974）考虑了三组六因素对岩体质量评价结果影响，采用乘积法计算如下：

$$Q = \left(\frac{\text{RQD}}{J_n}\right)\left(\frac{J_r}{J_a}\right)\left(\frac{J_w}{\text{SRF}}\right) \tag{3.13}$$

式中，RQD 为岩石质量指标（%）；J_n 为节理组数系数（条）；J_r 为节理粗糙度系数；J_a 为节理蚀变度系数；J_w 为节理水折减系数；SRF 为应力折减系数。其中 RQD/J_n 表示岩石块度特征，J_r/J_a 表示结构面抗剪能力，J_w/SRF 反映岩石外在环境影响水平。

　　RQD 为现场实测值，或依据式（3.13）通过结构面间距等效换算，而其余 5 个参数可参考相关取值表，取值表及分级标准见表 3.2。

表 3.2　Q 分级因素及评分标准表

节理组数	J_n 值	节理蚀变程度	J_a 值
a. 裂隙较少且发散，或只有少量隐裂隙	0.5 ~ 1	a. 裂面闭合，充填物为石英或绿帘石等坚硬、不软化、不透水矿物	0.75 ~ 1
b. 1 组或 1 组加零散裂隙	2 ~ 3	b. 裂面仅有微蚀变痕迹	1 ~ 2
c. 2 组或 2 组加零散裂隙	4 ~ 6	c. 裂面微蚀变，不含软化矿物薄膜，岩砾及无黏土岩屑等	2 ~ 3
d. 3 组或 3 组加零散裂隙	9 ~ 12	d. 裂面壁有岩屑及未软化的黏土矿物等	3 ~ 4
e. 4 组或 4 组以上	12 ~ 15	e. 裂面有软化或低抗剪强度的泥膜（如高岭土，石英等）	4
节理粗糙度	J_r 值	地下水状况	J_w 值
a. 不连续分布的裂面	4	a. 干燥或潮湿	1
b. 波状粗糙，或不规则	3 ~ 4	b. 局部渗滴水	0.66
c. 波状光滑	2 ~ 3	c. 渗水，局部线状流水	0.5
d. 平直粗糙	1.5 ~ 2	d. 线状流水–涌水	0.3
e. 平直光滑	1 ~ 1.5	e. 高水头强涌水	0.2 ~ 0.1
f. 镜面	0.5	f. 大规模突水	0.1 ~ 0.05
地应力水平状况描述	$S = \sigma_{ci}/\sigma_{max}$	SRF 值	
a. 低地应力	>200	2.5	
b. 中等应力	200 ~ 10	1.0	
c. 较高应力	10 ~ 5	0.5 ~ 2.0	
d. 高应力（劈裂、片帮区）	5 ~ 2	5 ~ 200	
e. 超高应力（岩爆区）	<2	200 ~ 400	

	分值	>40	40 ~ 10	10 ~ 1	1 ~ 0.1	<0.1
Q 法分级标准	级别	Ⅰ	Ⅱ	Ⅲ	Ⅳ	Ⅴ
	定性描述	非常好	好	一般	差	非常差

3.2.1.3　RMi 法

RMi 法（Palmstrom，1995）将结构面参数作为折减参数，通过对岩石单轴

抗压强度的折减，来评价岩体强度特性，其表达式为

$$\text{RMi} = \sigma_{\text{c}} J_{\text{p}} \tag{3.14}$$

式中，σ_{c} 为岩块单轴抗压强度（MPa），由直径 50mm 的岩石试件在实验室测得；J_{p} 为结构面参数，反映结构面对岩块强度的弱化效应，其由结构面切割而成的块体体积 V_{b}、结构面特性参数 J_{C} 来表示：

$$J_{\text{p}} = 0.2 \sqrt{J_{\text{C}}} V_{\text{b}}^{D} \tag{3.15}$$

其中，块体体积 V_{b}（m^3）可由节理密度数来求得；J_{C} 值可由结构面粗糙系数 J_{R}、结构面蚀变系数 J_{A} 及结构面连续性系数 J_{L} 获得，可表示为：$J_{\text{C}} = J_{\text{L}} J_{\text{R}} / J_{\text{A}}$。此外，参数 D 可用 J_{C} 值来表示为

$$D = 0.37 J_{\text{C}}^{-0.2} \tag{3.16}$$

则，参数 D 与 J_{C} 值对应表可见表 3.3。

表 3.3　D 与 J_{C} 值对应取值表

J_{C}	0.1	0.25	0.5	0.75	1	1.5	2	4	6	9	12	16	20
D	0.586	0.488	0.425	0.392	0.37	0.341	0.322	0.28	0.259	0.238	0.225	0.213	0.203

其中，结构面粗糙系数 J_{r}（结构面微观光滑性指标 J_{s}×宏观波动性指标 J_{w}）、结构面蚀变系数 J_{A}、结构面连续性系数 J_{L} 详细取值见表 3.4 ~ 表 3.7。

表 3.4　结构面微观光滑性 J_{s} 评分值（Palmstrom，1995）

光滑性描述	很粗糙	较粗糙	微粗糙	较光滑	光滑	镜面
数值 J_{S}	2.0	1.5	1.25	1.0	0.75	0.50

注：对充填结构面，取 $J_{\text{S}} = 1.0$。

表 3.5　结构面宏观波动性 J_{w} 评分值（据 Palmstrom，1995）

波动性描述	不连续	波动性强	中等波动	微波动	平坦
数值 J_{w}	4.0	1.5	1.25	1.0	0.75

注：对充填结构面，取 $J_{\text{w}} = 1.0$。

表 3.6　结构面蚀变系数 J_{A} 评分值（据 Palmstrom，1995）

结构面蚀变 性质分级	描述	J_{A}
结构面局部 存在侵蚀、 风化，壁面 接触紧密	结构面闭合，无充填	0.75
	结构面新鲜，未见风化	1
	结构面微风化，壁面见颜色浸染	2
	结构面强风化，壁面见砂、淤泥	3
	结构面蚀变、全风化，壁面见黏土、高岭土等蚀变物	4

续表

结构面蚀变 性质分级	描述	J_A	
结构面间有 充填物，壁 面部分闭合 或不接触	结构面间局部充填有砂、淤泥质物，壁面部分闭合	4	8
	结构面间充填有高岭土、黏土等硬黏结性材料，填充紧密	6	8
	结构面间充填有超固结黏土等柔黏结性材料，填充紧密	8	12
	结构面间充填有膨胀性黏土，填充紧密	10	18

表 3.7　结构面连续性系数 J_L 评分值（据 Palmstrom，1995）

结构面连续性分级	长度 L/m	J_L
微裂隙	<0.3	5
极短裂隙	0.3～1	3
短裂隙	1～3	1.5
中等裂隙	3～10	1
长裂隙	10～30	0.75
区域性断裂	>30	0.5

Palmstrom 根据公式（3.14）的 RMi 计算结果，将围岩级别分为 6 级，此处考虑围岩分级方法的实用性（为围岩整体稳定性状况提供参考）和国际通用性（国际围岩分级方法多采用 5 级分级法），对 RMi 值取值偏低的 2 个级别：0.1～0.4（V级）、0.01～0.1（Ⅵ级）合并为 1 个级别：<0.4（V级），详细参考表 3.8。

表 3.8　RMi 法围岩分级标准表（2008 版）

RMi 指标描述	RMi 值	岩体强度描述
很高（Ⅰ级）	40～100	极坚硬
高（Ⅱ级）	10～40	坚硬
中等（Ⅲ级）	1～10	中等
低（Ⅳ级）	0.4～1	软弱
很低（V级）	<0.4	很软弱

Palmstrom 提出的 RMi 法其详细实现流程如图 3.3 所示。

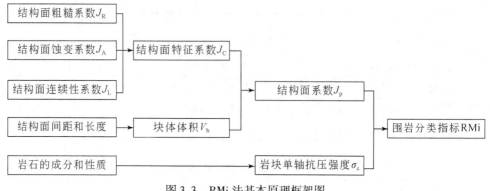

图 3.3　RMi 法基本原理框架图

3.2.1.4　GSI 法

GSI （geological strength index） 法最早由 Hoek 等 （Hoek，1995） 为实现对岩体质量评价，进而实现与 Hoek-Brown 经验准则的有效结合而提出，随后于 1997 年提出 GSI 值定性化确定图表，此后，Hoek 等 （2000） 对岩体结构进行了详细分级，将其分为 6 类，并摒弃不符合实际的边角；Sonmez （1999） 首次采用定量表示方法，提出了岩体结构系数 SR 和结构面状态系数 SCR，其中 SR 参照 ISRM 关于 J_v 讨论确定，$SR = -17.5\ln J_v + 79.8$，SCR 参照 RMR 法中关于描述结构面发育特征的三个方面：粗糙度 （R_r）、蚀变度 （R_w）、充填物 （R_f） 及其评分标准确定，$SCR = R_r + R_w + R_f$；Cai （2004） 提出更为简便、实用的 GSI 定量化确定图表，建议采用块体体积数 V_b 和节理状态数 J_C 来表示 GSI 两个评价因素：岩体完整性程度和结构面发育特征，其中节理状态数 J_C 参照 Parlstrom （1995） 的 RMi 方法为：$J_C = J_L J_R / J_A$，详细取值见 RMi 法。并对 GSI 表格取值范围做了调整，使得 GSI 法实用性得以极大提高。

本书将 Sonmez （1999） 和 Cai （2004） 的 GSI 值定量确定图表予以整合，并结合国内相关规范关于岩体结构分级标准，对岩体结构尺寸、结构面状态特征描述内容予以细化、调整，使之更适用于国内岩体结构工程地质评价，见图 3.4。

此外，据 Cai （2011） 研究，利用块体体积数 V_b 和节理状态数 J_C 可实现对 GSI 的解析表达：

$$GSI = \frac{26.5 + 8.79\ln J_C + 0.9\ln V_b}{1 + 0.015\ln J_C - 0.0253\ln V_b} \tag{3.17}$$

3.2.1.5　BQ 法

BQ 法 （GB 50218—2014） 《工程岩体分级标准》 定量评价采用两步分级方案。首先，选取可反映所有岩体工程的两大共性特征：岩石坚硬程度指标和岩体

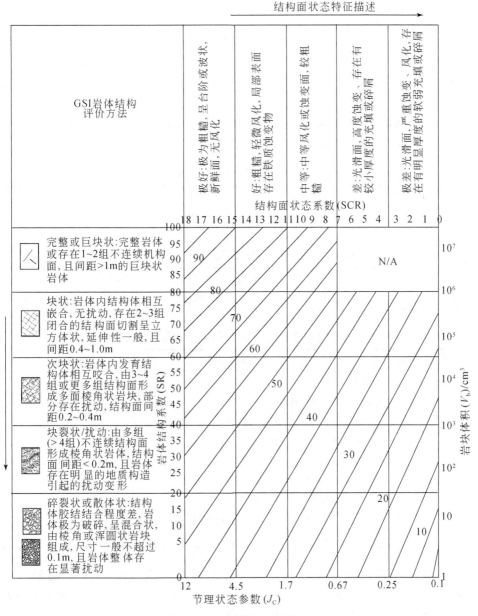

图 3.4　GSI 值确定方法图

完整程度指标确定岩体基本质量 BQ，接着修正具体工程所涉及的地下水、主要结构面产状与洞轴线组合关系、初始地应力场等因素，得到岩体最终质量评价值 [BQ]。

　　岩体基本质量指标 BQ，依据分级因素的岩石单轴饱和抗压强度 R_c（MPa）

和完整性程度指标 K_v（岩体纵波波速与对应岩块纵波波速之比的平方，$0 \leqslant K_v \leqslant 1$），采用下式计算：

$$BQ = 90 + 3R_c + 250K_v \tag{3.18}$$

并附有 2 个限制条件：①当 $R_c > 90 K_v + 30$ 时，应以 $R_c = 90 K_v + 30$ 和 K_v 代入计算 BQ 值；②当 $K_v > 0.04 R_c + 0.4$ 时，应以 $K_v = 0.04 R_c + 0.4$ 和 R_c 代入计算 BQ 值。

BQ 法推荐采用定量评价与定性划分相结合的围岩分级方案，其中定量指标 R_c、K_v、BQ 与定性划分对应关系表，如表 3.9 ~ 表 3.11。

表 3.9　R_c 与岩石坚硬程度定性划分的对应关系

R_c/MPa	>60	60 ~ 30	30 ~ 15	15 ~ 5	<5
坚硬程度	坚硬岩	较坚硬岩	较软岩	软岩	极软岩

表 3.10　K_v 与岩石完整程度定性划分的对应关系

K_v	>0.75	0.75 ~ 0.55	0.55 ~ 0.35	0.35 ~ 0.15	<0.15
完整程度	完整	较完整	较破碎	破碎	极破碎

表 3.11　BQ 法定性特征与定量指标对应关系

基本质量级别	岩体基本质量定性特征	岩体基本质量指标（BQ）
I	坚硬岩，岩体完整	>550
II	坚硬岩，岩体较完整；较坚硬岩，岩体完整	550 ~ 451
III	坚硬岩，岩体较破碎；较坚硬岩或软硬岩互层，岩体较完整；较软岩，岩体完整	450 ~ 351
IV	坚硬岩，岩体破碎；较坚硬岩，岩体较破碎–破碎；较软岩或软硬岩互层，且以软岩为主，岩体较完整–较破碎；软岩，岩体完整–较完整	350 ~ 251
V	较软岩，岩体破碎；软岩，岩体较破碎–破碎；全部极软岩及全部极碎裂岩	<250

此外，工程岩体质量还受地下水、主要软弱结构面、初始地应力的影响。故考虑各影响因素来修正岩体基本质量指标，作为不同工程岩体分级的定量依据，地下工程岩体基本质量指标修正值 [BQ] 按下式计算：

$$[BQ] = BQ - 100 (K_1 + K_2 + K_3) \tag{3.19}$$

式中，K_1 为地下水影响修正系数，K_2 为主要软弱结构面产状影响修正系数，K_3 为初始应力状态影响修正系数。详细取值可参考 GB 50218—2014《工程岩体分级标准》介绍，根据修正值 [BQ] 的工程岩体分级仍按表 3.11 进行，得到最终岩体类别。

考虑 BQ 法存在的以下不足：①完整性程度定性描述繁杂，由于 BQ 法作为适用各岩石工程的综合标准，需全面考虑反映岩体完整程度的各个因素，故其描述内容繁多，相应使得实际应用中难以实现快速评定；②定量指标 BQ 计算偏麻烦，由于计算时设置了 2 个限制条件，应用公式计算时，需时刻关注待评岩体是否满足限制条件，同样难以实现快速取值，故使得其实用性受到一定限制。

笔者（申艳军，2012）尝试建立以岩石坚硬程度指标 R_c 和完整性程度指标 K_v 为纵、横坐标的图解法来表示 BQ 法，并综合考虑了 2 个主要限制条件，严格限定不同岩体级别的界限值，使得在确定岩石坚硬程度指标 R_c 和完整性程度指标 K_v 后，可快速、准确地确定岩体质量级别，详细确定流程为：

（1）令 $K_v=1$，建立不考虑岩体完整性程度指标对 BQ 值影响情况下，BQ 值与岩石单轴饱和抗压强度 R_c（MPa）的对应关系。此时，BQ = $340+3R_c \geqslant 340$ 恒成立，故 BQ 对应岩体质量为 Ⅰ，Ⅱ，Ⅲ级，令 BQ = 550、450、350，计算得到，R_c = 70MPa、36.7MPa、3.3MPa。

（2）令 $R_c=90 K_v+30$，计算需对 R_c 折减的上限值，已知 K_v 满足 $0 \leqslant K_v \leqslant 1$，故当 $R_c \geqslant 120$MPa 时，均需要对 R_c 折减计算，由于此时 R_c 完全由 $90 K_v+30$ 替代，故式（3.18）变为：BQ = $90+3（90 K_v+30）+250 K_v=180+520 K_v$，令 BQ = 550、450、350、250，分别计算 $R_c \geqslant 120$MPa 情况下，不同岩体级别对应的 K_v 值，计算得到，K_v = 0.712、0.521、0.327、0.137。

（3）令 K_v = 0.712、0.521、0.327、0.137，将 K_v 值代入式（3.18），分别令 BQ = 550、450、350、250，计算不同岩体级别需对 R_c 折减的下限值，得到 R_c = 94MPa、76.7MPa、59.4MPa、42MPa。

（4）令 $K_v=0.04 R_c+0.4$，计算需对 K_v 折减的上限值，已知 $K_v=0.04 R_c+0.4 \in$ [0.4，1]，计算得到 $R_c \in$ [0，15] MPa，故当 $R_c \geqslant 15$MPa 时，K_v 值无需折减。考虑 $R_c \in$ [0，15] MPa 时，K_v 完全由 $0.04 R_c+0.4$ 替代，故式（3.18）变为：BQ = $90+3R_c+250（0.04R_c+0.4）=190+13R_c$，此时，令 BQ = 350、250，分别计算Ⅳ~Ⅴ级需对 K_v 折减的 R_c 上限值，分别为 12.3MPa、4.625MPa。

（5）令 R_c = 12.3MPa、4.625MPa，代入式（3.18）中计算Ⅳ~Ⅴ级需对 K_v 折减的下限值，分别为 0.892、0.585。

基于以上思路及流程，可以实现定量指标 BQ 公式（3.19）图解化，详细图解法表示如图 3.5。

另外，以上图解法是在未考虑修正因素的情况下，实现对 BQ 法的图解法表示的，若考虑其影响，相应评价结果需做调整。而考虑 BQ 法修正因素较多，且评分值较多，对应修正因素对 BQ 评价结果影响分析，应坚持分层次分析评价原则。

首先，选取地下水影响修正系数 K_1 和软弱结构面产状影响修正系数 K_2 为横、纵坐标，建立确定综合修正系数 K 的图表，并对 K 以 0.5 为单位进行区段划分，如图 3.6 所示。而后，通过 $S=R_c/\sigma_{max}$ 来判别待评岩体所处的应力状态（σ_{max} 为

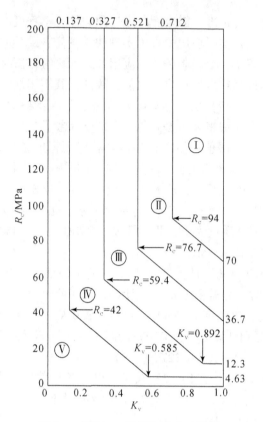

图 3.5　国标 BQ 法图解法表示结果

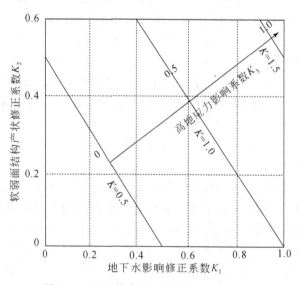

图 3.6　BQ 法综合修正系数 K 的图解表示

垂直洞轴方向最大初始应力），若 S>7，则无需考虑地应力影响作用，反之，若 S ∈ [4，7]，为高应力；S<4 为极高应力，需对综合修正系数 K 予以二次修正，其对应的高地应力影响修正系数 K_3 依据初始 BQ 值分别取 0.5、1.0、1.5 等不同值。

应用图 3.6 可实现对综合修正系数 K 的取值，考虑 BQ 法是以 100 为分级标准，即对应的综合修正系数 K 若满足 2.0>K>1.0，则依据图 3.5 得到的初始围岩类别必降低一个级别，而若 K<1.0，则视初始 BQ 距分级界限的格子数 n 确定，考虑图 3.5 中的每小格对应的数值为 12.5，若 12.5n<100K，则需对围岩类别进行一个级别折减，反之则无需折减。

3.2.1.6　HC 法

HC 分级法（张宜虎等，2009；GB 50287—2006《水力发电工程地质勘察规范》附录 P：围岩工程地质详细分级）以控制围岩稳定的岩石强度、岩体完整程度、结构面状态、地下水和主要结构面产状五项因素之和为基础判据，以围岩强度应力比为限定判据，进行围岩工程地质分级。

其中围岩强度应力比 S 根据下式求得：

$$S = \frac{R_b K_v}{\sigma_m} \tag{3.20}$$

式中，R_b 为岩石饱和单轴抗压强度（MPa）；K_v 为岩石完整性系数，同 BQ 法中 K_v 一致，为岩体纵波波速与对应岩块纵波波速之比的平方；σ_m 为围岩的最大主应力（MPa），无实测资料时用自重应力代替。

HC 分级法作为水电系统专用围岩分级方法，其在各类水电站地下厂房区围岩质量评价中发挥着重要作用，因其涵盖各种类型岩性、赋存地质特征等，使得在设计 HC 分级法时，设置了多条限制条件（详见 GB 50287—2006《水力发电工程地质勘察规范》注释条款介绍），笔者对 HC 法评分细则及标准做了汇总整合，并对相关注释条款做了一定程度的简化处理，详见表 3.12。

3.2.2　常用围岩分级方法适用性分析

如 Palmstrom 所言："岩体分级系统现已得到广泛关注，并被广泛应用于岩体工程勘察、设计，但是所有系统均存在自身的适用条件，唯有恰当考虑并关注这些适用条件，岩体分级系统方可成为具实用价值的评价工具。"（Palmstrom，2006）故对所有围岩分级系统的适用范围予以必要关注，避免出现对围岩分级系统的滥用与不恰当应用，本书对上小节 6 种围岩分级方法适用条件进行系统化总结，如下：

表 3.12　HC 法分项评分标准及围岩详细分级标准（汇总版）

岩质类型	硬质岩		软质岩	
	坚硬岩	中硬岩	较软岩	软岩
饱和单轴抗压强度 R_b/MPa	>60	60~30	30~15	15~5
岩石强度评分 A	30~20	20~10	10~5	5~0

岩体完整程度	完整	较完整	完整性差	较破碎	破碎
岩体完整性系数 K_v	>0.75	0.75~0.55	0.55~0.35	0.35~0.15	≤0.15
岩体完整性评分 B　硬质岩	40~30	30~22	22~14	14~6	<6
岩体完整性评分 B　软质岩	25~19	19~14	14~9	9~4	<4

结构面状态 / 结构面状态评分 C

张开度 W/mm	闭合，<0.5		微张，0.5~5.0						张开，≥5.0	
充填物	—	—	无充填	无充填	岩屑	岩屑	泥质	泥质	岩屑	泥质
起伏粗糙状况	1	2/3	1	2/3	1	2/3	1	2/3	—	—
C　硬质岩	27	24	21	21	17	17	15	15	12	6
C　较软岩	21	21	17	15	15	12	12	9	12	6
C　软岩	18	14	14	11	11	8	8	6	8	4

活动状态 / 地下水评分 D

活动状态	渗水、滴水	线状流水	涌水
每10m段地下水流量 q/(L/min)或压力水头 H/m	q≤25 或 H≤10	25<q≤125 或 10<H≤100	q>125 或 H>100
地下水评分 D　基本因素评分 $T'(A+B+C)$　>85	0	0~-2	-2~-6
85~65	0~-2	-2~-6	-6~-10
65~45	-2~-6	-6~-10	-10~-14
45~25	-6~-10	-10~-14	-14~-18
≤25	-10~-14	-14~-18	-18~-20

续表

岩质类型	硬质岩								软质岩			
	坚硬岩				中硬岩				较软岩	软岩		
结构面走向与洞轴线夹角/(°)	90~60				60~30				30~0			
结构面倾角/(°)	>70	70~45	45~20	<20	>70	70~45	45~20	<20	>70	70~45	45~20	<20
结构面产状评分 E 洞顶	0	-2	-5	-10	-2	-5	-10	-12	-5	-10	-12	-12
结构面产状评分 E 边墙	-2	-5	-2	0	-5	-10	-2	0	-10	-12	-5	0
围岩总评分 $(A+B+C+D+E)$	>85				85~65				65~45	45~25	≤25	
HC法分级标准 围岩强度应力比 S	>4				>4				>2	>2	—	
HC法分级标准 类别	I				II				III	IV	V	

注:1. 当 $R_b>100$MPa 时,岩石强度 A 评分为 30;

2. 当分项评分 $B+C<5$ 时,若岩石强度 $A>20$,按 20 评分;

3. 结构面延伸长度<3m,对 $R_b>15$MPa 的结构面状态评分 $C+3$ 分,对 $R_b<15$MPa 的结构面状态评分 $C+2$ 分,结构面延伸长度>10m,对 $R_b>15$MPa 的结构面状态评分 $C-3$ 分,对 $R_b<15$MPa 的 $C-2$ 分;

4. 当结构面张开度>10mm,无充填,结构面产状状态评分 E 为 0 分;

5. 对 $K_v\leqslant0.55$ 的岩体,无需考虑结构面产状评分 E 的修正;

6. 当围岩强度应力比 S 小于分级标准限值时,围岩类别降低 1 个级别,原 V 级不变。

3.2.2.1　RMR 法适用性分析

RMR（rock mass rating）法（Bieniawski，1973）由南非采矿地质学家 Bieniawski 提出，最初以南非 300 多条矿井巷道记录为经验基础，此后在世界范围内不断扩充数据，1976 年推出第 1 版后，在世界范围内得到广泛传播，此后，Bieniawski（1989）对 RMR 参数进行了多次修改，最终形成目前应用的 RMR-89 版本。

观察 RMR 法评价标准，并参照多项岩体工程（水电、矿巷、交通隧洞、地基等）RMR 法评价结果，RMR 法主要存在以下适用范围：

（1）RMR 法中未考虑地应力场因素对围岩质量的劣化效果，因此，其并不适用于评价处于高-超高应力区域（地应力场 σ_m>25MPa）围岩质量。

（2）RMR 法评价标准中过分强调岩体结构特征（RQD、裂面间距、裂面性状等指标）对岩体质量影响作用，占评价总分的 70%，而对岩块强度（饱和单轴抗压强度 σ_{ci}）的分配权重偏低，仅为 15%，故 RMR 法更适用于受节理裂隙控制的较高强度岩石（σ_{ci}>25MPa），而对 σ_{ci}<25MPa 的软岩评价效果一般。

（3）RMR 法基于南非矿井巷道记录的原始数据库，考虑巷道尺寸一般较小，故对于开挖尺寸>20m 的大型硐室，特别是岩体存在显著各向异性特征，应用 RMR 法时，应避免采用以点代面的评价方法，而应根据现场开挖情况分区段评价。

3.2.2.2　Q 法适用性分析

Q 法由挪威岩石力学专家 Barton 等（1974）依据北欧地区 212 个地下岩体硐室地质资料，于 1974 年首次提出，由于其采用全定量评价模式，一经推出就得到广泛关注与应用，1994 年、2002 年 Barton 等人对其适用范围不断扩展，现 Q 法已成为地下岩体工程质量评价的重要工具。

Palmstrom 和 Broch（2006）曾对 Q 法适用性进行了详细探讨，本书结合其探讨结果，总结得到 Q 法的详细适用范围如下：

（1）Q 法最佳适用条件为 0.1<Q<40，且洞径 D 满足：2.5m< D<30m，在此范围内 Q 法评价效果最佳。

（2）Q 法非常适用于处于中等地应力作用下，结构特征呈次块状-镶嵌结构的干燥岩体，且失稳模式应多为局部块体失稳，对存在显著地下水作用或流塑变特征的岩体适用性不强。

（3）Q 法不考虑节理产状与洞轴线关系影响，故对节理方向影响作用显著隧洞适用性不强。

（4）Q 法更适用于规划、可研、预设计阶段，对于施工支护设计方法的选取，虽然 Q 法推荐有针对性支护设计体系，但在实际应用中，不应完全迷信 Q 法推荐支护体系进行设计，而应综合多种设计技术手段。

（5）对于传统 Q 法未考虑岩块强度特征的影响，故在使用过程中推荐与 Q_c 法综合确定。

3.2.2.3 RMi 法适用性分析

RMi（rock mass index）法由挪威学者 Palmstrom（1995）于 1995 年首次提出，其以结构面参数对岩石单轴抗压强度的折减来评价岩体强度特性，2009 年 Palmstrom（2009a，b）对 RMi 法的围岩分级体系进行了优化，充分考虑了地下水、地应力场、软弱夹层等对围岩质量的影响，同时将其评级标准进一步细化，使评价结果更吻合工程实际。目前，RMi 法开始在国际上得到重视，并逐渐得到推广。

RMi 法考虑了更多工程地质因素，特别是软弱层、挤压岩等特殊岩类对围岩质量评价的影响，故其适用范围得以较大扩展：

（1）RMi 法最适用于评价岩性较一致的整体状、块状、次块状、镶嵌状及碎块状岩体，对结构特征呈散体状的岩体评价结果需根据现场实际情况做必要修正。

（2）RMi 法考虑了软弱层、挤压岩等特殊岩类的影响，故其可满足对所有强度范围的岩体质量评价，但 RMi 法对膨胀岩（含大量亲水矿物岩类）未作考虑，故对膨胀岩评价不适用。

（3）RMi 法推荐与相关经验准则（如 Hoek-Brown 准则）结合判定岩体力学参数，在此需特别关注 RMi 对力学参数估算的适用范围（如：RMi 法推荐的弹性模量 E_m 估算公式中，RMi 值的适用范围为 1<RMi<30），避免滥用和过分依赖。

3.2.2.4 GSI 法适用性分析

GSI（geological strength index）法由加拿大学者 Hoek 等（1995）于 1995 年首次提出，其目的在于评价岩体结构地质特征，实现与 Hoek-Brown 准则的结合。由于 GSI 法与 Hoek-Brown 准则结合紧密，目前 GSI 主要作为准则中的一个重要参数，对待评岩体结构地质特征予以评价，故其侧重点和适用范围较其他围岩分级方法存在较大不同：

（1）GSI 法主要考虑岩体块度特征及结构面发育特征两大地质指标，而对岩块强度、岩体赋存地质环境特征不予考虑，故其一般不应用于围岩分级评价，仅用于岩体结构地质特征评价；

（2）GSI 法考虑岩体结构包括整体、块状、次块状、镶嵌状、碎裂状及散体状结构，未考虑层状结构，故 GSI 法多适用于岩浆岩、变质岩结构特征评价，对于存在显著层状发育的沉积岩不适用；

（3）GSI 法与 Hoek-Brown 准则紧密结合，用其估算表征岩体软硬程度指标 m_i、岩体破碎程度指标 s、a，故 GSI 法较其他围岩分级方法更适用于对岩体力学参数的估算；

（4）GSI 法与 Hoek-Brown 准则中均不考虑地下水作用影响，故 GSI 法仅适用于处于干燥、潮湿环境下的岩体结构、稳定性评价，对于存在富集地下水的区域不适用。

3.2.2.5　BQ 法适用性分析

BQ 法（GB 50218—2014《工程岩体分级标准》）由水利部 1994 年发布，作为唯一适用于各类型岩石工程的评价方法，在全国范围推广使用，现已在各岩体行业得到广泛应用，并取得了较高的认可。现结合国内多项工程的 BQ 法评价结果，总结得到 BQ 法在应用过程中需关注以下适用条件：

（1）BQ 法仅针对结构面呈随机分布特征的岩体进行评价，对规模较大、贯通性较好的软弱结构面或带（即第 2 章中的确定性结构面）而言，其会对工程岩体的稳定性有重要影响，而这种影响不应通过岩体分级方法考虑，应当进行专门研究；

（2）BQ 法不适用于具有特殊变形、破坏特性的岩类，如膨胀性强的岩类、易溶蚀的盐岩等；

（3）对开挖跨度>20m 的大型硐室，应保持谨慎态度，建议 BQ 法与多种评价方法结合；

（4）BQ 法的定性评价与定量评价结果局部存在不一致现象时，应根据现场实际开挖情况综合选取，一般应以二者结果较低值为参考依据，或基于一致性原则考虑，进行定性、定量一致化优化工作。

3.2.2.6　HC 法适用性分析

HC 法（GB 50287—2006）作为水电系统行业规范，由中国电力企业联合会主编，于 2006 年编修，其存在典型行业特征，故其适用性存在一定局限性：

（1）HC 法一般应用于水力发电岩体工程地下硐室围岩工程地质分级，不建议用于其他岩体行业；

（2）HC 法不适用于埋深小于 2 倍洞径或跨度的地下硐室，且不适用于特殊岩（膨胀岩、盐岩）、喀斯特洞穴、土类硐室；

（3）HC 法不适用于岩块强度 $R_b \leqslant 5MPa$ 的极软岩或存在极高应力（$\sigma_m > 25MPa$）的地区；

（4）HC 法在对大跨度硐室围岩分级时，建议参考国家相关标准综合评定，亦可采用国际通用围岩分级（如 Q 系统分级）对比使用。

3.2.3 常用围岩分级方法相关性分析

常用围岩分级方法的相关性强弱程度，主要取决于各方法适用条件、选取的评价指标及取值标准及各方法分级标准差异大小，一般通过大量工程实际评价数据予以归纳、分析。

选取 5 个大型水电工程地下硐室或平硐：锦屏 II 级水电站导流洞 0~520m段、拉西瓦水电站平硐（PD02、PD14）、双江口水电站探硐（PD09）、糯扎渡水电站探硐（PD204）、大岗山水电站主厂房（含厂区内平硐）为研究对象，对常见围岩分级方法进行相关性分析。

需要说明的是，考虑国外常用围岩分级方法（RMR、Q、RMi、GSI）的相关性研究已有不少报道（Hashemi et al.，2010；Palmstrom，2009；Zhang，2010），而国内分级方法（BQ、HC 法）与国外常用分级方法相关性报道较少，故本书仅对 BQ 法、HC 法与其他分级方法（RMR、Q、RMi、GSI 法）进行相关性分析。此外，由于某些硐室评价数据有限，部分方法未考虑，故对比分析统计总量上存在一定差异。

3.2.3.1 BQ 法与常用围岩分级方法相关性分析

BQ 法与 RMR、Q、RMi、GSI 法的相关性统计结果见图 3.7。该图依据各围岩分级方法分级标准，采用矩形框的表示方法，分别将两围岩分级方法同类围岩质量的区段作为矩形框的长、短边，凡是统计结果落入矩形框内，则认为两分级方法相关性好，反之则差。

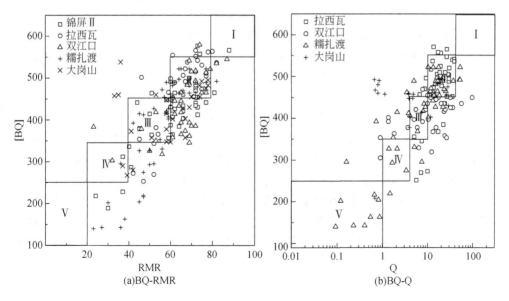

(a)BQ-RMR

(b)BQ-Q

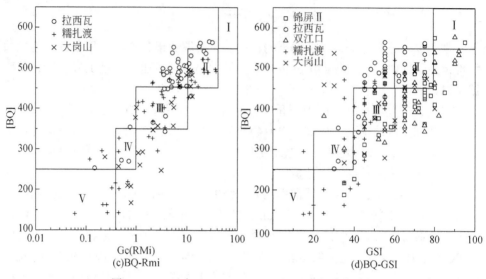

图 3.7   BQ 法与 RMR、Q、RMi、GSI 法相关性分析

从图 3.7 实例分析 BQ、HC 法与国外常用围岩分级方法（RMR、Q、RMi、GSI）内在关系，可得到以下主要规律特征：

（1）BQ 法与国际通用围岩分级方法均具有较强相关性，但与 RMR、RMi 的相关性要高于 Q、GSI 法。

（2）BQ 法与 RMR 法的相关性在围岩质量较好的条件下要高于围岩质量较差情况，在围岩质量较差情况下，RMR 的评级往往要高于 BQ 法，且一般高于一级。

（3）BQ 法与 Q 法在高地应力区（锦屏 II 组 $\sigma_m = 21.5 \sim 35.7\text{MPa}$、双江口水电站 $\sigma_m > 30\ \text{MPa}$）的相关性较差，对应的 BQ 评级一般要比 Q 法高 1~2 级，而对于中等应力区围岩，其关联性较好，间接说明 Q 法关于地应力作用对围岩质量的劣化作用影响权重更大。

（4）BQ 法与 RMi 法的评价结果整体关联性较好，但在具体工程上存在一定程度的差异，对拉西瓦水电站较好质量围岩而言，二者的关联性较差，且 BQ 法评价结果要高于 RMi 一级，同样，对于大岗山水电站较差质量岩体来说，二者相关性特征亦相对较差，且 BQ 法评价质量要低于 RMi 一级。

（5）BQ 法与 GSI 法评价结果关联性较为离散，如在 GSI = 55 时（围岩 III 类），而对应的 BQ 取值在［285，573］，贯穿 I ~ IV 类围岩，考虑 GSI 法仅对岩体结构评价，故用其进行围岩质量评价的结果直接应用可靠度低，GSI 法一般不多应用于围岩质量评价。

3.2.3.2　HC 法与常用围岩分级方法相关性

HC 法与 RMR、Q、BQ 法的相关性统计结果见图 3.8，其对应的矩形框与图 3.7 一致。其中关于 RMi 的统计样本过少，不具备统计意义，而 GSI 法未再予以相关性分析。

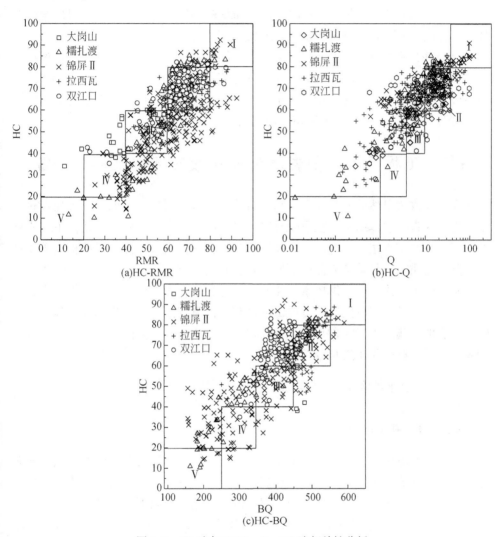

图 3.8　HC 法与 RMR、Q、BQ 法相关性分析

从图 3.8 实例分析 HC 法与国内外常用围岩分级方法（RMR、Q、BQ）内在关系，可得到以下主要规律特征：

（1）HC 法与通用围岩分级方法均具有较强相关性，但与 RMR 的相关性要略好于 Q、BQ 法。

（2）HC 法与 RMR 法的相关性整体较好，但对高地应力区的锦屏 Ⅱ 水电站地下厂房区，HC 法的评级要低于 RMR 法，且一般要低 1 级，说明地应力作用对围岩质量的显著影响作用。可见对高地应力区围岩质量评价时，不应应用 RMR 法评价。

（3）HC 法与 Q 法相关性情况在围岩质量较好的条件下要好于围岩质量较差情况，在围岩质量较差情况下，HC 的评级往往要高于 Q 法，且一般高于一级。

（4）HC 法与 BQ 法的相关性整体对应关系较好，但相对而言，HC 法评级要高于 BQ 法，特别是对高地应力区（锦屏 Ⅱ 级、双江口水电站）来说，HC 法评级一般要大于 BQ 法 1 级，该结论可能与 HC 法中围岩强度应力比 S 的强制限项降级有关，可见，HC 法更强调高地应力对围岩质量的劣化作用。

3.3　工程因素对围岩质量劣化效应评价及量化表征

人类在改造自然的同时亦在影响着自然界，众所周知，在地下工程建设过程中，工程因素对岩体结构特征影响是显而易见的，在同一地质环境条件下，不同开挖规模、开挖方法、开挖走向、开挖形状、工程进度及工程重要性程度等条件下，其围岩质量评价结果亦截然不同。但实际应用中，如 Palmstrom 所言"绝大多数围岩分级方法评价岩体质量及相应支护方法时，未考虑开挖方法等工程因素对隧洞、矿井及地下硐室等岩体质量的影响，而事实上，开挖扰动等工程因素影响是显著的，属必须考虑的因素"（Palmstrom，2006）。故有必要对工程因素类型及围岩质量影响作用进行分析。

3.3.1　工程因素常见主要类型及影响作用分析

3.3.1.1　开挖尺寸

大岗山水电站引水发电系统采用全地下厂房形式，拟沿大渡河左岸依次布置主厂房、主变室、尾水调压室等三大硐室及岸塔式进水口、4 条压力管道、出线洞、母线道、排风洞、尾水连接洞、尾水隧洞等相关附属硐室，其中，主厂房包括主机间、副厂房及安装间，主机间断面开挖尺寸为：顶拱跨度 30.80m，岩壁吊车梁以下跨度 27.30m，主厂房开挖高度 74.3m；安装间断面开挖尺寸与主机间相同，高度为 36.50m；副厂房断面尺寸为：跨度 27.30m，最大高度 47.70m。各自长度分别为 145.5m、60.50m、20.58m，总长 226.58m；主变室断面开挖跨度为 18.8m，开挖高度 25.1m，总长度为 144m；尾水调压室系统设置两个长条形"圆拱直墙型"阻抗式调压室，用 16m 厚岩柱隔墙分隔，总长度 130m。隔墙以下分为两室，两室以宽顶堰式连通。其断面尺寸为：调压室上室跨度 24m；下室跨度 20.5m，开挖高度 77.9m；此外，主厂房与主变室净间距为 49.3m，主变室与尾水调压室的净间距为 49.0m，基本上为等间距布置形式。

开挖尺寸对工程岩体影响作用主要体现在"工程等效尺寸"的放大，即由于开挖尺寸的增加，岩体临空面面积增大，导致岩体发生失稳的概率陡增。站在工程角度来看，由于岩体自身"缺陷"（裂隙组）的揭露，岩体"显得"更加破碎，特别是对于结构特征处于中等发育（呈块状、次块状及镶嵌结构）的工程岩体，在相同的地质条件下，对小跨度硐室岩体结构的评价往往要远远好于大跨度硐室，相应地，对于小跨度硐室而言，岩体可能处于稳定状况，但对大跨度硐室则会出现局部不稳定的现象。开挖尺寸本身没改变岩体结构的自然特征，而使得岩体结构的工程特征放大，进而影响了硐室自稳性状况。

3.3.1.2　开挖方法

大岗山水电站地下厂房硐室群开挖采用常规钻爆法施工方法，为保证开挖面尽量平整，减小围岩松动范围，不欠挖，尽量减少超挖，以及尽量减少开挖面的支护工程量，对厂房系统、引水及尾水系统等硐室开挖断面均采用光面爆破或预裂爆破方法，对岩壁吊车梁、交叉硐室的交叉口、穿过软弱结构面或局部断层交汇处或裂隙密集带或地下水出露较丰富的围岩硐室段等部位，需进行专门的爆破方法设计，必要时采用定向爆破和人工凿岩相结合方法。

开挖爆破对岩体质量的影响作用明显，集中体现在对岩体结构的损伤、劣化。具体损伤作用可分为两类：一类是冲击损伤，另一类是动态卸载损伤（张文煊，2008）。前者指的是爆破载荷加载过程中对岩体产生的损伤，包括爆源近区的爆炸冲击波作用和中远区的爆破震动作用；后者则是爆破载荷卸载过程中所产生的动力损伤，主要包括开挖卸荷引起的应力重分配作用。且二者损伤作用间亦存在耦合放大的过程。故开挖爆破方法对围岩质量劣化影响，应通过开挖前后围岩实际状况对比分析，一般可采用开挖前后岩体声波波速变化来反映。

3.3.1.3　开挖走向

大岗山水电站地下厂房布置在左岸Ⅰ～Ⅲ线一带，由主厂房、主变室、尾水调压室三大地下硐室组成。三大硐室平行布置，轴线布置方向 N55°E，该开挖方向与地应力分布特征密切相关，成勘院地应力测试结果表明，在地下厂房区附近，σ_1 的方向为 NE 向（N44.91～60.95°E），现洞轴线布置方向（开挖方向）与其基本平行，对硐室围岩稳定性较为有利。

开挖走向对岩体质量评价的影响主要体现在：①开挖走向与岩层节理产状的组合关系对硐室稳定性的影响作用，即潜在块体大小及其稳定性状况，特别是对于结构特征呈现块状、次块状及镶嵌结构的岩体，如图 3.9。相同的岩体结构因洞轴向的变化出现块体组合形态、体积的显著差异；②开挖走向与硐室区地应力方向的组合关系对硐室稳定性的影响作用，一般认为与初始地应力场最大主应力方向呈小角度相交（夹角小于30°）为有利，反之则对稳定性产生不利影响。

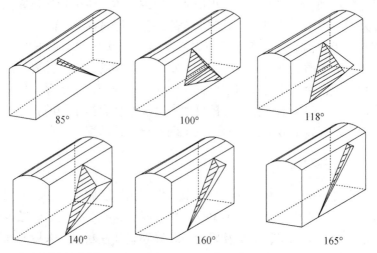

图 3.9　相同岩体结构因洞轴线的变化出现的块体形态的差异（张奇华，2010）

　　需要说明的是，开挖走向的规划布置，往往会密切考虑其与硐室区地应力方向的组合关系的影响，并会选择有利于硐室稳定的开挖走向，且该过程一般应在预可行性、可行性研究阶段进行，在施工阶段，一般仅需要考虑开挖走向与岩层节理产状的组合关系。

3.3.1.4　开挖形状

　　大岗山水电站地下厂房区主要硐室开挖形状多采用典型的圆拱直墙型，局部根据工程特殊需要及经济性做细部调整，如主厂房采用上宽下窄的圆拱直墙型硐形，见图 3.9。

　　硐室开挖形状对硐室区应力重分布及自身稳定性影响作用明显，其直接决定着围岩应力的分布形式。据 Hoek 和 Brown（1980）的开挖形状和地应力比对开挖体最大边界应力研究可知，不同的开挖形态，其顶板和侧帮最大应力值截然不同，而我们在既定应力场内选择开挖形状，其主要目的在于设法使开挖体周围应力分布达到均匀分布，即寻求"谐洞"的最佳开挖形状，一般而言，能给出最均匀地应力分布的开挖形状通常为链环形或椭圆形，其长短轴比应近似等于原岩主应力之比。

　　为满足工程实际需求，硐室开挖形状难以达到所谓最佳形状"谐洞"的要求，类似的数值模拟实验亦发现，在硐室开挖转折较大区域，如顶拱与边墙交接的拱座处、边墙与底板结合处往往容易出现较大的应力集中，特别是在与最大主应力方向呈大角度相交情况下，往往亦出现强烈的偏压剥离现象，对岩体质量产生显著影响。

但必须指出，开挖形状对围岩的影响主要体现在：因开挖形状的不同，围岩不同区域应力集中大小存在差异，即表现为力学概念，而非空间形态概念。且据于学馥等（1982）阐述的"轴变论"观点，开挖形状对那些变形破坏受结构面（软弱结构面）控制的围岩无显著影响，该观点亦经工程实践得以广泛验证。

此外，不论现场规划设计了何种洞形，均可采用切缝、钻排孔、注水、预裂松动等手段来主动卸除或弱化洞壁围岩切向应力集中。而因未采用卸荷措施而形成局部应力集中区，围岩质量的劣化结果亦可通过开挖前后声波波速测试（类似开挖方法影响作用评价方法）来反映，故不再重复评价。

3.3.1.5　工程进度

大岗山水电站地下厂房区采用 9 期分级开挖顺序，自上而下分层开挖。其分层数目及分层高度可结合设计断面、围岩稳定条件、施工机械性能及运输通道条件综合考虑确定，局部应力集中区，应适当减少台阶开挖高度；顶部开挖宜采用先导洞然后扩挖的方法进行，导洞的位置及尺寸可根据地质条件和施工方法确定。若围岩稳定性较差，宜采用导洞开挖后，边扩挖边支护边衬砌的方法；中、下部岩体采用分层开挖，或全断面开挖的方法。宜采用深孔预裂梯段爆破或两侧预留保护层，中间梯段爆破开挖。

对于大型地下硐室，无论是从确保围岩稳定，还是从施工安全、便利性出发，都不可能全断面一次爆破成型，往往需要在同一断面内分成若干个区域，各区域顺序开挖或同时开挖存在着不同的组合，对工程进度的安排应以对围岩扰动范围最小、所产生位移变形最小为佳。

工程进度体现为强烈的"时效性"特征，与围岩自稳时间（响应过程）、支护生效时间（人为活动反馈过程）等密切相关。其对围岩质量评价无直接关联，应通过调整工程进度实现围岩自稳时间与支护生效时间（即围岩特征曲线）产生最佳组合，以充分发挥围岩自稳能力，但以不出现过量变形为限，故工程进度评价应与支护方法选取密切结合。

3.3.1.6　工程重要性程度

工程重要性程度是根据其工程用途决定的，因其功效不同，所需要的安全系数、设计使用年限也有所不同。对大岗山水电站地下厂房区而言，根据工程重要性程度初步分级，可分为永久性工程和临时性工程两种，其中永久性工程包括整个引水发电工程系统,如三大厂房、压力管道、出线竖井及尾水系统等;而临时性工程指辅助工程施工的临时施工支硐、交通硐等。

工程重要性程度作为工程设计动态优化参数,其一般处理方法为:对于重要性较高的建筑体,必要时需考虑一定的安全系数,并对其支护措施应予以一定的保守处理;而对于重要性程度较低的建筑体,在确保工程安全的前提下,可恰当放宽支护水平,进行必要的工程经济优化。故工程重要性程度指标可通过支护体系安全系数的考虑予以体现。

综上所述,考虑工程因素对围岩质量劣化作用影响,仅需要考虑开挖尺寸、开挖方法、开挖走向三个因素,而对主要体现局部力学效应变化的因素(如:开挖形状),为避免评价的重复性,暂不考虑,对反映工程时效性(如:工程进度)与工程功用性(如:工程重要性程度)的因素,可通过与支护补强体系的结合体现。

3.3.2 工程因素对围岩质量劣化效应定量化表示

3.3.2.1 开挖尺寸劣化效应定量化分析

开挖尺寸对岩体质量的劣化效应主要体现在"工程等效尺寸"的放大,其通过对待评价岩体自然结构的空间几何特征指标的劣化,来影响围岩质量的评价结果。但实际上,开挖尺寸并非一定会对空间几何特征指标存在劣化,若开挖尺寸小于岩体自然结构的空间几何特征指标值,其对围岩质量评价结果反而起到改善可能,即存在"工程等效尺寸阈值(engineering representative volume threshold, ERVT)"的概念,其类似于岩体强度参数的等效特征尺寸(representative elementary volume,REV)。

例如,某一工程岩体,发育有2组共轭节理组:一组呈连续发育,迹长为8~9.5m,间距为1~1.5m,另一组呈断续发育,迹长为2~3m,间距为0.8~1.2m,其对应的岩体结构自然类型应为块状结构,但从工程角度而言,因开挖尺寸的不同,所揭露的岩体结构类型亦有所差异,如图3.10,硐室1、2、3为待建的不同尺寸的硐室,相对硐1而言,岩体可视为整体结构,相对硐2,岩体可视为层状结构,对于硐3,岩体呈现与自然结构相同的块状结构。寻求工程等效尺寸阈值(ERVT)亦即寻求反映自然状况下岩体结构空间几何真实特征的最小尺寸。

假定某一工程岩体内含 N 组结构面,且每组结构面的条数不少于1条,根据工程经验(徐光黎等,1993),结构面迹长一般近似服从正态或对数正态分布,间距一般服从对数正态或负指数分布形式,详细如下:

正态分布:

$$f(x) = \frac{1}{\sqrt{2\pi}\sigma}\exp\left[-\frac{1}{2}\left(\frac{x-\mu}{\sigma}\right)^2\right]$$

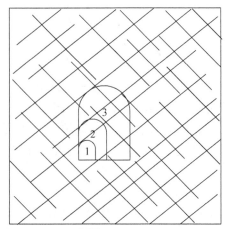

1-整体结构　2-层状结构　3-块状结构

图 3.10　岩体结构类型因开挖尺寸呈现显著差异

对数正态分布：

$$f(x) = \begin{cases} \dfrac{1}{\sqrt{2\pi}\,\sigma}\exp\left[-\dfrac{1}{2}\left(\dfrac{\ln x - \mu}{\sigma}\right)^2\right] & (x > 0) \\ 0 & (x \leqslant 0) \end{cases} \tag{3.21}$$

负指数分布：$f(x) = \lambda\exp(-\lambda x)\,(x > 0)$

式中，μ 为结构面迹长或间距均值（m）；σ 为结构面迹长或间距标准差。λ 为结构面发育频率，相当于结构面间距均值（m）的倒数，但根据现场统计资料进行拟合时，正如胡秀宏和伍法权（2009）所讨论，单参数 λ 负指数分布函数存在显著值域局限性，此处推荐采用双参数负指数分布函数进行间距分布拟合：

双参数负指数分布：

$$f(x) = a\exp(-bx)\,(x > 0,\ a,\ b > 0) \tag{3.22}$$

以正态分布形式为例，其均值服从以 μ 为均值分布，以 $\sigma/\sqrt{n}$ 为标准差的分布形式，可满足（周创兵等，2007）：

$$P\left[E(x) - \mu < \xi\right] = \int_{-\xi\sqrt{n}/\sigma}^{\xi\sqrt{n}/\sigma} \frac{1}{\sqrt{2\pi}}\exp\left(-\frac{t^2}{2}\right)\mathrm{d}t \tag{3.23}$$

式中，$E(x)$ 为总体分布的数学期望；μ 为样本均值；σ 为样本标准差；ξ 为参数估算产生的绝对误差。

考虑概率函数的置信度 α，并取 ε 为估计相对误差，令 $\sigma/E(x)$ 为结构面几何分布形式特征变量 Ω 的变异系数 C_v（即标准差 σ 与算术平均数 μ 比值），则有

$$\frac{\varepsilon E(x)\sqrt{n}}{\sigma} = u_{\alpha/2}$$

$$n \geqslant \left(\frac{C_v}{\varepsilon}u_{\alpha/2}\right)^2 \tag{3.24}$$

式中，$u_{\alpha/2}$ 为置信度 $\alpha/2$ 的分位点，α 为置信度参数。

对于大样本概率事件，假定需满足不少于 n 组结构面，其统计特征方可反映结构面整体分布特征，且单位体积内的结构面统计条数取为 J_n，此时，表征岩体结构空间分布概率模型的最小尺寸，即工程等效尺寸阈值（ERVT）应满足：

$$\mathrm{ERVT} = \frac{n}{J_n}\left(\frac{C_v}{\varepsilon}u_{\alpha/2}\right)^2 \tag{3.25}$$

若取相对误差 $\varepsilon = 5\%$，此时 $u_{\alpha/2} = 1.96$，上式可表示为

$$\mathrm{ERVT} = \frac{1537n}{J_n}C_v^2 \tag{3.26}$$

根据实际工程岩体结构特征状况，获得结构面组数及单位体积内的结构面条数 J_n，并得到结构面几何分布形式特征变量 Ω 的变异系数 C_v，利用式（3.25）可计算得到工程等效尺寸阈值 ERVT。

同样，在相对误差 $\varepsilon = 5\%$ 置信水平下，分别对对数正态分布、双参数负指数分布形式进行正态检验（u-检验）、卡方检验（χ^2-检验），可分别获得工程等效尺寸阈值 ERVT 为

$$\mathrm{ERVT} = \frac{1537n}{J_n}\left\{\frac{\ln\left[\sqrt{1+(\sigma'/E')^2}\,\right]}{\ln\left[E'/\sqrt{1+(\sigma'/E')^2}\,\right]}\right\}^2$$

$$\mathrm{ERVT} = \frac{n}{J_n}\left[\chi_{0.025}^2(n-1)\cdot\frac{\sigma^2}{s^2}+1\right] \tag{3.27}$$

式中，σ'，E' 分别为对数正态分布函数的标准差与期望，$\chi_{0.025}^2$ 为 5% 相对误差下的 χ^2 值，在获得现场统计样本后，可查表获得；σ，s 分别为双参数负指数分布函数的总体标准差与样本标准差，式中 a，b 可通过参数拟合得到。

但需要说明的是，对于结构类型极好（整体结构）的 I 类岩体，其稳定性控制因子在于岩体自身强度抵抗变形的能力，可将其视为连续介质材料，不存在 ERVT 的概念；而结构类型极差（散体结构）的 V 类岩体，其稳定性取决于碎岩颗粒联合抵抗剪切变形的能力，可视为连续颗粒元介质材料，故对应的 ERVT 值必相当小，对其进行开挖尺寸劣化研究实无工程意义。而结构类型呈中等（块状、次块状、镶嵌、块裂、部分碎裂结构）的岩体稳定性控制因子为控制性结构面抵抗剪切变形的能力，可将其视为不连续介质材料，其围岩质量的劣化程度与开挖尺寸密切相关，故考虑 ERVT 值主要针对该结构类型岩体展开，对应的围岩类别一般为 II ~ IV 类。

反映岩体结构空间几何特征的指标较多，如 RQD、J_v、V_b、K_v 等，但该类指标本质上均为反映岩体结构空间块度特征（block size，BS），此处应用函数 $F(\mathrm{BS})$ 来表示该指标，则 3.2.1 节提到的六种围岩分级方法中的岩体结构空间几何特征指标 $F(\mathrm{BS})$ 可表示为

$$F_{\mathrm{RMR}}(\mathrm{BS}) = R2 + R3 \ ; \ F_Q(\mathrm{BS}) = \mathrm{RQD}/J_n \ ; \ F_{\mathrm{RMi}}(\mathrm{BS}) = V_b \ ;$$

$$F_{\mathrm{GSI}}(\mathrm{BS}) = \mathrm{SR} \ \mathrm{or} \ V_b \ ; \ F_{\mathrm{BQ}}(\mathrm{BS}) = K_V \ ; \ F_{\mathrm{HC}}(\mathrm{BS}) = H2 \qquad (3.28)$$

考虑不同硐室开挖高度（H，单位：m）和跨度（B，单位：m）各不相同，为便于分析，假定硐室断面形态为矩形，取每延米开挖硐室体积为 $V_t = BH$（单位：m^3），另假定开挖尺寸对围岩结构空间几何特征的劣化比 η 呈反相关比例关系，则存在：

$$\eta = (\mathrm{ERVT}/V_t)^n \qquad (3.29)$$

式中，n 为常数，与不同围岩分级方法中反映岩体结构空间几何特征所选指标有关，若采用 RQD、节理长度 l 等岩体一维线状指标，则 $n=1/3$，若采用岩体块度体积 V_b、体积节理数 J_v、完整性系数 K_v 等反映岩体三维空间指标时，则 $n=1$。

η 为开挖后围岩结构空间几何特征指标值 $F'(\mathrm{BS})$ 与开挖前 $F(\mathrm{BS})$ 的比值，即

$$F'(\mathrm{BS}) = \eta F(\mathrm{BS}) = (\mathrm{ERVT}/V_t)^n F(\mathrm{BS}) \qquad (3.30)$$

为便于工程应用，以大岗山、溪洛渡、锦屏Ⅱ级地下厂房岩体结构类型为研究对象，分别选取块状结构、层状结构、镶嵌结构、块裂结构、碎裂结构，探讨其各自所对应的工程等效尺寸阈值 ERVT，详见表 3.13。

表 3.13 不同岩体结构类型对应的工程等效尺寸
阈值 ERVT （单位：m^3）

工程名称	块状结构		镶嵌结构		块裂结构	碎裂结构	
	块状结构	次块状结构	镶嵌结构（紧密）	镶嵌结构（松弛）	块裂结构	碎裂结构（紧密）	碎裂结构（松弛）
大岗山水电站	558.2	158.8	92.2		45.8	31.7	—
溪洛渡水电站	675.6	187.1	127.6	80.4		55.9	38.4
锦屏Ⅱ级水电站	486.4	123.8	88.6			47.6	—

3.3.2.2 开挖走向

开挖走向与结构面产状组合关系对岩体稳定性影响截然不同，该影响因素亦在多个围岩分级方法（RMR、RMi、BQ、HC 法等）中得到体现，GB 50218—2014《工程岩体分级标准》把结构面走向与硐室开挖方向夹角<30°，结构面倾角为 30°~60°时，定为最不利组合。该结论可从单弱面抗剪强度特征予以验证，

当结构面倾角为30°~60°时，岩体沿弱面发生滑移破坏，此时强度特征最低；此外，从地应力分布特征而言，硐室开挖后，洞壁围岩切向应力为最大应力，当结构面倾角为30°~60°、走向与洞轴线夹角<30°时，洞周岩体呈现强度最低的组合关系。

故此，可根据开挖走向与结构面产状组合关系对岩体稳定性影响程度大小，提出相应的走向劣化系数 k，考虑目前围岩分级方法常用和差法和乘积法两种计算手段，因计算方法的差异，走向劣化系数 k 的表示也有所差别，对和差法多采用折减处理，如 RMR、BQ、HC 法等已得以体现，而对乘积法可通过乘以<1 的劣化系数 k 来实现。不同围岩分级方法开挖走向劣化系数 k 详细取值如表 3.14。

表 3.14　不同围岩分级方法开挖走向劣化系数 k 取值建议

围岩分级方法	开挖走向劣化系数 k 代表指标	开挖走向与节理产状组合关系		
		开挖方向与结构面走向夹角<30°，结构面倾角 30°~60°	开挖方向与结构面走向夹角>60°，结构面倾角>60°	中间组合关系
RMR	$R6$	−10~−12	0	−5~−2
Q	—	—	—	—
RMi	Co	3	1	1.5−2
GSI	—	—	—	—
BQ	$K2$	0.4~0.6	0~0.2	0.2~0.4
HC	$H6$ 顶拱	−12~−10	−2~0	−10~−2
	边墙	−12~−5	−5~−2	−5~0

3.3.2.3　开挖方法

地下硐室开挖方法有很多，包括机械挖掘法、凿岩法、TBM 法及爆破法等，其中目前岩石硐室最常用的为爆破法，且以钻爆法为主，辅助于定向爆破（预裂爆破和光面爆破等）。

开挖爆破对岩体质量的影响主要体现在对岩体结构的损伤、劣化：①爆破作用使得原有结构面张开、尖端破裂延伸，使得结构面抗剪强度锐减；②爆破作用产生新的结构面，并与原有结构面相互融合、贯通，使得岩体完整性程度大幅降低。二者的联合作用使得爆破前后岩体质量呈现差异。

定量化评价开挖爆破对岩体质量的劣化影响，笔者建议通过两种途径实现：①通过声波监测法，监测同部位爆破前后岩体波速变化，并制定波速降与岩体质量破坏程度关系的标准，来实现对爆破开挖作用的定量表示；②经验类比法，系统归纳各种开挖爆破方式对岩体质量的影响，并制定相关标准，Hoek（2002）

即基于该方法系统提出了开挖扰动系数 D 的取值表。此外，亦可通过两种方法的结合，实现对岩体质量劣化效应的快速评价。

1. 声波监测法

我国电力行业标准 DL/T 5389—2007《水工建筑物岩石基础开挖工程施工技术规范》明确提出采用声波监测法来评价开挖爆破对岩体质量的影响标准，通过监测同部位岩体爆破前后波速的变化，进而获得岩体爆破劣化作用的波速降 λ：

$$\lambda = \frac{V_{um} - V_m}{V_{um}} \tag{3.31}$$

式中，V_{um}，V_m 分别为同部位岩体爆破先后监测得到的波速值（km/s）。

根据波速降 λ 来判断开挖爆破对岩体质量影响标准为：$\lambda \leqslant 10\%$，无影响或影响甚微；$10\% < \lambda \leqslant 15\%$，影响轻微；$\lambda > 15\%$，有明显影响（开挖爆破质量差）。

该方法基于岩体爆破劣化作用的波速降 λ，来表示爆破作用的劣化效应，因声波波速可相对较好反映岩体结构特征，在国内得以广泛应用，且实际应用过程中，操作难度较低，量测精确度较质点峰值速度法提高很多，故应为推荐的一种方法。但其显著缺点在于，对岩体质量的劣化程度仅以有无影响或影响大小来笼统归类，无定量化评价指标。

2. 经验类比法

此处介绍 Hoek 提出的开挖扰动系数 D 的取值方法，Hoek（2002）首次考虑了爆破损伤和应力释放对围岩强度的影响，引入了岩体扰动系数 D 来表示开挖方法对岩体质量的影响。

该方法基于经验类比法列举了各种开挖方法对岩体质量的劣化影响，并选用岩体扰动系数 D 来定量化表示开挖方法对岩体质量劣化程度，但其缺点在于：对各种开挖方法劣化影响仅进行了定性化描述及简单的分级方法，仅可做粗略判定，难以满足工程精细化需要。

若尝试建立岩体扰动系数 D 和开挖爆破劣化作用波速降 λ 的内在关系，可以有效克服以上两种方法各自存在的不足，实现定量化的评价方法和评价指标的有效结合。

基于笔者文献（申艳军，2010），得到岩体开挖扰动前后波速降 λ 与扰动系数 D 关系为

$$\lambda = 1 - \sqrt{\frac{2 - D}{2}} \tag{3.32}$$

式中，波速降 λ 表示开挖前后弹性波速降低比率，式（3.32）则相应地可表示为

$$D = 2[1 - (1 - \lambda)^2] \tag{3.33}$$

利用声波测试法与 Hoek–Brown 准则的结合，实现对岩体扰动系数 D 进行定量化表示。相应可建立岩体扰动系数 D 和波速降 λ 的关系表（表 3.15）。

表 3.15　岩体开挖扰动系数 D 和波速降 λ 值关系表

开挖系数 D	0	0.1	0.2	0.3	0.4	0.5	0.6	0.7	0.8	0.9	1.0	0.38	0.555
波速降 λ/%	0	2.53	5.13	7.8	10.56	13.4	16.33	19.38	22.54	25.84	29.29	10	15

进而可得到 E. Hoek 2002 年提出的开挖扰动系数 D 的取值方法与其对应的波速降 λ 的关系建议取值（表 3.16）。

表 3.16　岩体扰动系数 D 取值建议及对应波速降 λ 参考表

岩体工程露头面形态	岩体发育特征描述	扰动系数建议值 D	波速降 λ 对应值
	控制性爆破方法（预裂、光面爆破）或采用 TBM 钻掘法，对硐室围岩产生较小扰动	$D=0$	$\lambda=0$
	对质量较差围岩采用钻掘机或风镐掘进，对围岩扰动作用较小；构造挤压带引起显著底板隆起，若不采用反压措施将发生明显变形扰动	$D=0$； $D=0.5$ （若未进行反压处理）	$\lambda=0$； $\lambda=13.4\%$ （若未进行反压处理）
	在硬岩中采用传统钻爆法施工，使得洞周围岩局部明显破坏，且延伸深度达到 $2\sim3$m	$D=0.8$	$\lambda=22.54\%$
	对工程边坡进行小范围爆破造成中等程度岩体损伤，特别如左图中采用控制性爆破手段，仅出现因应力释放引起的变形扰动	$D=0.7$（控制性爆破） $D=1.0$（传统爆破）	$\lambda=19.38\%$ （控制性爆破） $\lambda=29.29\%$ （传统爆破）
	大型露天矿坑边坡因大规模回采爆破及堆载应力卸荷而出现明显扰动，在软岩区若采用机械翻铲开挖，相应扰动较小	$D=1.0$（回采爆破） $D=0.7$（机械翻铲）	$\lambda=29.29\%$ （回采爆破） $\lambda=19.38\%$ （机械翻铲）

从表 3.16 知，当波速降 λ 为 10% 时，其对应的扰动系数 D 为 0.38；当波速降 λ 为 15% 时，其对应的扰动系数 D 则提高到 0.555，借此可实现波速降 λ 和扰动系数 D 的定量关联，应用现场开挖前后实测波速变化，应用式（3.32）可实现对岩体扰动系数 D 的定量化确定。

如前所言，开挖爆破对围岩质量劣化效应包括对其完整性状态和结构面抗剪强度的双重劣化，即在于对岩体结构特征的全面劣化，其中反映岩体结构空间几何特征指标，参照上小节开挖尺寸处定义，采用岩体结构空间块度特征（block size，BS）表示；而反映岩体结构面自身发育的指标，实质上在表征节理发育状态特征（joint condition，JC），则此处采用函数 $F(\mathrm{BS}, \mathrm{JC})$ 来表示，则 3.2.1 节提到的六种围岩分级方法中的岩体结构特征指标 $F(\mathrm{BS}, \mathrm{JC})$ 可表示为

$$F_{\mathrm{RMR}}(\mathrm{BS}, \mathrm{JC}) = R2 + R3 + R4；\quad F_{\mathrm{Q}}(\mathrm{BS}) = \frac{\mathrm{RQD}}{J_{\mathrm{n}}} \cdot \frac{J_{\mathrm{r}}}{J_{\mathrm{a}}}；\quad F_{\mathrm{RMi}}(\mathrm{BS}, \mathrm{JC}) = \mathrm{JP}；$$

$$F_{\mathrm{GSI}}(\mathrm{BS}, \mathrm{JC}) = \mathrm{GSI}；\quad F_{\mathrm{BQ}}(\mathrm{BS}, \mathrm{JC}) = K_{\mathrm{v}}；\quad F_{\mathrm{HC}}(\mathrm{BS}, \mathrm{JC}) = H2 + H3 \quad (3.34)$$

采用开挖扰动前后波速降 λ 来反映开挖方法对围岩结构特征的劣化，则存在：

$$F'(\mathrm{BS}, \mathrm{JC}) = (1 - \lambda) F(\mathrm{BS}, \mathrm{JC}) \qquad (3.35)$$

式中，$F(\mathrm{BS}, \mathrm{JC})$、$F'(\mathrm{BS}, \mathrm{JC})$ 分别为开挖前后围岩结构特征指标值。

若采用经验类比法表示，则扰动系数 D 与围岩结构特征的劣化关系为

$$F'(\mathrm{BS}, \mathrm{JC}) = \sqrt{1 - \frac{D}{2}} F(\mathrm{BS}, \mathrm{JC}) \qquad (3.36)$$

3.3.3　工程因素与支护补强体系关联性分析

3.3.3.1　支护体系对围岩特征补强作用讨论

地下工程作为围岩和支护结构组成的结构体系，荷载施加来源于围岩，而相应地，围岩则是承载荷载的重要组成部分，人工支护结构的主要目的在于对岩体材料或结构的补强，以提高其强度与"自支护能力"。故围岩支护必须首先充分肯定围岩的自稳能力，最大限度发挥围岩自承载作用，其次在对围岩"自支护能力"不充分的情况下，采取人工支护措施，实现对围岩自承载的补强或控制其自承载能力的降低。依据"新奥法"的支护建议，初期衬砌的主要目的在于保证施工期安全、减小围岩松弛变形，及时控制地压发展，以有效控制围岩自支护能力的降低。目前水电系统初期衬砌方法有：喷混凝土、系统锚杆和钢支撑（格栅）。常用初期衬砌构件支护形态详见表 3.17。

表 3.17　常用初期衬砌构件支护形态一览表（据关宝树，部分修改）

初期衬砌构件	材料强度出现	配置几何形态	与围岩接触关系	支护目的	其他特征
喷混凝土	出现需要时间，一般规定 24h 的强度值	面状	表面黏附接触	提供表面内压力抵抗围岩松弛变形，实现围岩一体化	能够将压力传递至其他支护构件
系统锚杆	砂浆锚固方式时间，锚固材料强度出现后方发挥作用	点状	内部紧密接触	补强裂隙岩体薄弱部分，改良围岩呈现均匀化	改善围岩内部结构特征
钢支撑(格栅)	立即出现	线状	依附混凝土接触	直接承担松弛荷载，补充喷混凝土强度不足，给予内压，多用于特殊承载支护	具有较大弯曲韧性，可承受较大围岩形变荷载

　　围岩质量分级方法主要目的在于反映待评围岩的工程地质特性，通过对优劣条件不同围岩稳定性分级评价，为工程设计和施工支护方案提供科学依据，故围岩分级方法应与施工期稳定性和支护类型的选取紧密结合，总结发现，施工期围岩分级与稳定性、支护级别关系大体呈现为如下关系，如表 3.18。

表 3.18　施工期围岩分级、稳定性和支护级别对应关系

围岩类别	I	II	III	IV	V
围岩稳定性分级	长期稳定	基本稳定	局部稳定性差	不稳定	极不稳定
支护级别	饰面	构造	承载	特殊承载	
推荐支护方案	不支护或喷薄层（3～5mm）混凝土，跨度>20m 加系统锚杆	喷薄层（5～8mm）混凝土+局部锚杆，跨度>20m 加系统锚杆+钢筋网	喷混凝土（>8mm）+系统锚杆，跨度>20m 加补强锚杆+钢筋（钢纤）网	喷厚层砼+系统锚杆+局部补强锚杆（或柔性支护）；或采用钢支撑，尽早二衬	

3.3.3.2　工程因素与支护补强体系关联性分析

现对反映工程时效性（工程进度）与工程功用性（工程重要性程度）等工程因素与支护体系关联性予以探讨。

1. 工程进度

考虑隧道围岩作为受力整体，且变形具有一定协调性和滞后性，随着掌子面的不断推进，围岩因开挖扰动呈现明显的场地效应。但不同岩性、不同岩体质量及不同开挖方法其影响范围及变形值也会有所不同。据 Kitagawa 等（1991）的研究，在不考虑支护的情况下，开挖扰动影响范围一般在 $\pm 3D$ ［D 为隧道直径（m）］范围内，若围岩强度较大，随着开挖的推进，围岩变形趋于稳定；Hoek基于岩体变形协调原理及位移监测分析，综合考虑开挖扰动对掌子面前后围岩变形的影响，提出开挖扰动与围岩变形的经验关系式：

$$\frac{u_r}{u_r^M} = \left[1 + \exp\left(\frac{x/D}{0.55}\right) \right]^{-1.7} \tag{3.37}$$

式中，u_r 为围岩评价点处变形值（mm）；u_r^M 为围岩不支护前提下，变形处于稳定后的最终值（mm），其与围岩类别有关；x 是观测点距隧洞掌子面距离（m）。

DL/T 5195—2004《水工隧洞设计规范》中规定了不同围岩类别的硐周表面相对收敛控制值（%），其为两点实测位移累计值 ε 与两点实际距离（可近似用洞直径 D 来表示）比，并规定各围岩类别所适用的最大跨度（硐径），另考虑《水工隧洞设计规范》仅考虑 III ~ V 级围岩，此处 II 类围岩表面相对收敛控制值参考铁路双线隧洞初期支护极限位移控制值，并规定其适用最大跨度（硐径）为 30m。详见表 3.19。

表 3.19　不同围岩类别硐周表面相对收敛控制值　　　　（单位:%）

	隧洞埋深/m		<50	50 ~ 300	>300
	围岩类别	适用最大跨度/m	表面相对收敛控制值/%		
评价要素	II	30	—	0.065	0.095
	III	20	0.1	0.2	0.4
	IV	15	0.15	0.4	0.8
	V	10	0.2	0.6	1.0

注：该表亦表明对待类别差的围岩，应采用分段分台阶的小断面开挖方式。

关于围岩不支护情况下最终变形值 u_r^M（mm），依据量测结果得到的回归关系式（关宝树，2003）：

$$u_r^M = m \cdot \delta_v^M \tag{3.38}$$

式中，m 为拟合系数，全断面双线为 2.82，全断面双单线为 2.07，台阶双线为

7.24，台阶单线 5.01，本书主要针对大断面水电地下厂房，多采用台阶施工法，故此处推荐采用台阶双线 7.24；δ_v^M 为围岩不支护前提下，不同围岩类别流变变形（不包含突变过程）最大位移速率（mm/d），其中 I 类围岩为 0.1mm/d，II 类 1.0mm/d，III 类 4.0mm/d，IV 类 10.0mm/d，V 类 18.0mm/d。

故不支护情况下，大断面地下厂房最终变形值 u_r^M（mm）应大体满足：I 类围岩 0.724mm，II 类 7.24mm，III 类 28.96mm，IV 类 72.4mm，V 类 130.32mm。

假定某隧硐开挖直径为 10m，垂直埋深在 250m，依据规范，当硐周表面相对收敛值达到控制值的 70% 时，必须采取支护措施，此时各自对应 u_r 值为：II 类 4.55mm，III 类 14mm，IV 类 28.0mm，V 类 42mm，此时对应的支护时机为适宜支护段内的最迟时间，代入式（3.37）可得到对应的适宜支护段距掌子面距离 x 分别为：II 类 6.37m，III 类 3.46m，IV 类 1.59m，V 类 0.3m，可见该值与开挖掘进速度密切相关，掘进速度越快，所适宜支护时间间隔越短，要求支护布置时机越早。

同时，支护布置时机并非越早越好，对埋深大的流塑形围岩，支护时机过早，围岩仍处于流变变形过程中，过早控制其变形将会造成较大的被动支护压力，需要较高等级的支护结构，不仅不够经济，且亦不符合"新奥法"关于发挥围岩自稳能力之核心要领。详细支护布置时机与隧硐围岩变形关联性如图 3.11。

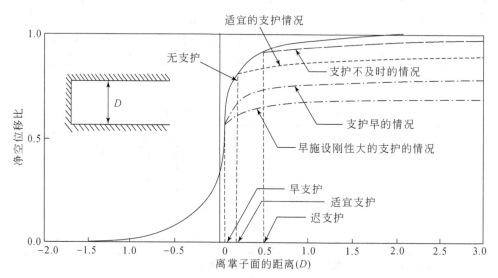

图 3.11　支护布置时机与隧硐围岩变形关联性（据关宝树，2003，略修改）

依据以上算例类比计算，并结合搜集到的相关工程实例，本书推荐常规埋深下（50～300m）围岩类别、开挖进度与支护体系布置时机经验关系表如表 3.20。

表3.20　不同围岩类别、开挖进度与支护体系布置时机经验关系推荐表

围岩类别	I	II	III	IV	V
开挖进度	可快速掘进，但需尽可能减小开挖扰动对围岩质量劣化，推荐采用TBM掘进工法	开挖速度视断面尺寸而定，<10m断面开挖进度<5mm/d，10～25m开挖进度<3mm/d	开挖速度视断面尺寸而定，<10m断面开挖进度<4mm/d，10～25m开挖进度<2mm/d	开挖速度视断面尺寸而定，<10m断面开挖进度<2mm/d，10～25m开挖进度<1mm/d	开挖进度一般应<1mm/d，同时结合现场监测，及时调整工程进度
支护体系布置时机	无需支护，若做饰面支护，一般未支护段距掌子面<15m	采取构造支护，一般未支护段距掌子面<8m，且随断面尺寸增大而递减	采取承载支护，一般未支护段距掌子面<5m，且随断面尺寸增大而递减	采取承载支护，局部特殊承载支护，一般未支护段距掌子面<2.5m，且随断面尺寸增大递减	多采取特殊承载支护，一般未支护段距掌子面<1m，推荐"随挖随支"方案

2. 工程重要性程度

工程重要性程度体现为建筑物的功用性，通过对不同功效的建筑物给予不同的结构重要性系数，通过恰当调整支护体系等级来实现必要的保守或经济化处理。

根据建筑结构安全等级的划分依据，安全等级为一级的建筑物，其破坏后果影响程度很严重，属重要建筑物；安全等级为二级的建筑物，其破坏后果影响程度为严重，属一般建筑物；安全等级为三级的建筑物，其破坏后果影响程度不严重，属次要建筑物。

对应于引水发电系统的地下建筑物，按照水电枢纽工程等级标准（DL 5180—2003《水电枢纽工程等级划分及设计安全标准》，表3.21、表3.22），如大岗山水电站属于大（1）型工程，工程等级属一级，其三大厂房区（主厂房、主变室及尾水调压室）属于主要建筑物，对应水工建筑物级别为1级，除三大厂房区的其他永久性工程属3级建筑物，而临时性辅助工程依据其保护对象的差异分别对应3～5级。而后根据其建筑物级别与安全等级的对应性，来确定各自对应的结构重要性系数，详见表3.23，进而在支护设计计算时，相应地提高各自对应的安全系数。

表3.21　水电枢纽工程的等级指标

工程等别	工程规模	水库总库容 V/亿 m³	装机容量 Q/MW
一	大（1）型	$V \geqslant 10$	$Q \geqslant 1200$
二	大（2）型	$10 > V \geqslant 1$	$1200 > Q \geqslant 300$
三	中型	$1.00 > V \geqslant 0.10$	$300 > Q \geqslant 50$

工程等别	工程规模	水库总库容 V/亿 m³	装机容量 Q/MW
四	小（1）型	0.10> V≥0.01	50> Q≥10
五	小（2）型	V<0.01	Q<10

表 3.22　水工建筑物级别的划分

工程等别	永久性水工建筑物		临时性水工建筑物	
	主要建筑物	次要建筑物	保护对象	工程等级
一	1	3	有特殊要求的 1 级永久性水工建筑物	3
二	2	3	1 级、2 级永久水工建筑物	4
三	3	4	3 级、4 级永久水工建筑物	5
四	4	5		
五	5	5		

表 3.23　水工隧洞安全级别与结构重要性系数对应表

水工建筑物级别	水工隧洞结构安全级别	水工隧洞结构重要性系数
1	Ⅰ	1.1
2, 3	Ⅱ	1.0
4, 5	Ⅲ	0.9

3.4　地应力状态划分及高地应力区应力评价优化建议

随着水电资源开发力度加大及工程经验的不断进步，水电站装机容量不断扩大，地下引水发电系统逐渐向大跨度、高边墙趋势发展，此外，为满足不同使用功效，在有限空间内不同功能的硐室相互交叉贯通，形成规模庞大、结构复杂的大型地下硐室群。然而，由于西南地区处于青藏高原东缘横断山系高山峡谷地区，河谷深切，天然地应力水平高且分布不均匀，岩体强度/地应力值偏低，施工程序复杂、难度大，迫切需要解决高地应力条件下大型地下硐室群的围岩质量评价等问题，为工程设计与支护方案准确选取提供重要工程地质基础。

3.4.1　地应力评价及划分标准

目前，对于高应力的判定尚无统一标准，国内不同部门如地矿、水电、交通、建设等部门以及煤炭系统等都有相应的划分办法。许多学者从不同的角度分别提出高地应力的判定方法，大致可分为定性标准和定量标准两类。定性标准即高地应力的地质标志，如钻孔的缩颈和饼状岩心、巷道围岩的强烈变形和岩爆、边坡岩体的台阶式作动、岩体透水率 $q<1Lu$、现场获得理学指标高于室内岩块试验参数等。定性方法主要用于无地应力实测资料的地区的应力状态的初步估计，但也可与地应力实测相互佐证。定量标准是根据地应力的实测值或计算值进行地应力等级划分，基于地应力实测值的高地应力定量标准又可分为相对性标准和绝对量值标准（表 3.24）。目前，地应力状态的划分方法主要有下面几种。

表 3.24　高地应力定量判定标准

高地应力判定标准		应力级别	备注
绝对量标准值	$\sigma_{max} \geqslant 20MPa$	高地应力区	δ_{max} 为最大主应力
	$\sigma_{max} = 18 \sim 30MPa$	高地应力区	
	$\sigma_{max} > 30MPa$	超高地应力区	δ_c 为岩体抗压强度
相对性标准	$\sigma_{max} \geqslant \gamma H$	高地应力区	γ 为上覆岩体平均容重
	$\sigma_{max} \geqslant (1/7 \sim 1/4) \delta_c$	高地应力区	H 为上覆岩体厚度（或埋深）
	$\sigma_{max} \geqslant (0.15 \sim 0.20) \delta_c$	高地应力区	I 为主应力第一步变量（实测）
	$I/I^0 = 1.0 \sim 1.5$	一般应力区	I^0 区为主应力第一步变量（自重场）
	$I/I^0 = 1.5 \sim 2.0$	较高应力区	
	$I/I^0 = 2.0$	高应力区	

1. 按岩石或岩体的强度应力比来划分地应力的大小

该种划分认为岩体中的地应力的高、低的划分标准是岩石或岩体强度应力比，即 R_b/σ_{max} 的比值大小。一般来说，采用 $R_b/\sigma_{max} > 4$ 和 <2 来划分低、中和高地应力大小状态。如法国隧协、日本应用地质协会和苏联顿巴斯矿区等都采用这种划分方法，详见表 3.25。

表 3.25　国外采用的岩石强度应力比分级

分级法	低地应力	中地应力	高（强）地应力
法国隧协	>4	$2 \sim 4$	<2
日本应用地质协会	>4	$2 \sim 4$	<2
苏联顿巴斯矿区	>4	$2.2 \sim 4$	<2.2
日本国隧规	>6	$4 \sim 6$	$2 \sim 4$

该种划分方法的实质是反映岩体承受压应力的能力。在我国，如中国科学院地质与地球物理所、水电部门等有关部门和单位常采用这种划分方案。

2. 根据地应力值与岩石或者岩体强度之比来判断地应力的状态

该种划分方法认为地应力的状态不是按其绝对值来分高低的，而是根据地应力值于岩石或岩体强度之比来判断的，目前国内外尚没有一致的界定标准。不同的学者、专家所引用的标准不同，有人认为应分为高、中等、低、极低等几个级别。从工程实践，综合研究任务，以地应力值与岩石（岩体）强度值比值>0.5、0.5~0.25、<0.25为标准，分为高应力状态、中等应力状态及低应力状态等三个级别。

3. Barton 划分方法

挪威学者 Barton 等根据对 200 多座隧洞的实验资料分析，于 1974 年提出了按岩体质量指标的 Q 系统评价，其系用 SRF 反映地应力大小的地应力折减系数。

Barton 在论述 SRF 的取值大小或取值范围时，认为一般可以划分为以下三种情况（多数情况下是对坚硬岩体而言）：

（1）低应力，接近于地表，坚硬岩体中饱和单轴抗压强度与最大主应力的比，即 $R_b/\sigma_{max} > 200$，饱和单轴抗拉强度与最大主应力的比，即 $R_t/\sigma_{max} > 13$，相应地应力折减系数 SRF = 2.5；

（2）中应力，单轴抗压强度与最大主应力的比值，即 $R_b/\sigma_{max} = 10~200$，单轴抗拉强度与最大主应力的比，即 $R_t/\sigma_{max} = 0.66~13$，相应地应力折减系数 SRF = 1.0；

（3）高应力，单轴抗压强度与最大主应力的比值，即 $R_b/\sigma_{max} = 5~10$，单轴抗拉强度与最大主应力比 $R_t/\sigma_{max} = 0.33~0.66$，相应地应力折减系数 SRF 的值为 2.0~0.5。

该种划分方法在国内的有关工程勘察设计手册或规范中均有介绍，如《岩土工程勘察设计手册》等。

4.《工程岩体分级标准》中的划分方法

GB 50218—2014《工程岩体分级标准》对地应力状态的划分方法：

（1）极高应力，其饱和单轴抗压强度与最大主应力比，即 $R_b/\sigma_{max} > 4$；

（2）高应力，单轴饱和抗压强度与最大主应力比，即 $R_b/\sigma_{max} = 4~7$，并可按上述两式来确定地应力的大小。

5. 孙广忠提出的定性划分方法

孙广忠在《工程地质与地质工程》（1993）"地应力与地质工程"一章中提出了划分高、低地应力区的若干条地质标志。这些地质标志是孙广忠通过对一些大型水电工程区地应力状态的系统研究后总结出来的，详见表 3.26。

目前，GB 50287—2006《水力发电工程地质勘察规范》地应力划分标准见表 3.27。申艳军（2014）就该规范地应力划分标准，结合相关项目资料，展开对高地应力区典型大型水电工程地应力、岩石强度及围岩强度应力比实测结果统计，详细统计结果见表 3.28。

表 3.26　地应力区地质标志对照表（据孙广忠，1990，补充了锦屏 I 级地应力实际情况）

低地应力区地质标志	高地应力区地质标志	锦屏 I 级地应力实际情况
1. 围岩松动、塌方、掉块	1. 围岩产生岩爆、剥离	1. 硐室围岩松动、掉块及塌方现象较为普遍
2. 围岩渗水	2. 收敛变形大	2. 硐室内围岩强透水性，且渗流水现象较为普遍
3 节理面内有夹泥	3. 软弱夹层挤出	3. 硐室围岩节理裂隙内含泥、屑等现象
4. 岩脉内岩块松动，强风化	4. 饼状岩心	4. 岩脉内岩块有松动现象，且普遍风化
5. 断层或节理面内有次生矿物呈晶簇，孔洞等	5. 水下开挖无渗水	5. 方解石等次生矿物沿裂隙面呈晶簇状
	6. 开挖过程有瓦斯突出	6. 次生结构面发育，如卸荷裂隙及拉裂缝等

表 3.27　《水力发电工程地质勘察规范》地应力划分标准

应力分级	最大主应力量级 σ_{max}/MPa	围岩强度应力比 R_b/σ_{max} (S_0)	主要现象
极高应力	>40	<2	1. 硬质岩：开挖过程中时有岩爆发生，有岩块弹出，洞壁岩体发生剥离，新生裂缝多，成洞性差；基坑有剥离现象，成形性差；钻孔岩心有饼化现象 2. 软质岩：钻孔岩心有饼化现象，开挖过程中洞壁岩体有剥离，位移极为显著，甚至发生大位移，持续时间长，不易成洞；基坑发生显著隆起或剥离，不易成形
高应力	$20 \leqslant \sigma_{max} < 40$	2~4	1. 硬质岩：开挖过程中可能出现岩爆，洞壁岩体有剥离和掉块现象，新生裂缝较多，成洞性较差；基坑时有剥离现象，成形性一般尚好；钻孔岩心时有饼化现象 2. 软质岩：钻孔岩心有饼化现象，开挖过程中洞壁岩体位移显著，持续时间较长，成洞性差；基坑发生有隆起现象，成形性较差
中等应力	$10 \leqslant \sigma_{max} < 20$	4~7	1. 硬质岩：开挖过程中局部可能出现岩爆，洞壁岩体局部有剥离和掉块现象，成洞性尚好；基坑局部有剥离现象，成形性尚好 2. 软质岩：开挖过程中洞壁岩体局部有位移，成洞性尚好；基坑局部有隆起现象，成形性一般尚好
低应力	$\sigma_{max} < 10$	>7	无上述现象

注：R_b 为岩石饱和单轴抗压强度（MPa）；σ_{max} 为最大主应力（MPa）。

表 3.28　高地应力区大型水电工程地应力场、岩石强度及强度应力比取值统计一览表

水电工程名称	岩性	最大主应力 σ_1/MPa	岩石饱和单轴抗压强度 R_b/MPa	围岩强度应力比 R_b/σ_{max}（S_0）
锦屏Ⅰ级	大理岩	31.5~38.5	125~156	3.24~4.95
猴子岩	白云质灰岩	29.5~36.4	122~143	3.35~4.84
长河坝	黑云花岗岩	24.5~32	119~137	3.72~5.59
黄金坪	斜长花岗岩	20.1~23.7	117~149	4.94~7.14
官地	玄武岩	25.0~38.4	163~211	4.24~6.33
大岗山	黑云二长花岗岩	11.37~19.28	112~131	5.80~9.89
溪洛渡	玄武岩	14.8~21.1	155~179	7.67~11.82
锦屏Ⅱ级	大理岩	33.0~44.7	129~146	2.88~4.42
双江口	花岗岩	27.5~38	108~122	2.74~4.23

3.4.2　现有围岩质量评价系统在高地应力应用状况评价

不同围岩分级方法对于地应力状态采取的评价指标与赋值标准是不同的，因此造成对地应力状况评价出现一定的差异，详细介绍如下。

3.4.2.1　RMR 法针对高地应力的指标选取及赋值评价

RMR 法关于地应力状况评价，最为显著缺陷为未考虑地应力场特征对岩体质量的影响，可认为 RMR 法仅适用于地应力状况对岩体质量不存在明显影响的区域，故对于存在高应力、超高应力区域（地应力场一般 $\sigma_m>25$MPa，存在岩爆、片帮、鼓胀等现象），RMR 法不适用。

3.4.2.2　Q 法针对高地应力的指标选取及赋值评价

Q 法选用应力折减系数 SRF 来考虑地应力作用对围岩质量的影响，详细取值如表 3.29。

表 3.29　针对高地应力状况的应力折减系数 SRF 取值标准

坚硬岩石，岩石应力问题	σ_c/σ_1	σ_θ/σ_c	SRF
低应力、近地表、张开节理	>200	<0.01	2.5
中等应力，最有利的应力条件	200~10	0.01~0.3	1.0
高应力、非常紧密结构，一般利于稳定，也可能不适于巷帮稳定	10~5	0.3~0.4	0.5~2.0
块状岩体中1h之后产生中等板裂	5~3	0.5~0.65	5~50
块状岩体中几分钟内产生板裂及岩爆	3~2	0.65~1	50~200

坚硬岩石，岩石应力问题	σ_c/σ_1	σ_θ/σ_c	SRF
块状岩体中严重岩爆（应变突然出现以及直接的动力变形）	<2	>1	200 ~ 400
挤压岩石：高应力影响下软岩塑性流动	—	—	—
O. 轻度挤压岩石应力	1 ~ 5	—	5 ~ 10
P. 严重挤压岩石应力	>5	—	10 ~ 20

参考上表可知，Q 法中地应力折减系数 SRF 确定存在如下几个问题：

（1）地应力折减系数 SRF 只是把岩爆和板裂现象作为判断依据，而没有把岩爆烈度作为依据，而岩爆烈度对于围岩质量与安全性影响非常显著；

（2）Q 法采用主成分因子乘除处理方法，地应力折减系数 SRF 的影响权重显而易见，但表中 SRF 的取值离散性过大，现场工程合理取值难度较大；

（3）从地应力折减系数 SRF 取值来看，其在高地应力区，特别针对极高地应力区，地应力作用应起到控制性作用，即其他因素影响效果是非常微弱的，此时满足脆性围岩破坏模式之应力控制性要求，此时，不应再按照 Q 法主成分因子乘除方法进行围岩分级，而应设置地应力控制指标阈值，分区分段进行围岩质量评价。

3.4.2.3　RMi 法针对高地应力的指标选取及赋值评价

RMi 法选用地应力状态系数 SL 来考虑地应力作用对围岩质量的影响，详细取值如表 3.30。

表 3.30　针对高地应力状况的应力折减系数 SL 取值标准

坚硬岩石高应力问题	σ_c/σ_1	σ_θ/σ_c	SL
低应力、近地表、张开节理	>200	<0.01	1.5
中等应力，最有利的应力条件	200 ~ 10	0.01 ~ 0.3	1.0
高应力、非常紧密结构，一般利于稳定，也可能不适于巷帮稳定	10 ~ 5	0.3 ~ 0.4	0.5
块状岩体中 1h 之后产生中等板裂	5 ~ 3	0.5 ~ 0.65	0.1 ~ 0.5
块状岩体中几分钟内产生板裂及岩爆	3 ~ 2	0.65 ~ 1	0.1

RMi 法考虑了更多工程地质因素，特别是软弱层、挤压岩等特殊岩类对围岩质量评价的影响，故其适用范围得以较大扩展；相对高地应力区，RMi 法提出专门高地应力计算公式：

$$Gc = SL \times RMi \times GW \tag{3.39}$$

其中，SL 为高地应力状况的应力折减系数；GW 为地下水状况折减系数。

RMi 法最为适用于评价岩性较一致的整体状、块状、次块状、镶嵌状及碎块状岩体，对结构特征呈散体状的岩体评价结果需根据现场实际情况做必要修正。

RMi 法考虑了软弱层、挤压岩等特殊岩类的影响，故其可满足对所有强度范围岩体的质量评价，但 RMi 法对膨胀岩（含大量亲水矿物岩类）未作考虑，故对膨胀岩评价不适用。

3.4.2.4　GSI 法针对高地应力的指标选取及赋值评价

GSI 法目前主要用于岩体稳定性评价、岩体力学参数预估、岩体变形特征的计算等。其未对岩块强度、岩体赋存地质环境特征予以考虑，因此 GSI 法一般不应用于围岩质量评价。

GSI 法仅适用于低地应力、中等地应力环境下硬岩的脆性破坏评价，对于高地应力区岩体流塑破坏不适用。

3.4.2.5　BQ 法针对高地应力的指标选取及赋值评价

BQ 法通过 $S=R_c/\sigma_{max}$ 来判别待评岩体所处的应力状态（σ_{max} 为垂直洞轴方向最大初始应力），若 S>7，则无需考虑地应力影响作用，反之，若 $S \in [4，7]$，为高应力；S<4 为极高应力，需对综合修正系数 K 予以修正，其对应的高地应力影响修正系数 K_3 依据初始 BQ 值分别取 0.5、1.0、1.5 等不同值。

3.4.2.6　HC 法针对高地应力的指标选取及赋值评价

HC 分级法中围岩强度应力比 S 为限定判据，其定义如下：

$$S = \frac{R_b K_v}{\sigma_m} \tag{3.40}$$

式中，R_b 为岩石饱和单轴抗压强度（MPa）；K_v 为岩石完整性系数，同 BQ 法中 K_v 一致，为岩体纵波波速与对应岩块纵波波速之比的平方；σ_m 为围岩的最大主应力（MPa），无实测资料时用自重应力代替。当围岩类别为 Ⅰ、Ⅱ 类时，S<4，则降一级；当围岩类别为 Ⅲ、Ⅳ 时，S<2，则降一级。

依据以上分析，可得出以下结论：

（1）RMR 法未考虑地应力场特征对岩体质量的影响，对存在高应力、超高应力区域（地应力场一般 σ_m>25MPa，存在岩爆、片帮、鼓胀等现象）不适用。

（2）Q 法采用 SRF 表示地应力作用影响，并考虑了高地应力区岩爆和板裂现象，适用于对高地应力区围岩质量进行评价，但 SRF 取值过于离散性，合理性取值难度大，有待于进一步细化工作。

（3）RMi 法采用地应力状态系数 SL 来表示地应力对围岩质量影响，且取值范围较集中，实用效果较好，适用于对高地应力区围岩质量评价。但该方法在国内应用不够广泛，有待于进一步工程检验。

（4）GSI 法不考虑地应力特征影响，故 GSI 法对高地应力区岩体质量评价不适用。

（5）BQ 法通过 $S = R_c / \sigma_{max}$ 来判别待评围岩应力状态，并采用综合修正系数 K 修正，适用于对高地应力区围岩质量评价。但其取值过于离散，有待于建立 S 与修正系数 K 的函数关系，以实现准确评价。

（6）HC 分级法中围岩强度应力比 S 为限定判据，适用于对高地应力区围岩质量评价。但围岩强度应力比 S 将评价岩体完整性程度 K_v 揉入地应力评价，物理概念合理性与实际操作存在一定问题。

（7）高地应力区划分指标及标准仍有待进一步讨论与优化。

3.4.3　针对高地应力状况评价方法优化建议

依据以上分析结论，应针对强度应力比 S_0 分界值展开优化，对我国已建或正建的水电站展开最大主应力值、岩石单轴饱和抗压强度值资料搜集、分析、整理工作。并参考数百篇著作、文献报道，整理结果如表 3.31 所示。

表 3.31　大型水电工程强度应力比及地应力状况评价一览表

编号	水电工程名称	围岩强度应力比 R_b / σ_{max}	最大主应力 σ_1 / MPa	地应力状况现场评价	开挖过程是否曾出现高地应力特征状况下特有岩石破坏现象
1	锦屏 I 级	3.24 ~ 4.95	31.5 ~ 38.5	高–极高地应力	是
2	猴子岩	3.35 ~ 4.84	29.5 ~ 36.4	高地应力	是
3	长河坝	3.72 ~ 5.59	24.5 ~ 32	高地应力	是
4	黄金坪	4.94 ~ 7.14	20.1 ~ 23.7	高地应力	是
5	官地	4.24 ~ 6.33	25.0 ~ 38.4	高地应力	是
6	大岗山	5.80 ~ 9.89	11.4 ~ 19.3	中–高地应力	局部，轻微
7	溪洛渡	7.67 ~ 11.82	14.8 ~ 21.1	中–高地应力	局部，轻微
8	锦屏 II 级	2.88 ~ 4.42	33.0 ~ 44.7	高–极高地应力	是
9	双江口	2.74 ~ 4.23	27.5 ~ 38	高–极高地应力	勘探巷道开挖
10	小湾	6.22 ~ 8.26	16.4 ~ 26.7	中–高地应力	局部，轻微
11	瀑布沟	5.74 ~ 7.43	16.5 ~ 28.1	中–高地应力	局部，轻微
12	三峡	10.2 ~ 15.7	7.2 ~ 12.3	低–中地应力	无
13	构皮滩	7.4 ~ 11.6	14.2 ~ 17.3	中等地应力	无
14	龚嘴	11.1 ~ 15.7	7.0 ~ 9.0（反演应力场）	低地应力	无
15	岩滩	12.2 ~ 16.8	10.4 ~ 11.8	低地应力	无
16	糯扎渡	11.3 ~ 17.6	6.55 ~ 11.41	低–中地应力	无

编号	水电工程名称	围岩强度应力比 R_b/σ_{max}	最大主应力 σ_1/MPa	地应力状况现场评价	开挖过程是否曾出现高地应力特征状况下特有岩石破坏现象
17	二滩	4.86~7.35	18~26（最大38.4）	高地应力	局部, 轻微
18	百色	12.5~15.0	5.0~7.0	低-中地应力	无
19	白鹤滩	5.12~8.96	21.1~22.9	中-高地应力	弱岩爆, 片状剥落
20	拉西瓦	4.93~5.22	21.9	中-高地应力	无
21	向家坝	9.5~14.2	8.2~12.2	低-中地应力	无
22	深溪沟	10.5~13.5	8.5~10.0（泄洪洞）	低-中地应力	无
23	水布垭	9.75~11.6	7.6~10.8	低-中地应力	无
24	两河口	4.5~6.0	25.0（均值）	中-高地应力	岩爆
25	乌东德	5.13~7.45	17.9~27.6	中-高地应力	轻微岩爆
26	鲁布革	8.0~10.0	12.0~15.0	低-中地应力	无
27	龙滩	10.8	12.0（均值）	中地应力	无
28	白山	8.0~12.0	10.0（均值）	低-中地应力	无
29	江垭	7.33~9.87	7.0~12.0	中等地应力	无

　　根据3.4.2节分析, 现有的最大地应力值划分地应力状态标准, 可基本满足工程实际状况, 具有较高可信度, 故本研究对强度应力比划分标准优化思路为: 首先, 依据现有最大地应力值划分标准, 对国内典型大型水电工程进行统计归纳(图3.12); 而后, 对典型大型水电工程分级整理, 将其分为: 低地应力区、中等地应力区、高(含超高)地应力区; 最后, 依据分级结果, 基于最适应性原则, 对强度应力比划分标准进行优化调整, 得到合适的强度应力比划分标准。

　　依据国内典型大型水电工程最大主应力值统计结果及现有地应力划分标准, 并参考施工过程中该工程是否出现过高地应力所特有的地质现象, 对典型水电工程进行地应力状态划分, 处于高(含超高)地应力区: 锦屏Ⅰ级、猴子岩、长河坝、黄金坪、官地、锦屏Ⅱ级、双江口、白鹤滩、二滩、拉西瓦、乌东德、两河口; 处于中等地应力区: 大岗山、溪洛渡、小湾、构皮滩、瀑布沟、鲁布革、龙滩、江垭; 处于低地应力区: 三峡、龚嘴、岩滩、糯扎渡、百色、向家坝、深溪沟、水布垭、白山。详细分级结果见图3.12~图3.14。

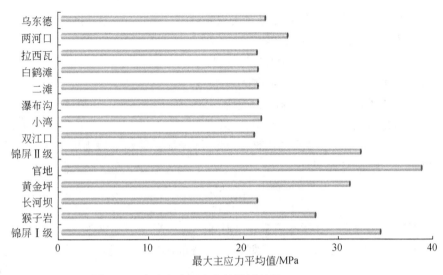

图 3.12　高地应力区水电站统计结果（20~40MPa）

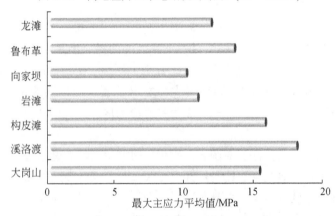

图 3.13　中等地应力区水电站统计结果（10~20MPa）

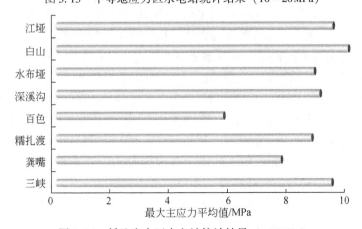

图 3.14　低地应力区水电站统计结果（<10MPa）

依据以上统计结果，对强度应力比划分标准进行优化，得到合适的强度应力比划分标准，具体优化建议如下：

（1）超高地应力区：由 $S<2$ 改为 $S<3$；

（2）高地应力区：由 $2<S<4$ 改为 $3<S<6$；

（3）中等地应力区：由 $4<S<7$ 改为 $6<S<10$；

（4）低地应力区：由 $S>7$ 改为 $S>10$。

相应地，HC 分级法涉及的高地应力评价指标，采用围岩强度应力比 S 作为限定判据，详细定义如下：

$$S = \frac{R_b K_v}{\sigma_m} \tag{3.41}$$

当围岩类别为 Ⅰ、Ⅱ 类时，$S<4$，则降一级；当围岩类别为 Ⅲ、Ⅳ 时，$S<2$，则降一级。当围岩类别为 Ⅰ、Ⅱ 类时，不降级的前提应满足：

$$K_v S_0 = S \geq 4 \tag{3.42}$$

或可表示为

$$K_v \geq 4/S_0 \tag{3.43}$$

同样，当围岩类别为 Ⅲ、Ⅳ 类时，不降级的前提应满足：

$$K_v \geq 2/S_0 \tag{3.44}$$

依据目前现有 GB 50287—2006《水力发电工程地质勘察规范》地应力划分标准，取 $S_0>7$ 为低应力区，$S_0=4\sim7$ 为中等应力区，$S_0=2\sim4$ 为高应力区，$S_0<2$ 为超高应力区。

则易知，在高地应力区，对围岩类别为 Ⅰ、Ⅱ 类，K_v 唯有满足 $K_v=1$ 方保证其不降级，而现实中难以寻觅到岩体完整性程度 $K_v=1$ 的绝对理想岩体，故该限项暗含意思为：高地应力区（$S<4$）的围岩类别若为 Ⅰ、Ⅱ 类，则必须降级；同样易知，对于极高应力区（$S<2$）的围岩，只要其围岩类别为 Ⅰ～Ⅳ 类，均必须降级。

对于高地应力区（$2\leq S<4$）的围岩，当围岩类别为 Ⅲ、Ⅳ 类时，唯有满足 $0.5<K_v<1$ 方不降级，即大体等效为岩体结构呈完整、较完整状况时，无需降级。而已有大量高地应力区岩爆、片帮事故证实，真正对高地应力作用存在较大敏感度的区域，正是岩体结构相对完整的区域，而非完整性较差区域，原因可通过应力集中或能量原理予以解释：开挖扰动引起应力重分布，对完整性较好的围岩，极易在局部裂隙点形成尖点效应，出现一点到面的剧烈破坏，而完整性较差围岩往往因众多节理的能量消散作用，使得围岩不出现显著有别于正常地应力状况的表征。

此外，将完整性程度 K_v 引入地应力状况评价，一方面难以进行准确物理解释，造成赋存地质环境与岩体自身结构特征概念的混淆；另一方面，基于完整性指标确定的围岩强度应力比 S，严重依赖于 K_v 实测值大小，而据相关规范，K_v 值主要由声波测试结果计算得到，将完整性程度 K_v 引入地应力状况评价，将会出现间接声波测试结果"绑架"地应力状况的准确评价的结果。

基于以上考虑，针对 GB 50287—2006《水力发电工程地质勘察规范》的优化建议如下：

（1）取消将 K_v 指标引入地应力状况评价，采用与其他围岩分级方法一致的强度应力比 S_0 的表示办法；同时为体现 HC 法对地应力影响的强调作用，对地应力划分标准进行优化，超高地应力区：$S_0<3$；高地应力区：$3<S_0<6$；中等地应力区：$6<S_0<10$；低地应力区：$S_0>10$。

（2）应摒弃 HC 分级法采用限制降级处理地应力影响因素的思路，采用评分折减处理办法，据基础 HC 评分值不同，并根据水电工程特点，将 Ⅱ～Ⅳ 类各分为 2 个亚级，并给予对应差异评分细则，如表 3.32。

表 3.32　地应力影响因素折减取分建议表

地应力状况描述	强度应力比 S_0	HC≥85	85>HC≥65		65>HC≥45		45>HC≥25		HC<25
		Ⅰ	Ⅱ₁	Ⅱ₂	Ⅲ₁	Ⅲ₂	Ⅳ₁	Ⅳ₂	Ⅴ
不存在地应力影响现象	$S_0>10$（低地应力）	0	0	0	0	0	0	0	0
1. 硬质岩：开挖过程中局部可能出现岩爆，洞壁岩体局部有剥离和掉块现象，成洞性尚好；基坑局部有剥离现象，成形性尚好 2. 软质岩：开挖过程中洞壁岩体局部有位移，成洞性尚好；基坑局部有隆起现象，成形性一般尚好	$6<S_0<10$（中等地应力）	-1～-3	-1～-3	-1～-3	-2～-5	-2～-5	-2～-5	-2～-5	0
1. 硬质岩：开挖过程中可能出现岩爆，洞壁岩体有剥离和掉块现象，新生裂缝较多，成洞性较差；基坑时有剥离现象，成形性一般尚好；钻孔岩心有饼化现象 2. 软质岩：钻孔岩心有饼化现象，开挖过程中洞壁岩体位移显著，持续时间较长，成洞性差；基坑发生有隆起现象，成形性较差	$3<S_0<6$（高地应力）	-1～-3	-1～-3	-2～-5	-2～-5	-5～-8	-5～-8	-8～-12	0

续表

地应力状况描述	强度应力比 S_0	HC≥85	85>HC≥65		65>HC≥45		45>HC≥25		HC<25
		I	Ⅱ₁	Ⅱ₂	Ⅲ₁	Ⅲ₂	Ⅳ₁	Ⅳ₂	V
1. 硬质岩：开挖过程中时有岩爆发生，有岩块弹出，洞壁岩体发生剥离，新生裂缝多，成洞性差；基坑有剥离现象，成形性差；钻孔岩心有饼化现象 2. 软质岩：钻孔岩心有饼化现象，开挖过程中洞壁岩体有剥离，位移极为显著，甚至发生大位移，持续时间长，不易成洞；基坑发生显著隆起或剥离，不易成形	$S_0<3$ （极高地应力）	-2~-5	-2~-5	-5~-8	-5~-8	-8~-12	-8~-12	-12~-15	0

注：1. 此处对应 HC 值系原 HC 法考虑岩石强度 H_1、完整性程度 H_2、结构面状态 H_3、地下水状态 H_4、软弱结构面产状特征 H_5 等综合评价分值。

2. 按照硬质岩、软质岩区分对待，应结合具体工程状况综合判别。

3. 考虑 V 类围岩完整性程度极差，从地应力能量集聚角度评判，很难出现较大地应力能量聚集，反而高地应力影响作用不显著，故对于 V 类围岩不折减处理。

4. 根据水电工程特点，将Ⅱ～Ⅳ类各分为 2 个亚级，亚级分值划分为 10 分；比如，Ⅱ₁对应分值：85>HC≥75，Ⅱ₂对应分值：75>HC≥65；其他围岩级别类推。

5. 具体分值选取根据 HC 评价分值进行内插计算得到，一般取整数值；此外，应参照强度应力比 S_0 做一定范围调整。

3.5　大型地下工程集成化围岩分级体系构建及特点

3.5.1　工程围岩分级体系特点

工程围岩分级本质目的在于，对开挖后未支护硐室围岩发育特征进行动态评价，实现对施工前（勘察阶段）围岩类别的判定结果的修正，进而结合现场工程开挖因素，为前期标准化支护设计提供动态优化、修正参考。其是联络现场地质与支护设计的桥梁，本质上属于动态经验设计法，故赋予了施工期围岩分级以下典型特点：

（1）施工期围岩分级原始数据，主要通过硐内掌子面实地地质观察与实测获得，而非依赖于有限的钻孔、探洞资料，评价结果较勘察阶段更为准确、可靠，故施工期围岩分级评价指标应尽量采用定量化实测指标，且要重视反映同一地质特征的各评价指标内在关联，以彼此验证各参数取值合理性；

（2）施工期围岩分级应充分利用现场地质资料丰富的优势，以形成集成化围岩分级体系为目标，综合多种围岩分级方法对待评围岩进行分级，进而对开挖前围岩分级结果准确修正；

（3）施工期围岩分级应考虑隧洞工程开挖因素对其围岩分级结果的影响，以隧洞稳定性为前提进行分级，将稳定性大致相同的地质条件归属于同一级，故施工期围岩分级体系需考虑工程因素（如开挖尺寸、开挖走向、开挖方法等）对围岩质量的劣化影响；

（4）施工期围岩分级应与现场支护设计手段紧密结合，在充分发挥围岩自稳性基础下，以实现对前期标准化支护设计进行动态优化，最终形成有针对性的施工期支护建议。

3.5.2　围岩分级方法评价指标关联性分析

据 3.2.1 小节中常用围岩分级方法介绍，按照 3.1 节围岩质量分级指标分级思路，所有常用围岩分级方法评价指标均可归为三类：岩体结构发育特征指标、赋存地质环境特征指标及工程开挖因素指标，其中岩体结构发育特征指标又可细分为完整岩块强度特征指标、岩体结构空间分布几何形态指标及岩体结构面自身发育状况指标三个子项，赋存地质环境特征指标可分为地应力水平特征指标和地下水状况指标。六种常用围岩分级方法的评价指标可归纳为表 3.33。

表 3.33　六种常用围岩分类方法评价指标一览表

评价指标类别		围岩分类方法					
		RMR	Q	RMi	GSI	BQ	HC
岩体结构发育特征指标	完整岩块强度特征指标	σ_{ci}-Rating	$\sigma_{ci}(Q_c)$	σ_{ci}	—	σ_{ci}	σ_{ci}-Rating
	岩体结构空间分布几何形态指标	RQD-Rating 节理长度-Rating	RQD J_n	V_b	SR/V_b	K_v/J_v	K_v-Rating
	岩体结构面自身发育状况指标	节理状态–Rating	J_r J_a	J_R J_A J_L	SCR/J_c		节理状态-Rating
赋存地质环境特征指标	地应力水平特征指标	—	SRF	SL	—	K_3	S（限项）
	地下水状况指标	地下水状况-Rating	J_w	GW	K_1		地下水状况-Rating
工程开挖因素指标		节理产状与开挖走向组合-Rating	—	Co	—	K_2	节理产状与开挖走向组合–Rating

注：工程开挖因素指标在上节已讨论，本处不做详细介绍。

3.5.2.1　完整岩块强度特征指标关联性分析

描述岩体坚硬程度指标时，多采用岩块单轴抗压强度指标值 σ_{ci}（MPa）表示，其中 RMi、BQ 法采取岩块单轴抗压强度实测值，Q 法未考虑岩块单轴抗压强度 σ_{ci} 的影响，但在 Q_c（Barton，2002）中予以了讨论，RMR 法则根据 σ_{ci} 实测值赋予不同的计算分值，Bieniawski（1989）推荐了 σ_{ci}-Rating 的关系曲线（图 3.15），为实现其他分级方法与 RMR 中 σ_{ci} 的评价关联分析奠定了基础，通过对 Rating 和 σ_{ci} 值的关系进行曲线拟合，可近似表示为

$$\text{Rating} = -17.7\exp(-\sigma_{ci}/148) + 18.5 (r^2 = 0.976) \tag{3.45}$$

3.5.2.2　岩体结构空间分布特征指标关联性分析

关于岩体结构空间分布特征指标，各种围岩分级方法选取指标各不相同（表 3.34），RMR 法选取的为 RQD、节理长度（J_s）；Q 法选取的为 RQD、节理组数（J_n）；RMi 法选取的为块体体积 V_b（m^3）；GSI 法选取的为岩体结构类型分值 SR 或块体体积 V_b（m^3）；而国内 2 种分级方法均采用完整性系数 K_v 来表示，其中 HC 法根据 K_v 的不同，赋予了不同的计算分值。

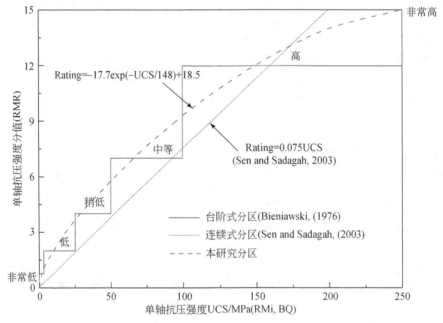

图 3.15　岩块单轴抗压强度值 σ_{ci}-Rating 关系曲线及拟合关联式

虽然选取指标各不相同，但各指标本质目的是一致的，均在于表达岩体结构

空间分布特征规律，故为建立各评价指标的关联性提供了理论基础。Palmstrom（1995）根据大量实测资料统计，建立了 RQD-J_v-V_b 的关联公式：

RQD = 110 - 2.5J_v（当 J_v <3 时，RQD=100，当 J_v >44 时，RQD=0）

$$V_b = \beta \cdot J_v^{-3}（常规岩体状态，\beta = 36） \tag{3.46}$$

Somenz 等（2003）提出应用 SR 来表示岩体结构特征，建立了 SR 与 J_v 的关系式为

$$SR = - 17.5\ln(J_v) + 79.8(R^2 = 1.0) \tag{3.47}$$

BQ 法提出了 K_v-J_v 值之间对应关系表（表 3.26），对其参数拟合得到二者关联式为

$$K_v = \begin{cases} 1 - 0.08J_v(J_v < 3) \\ - 0.0175J_v + 0.8(3 \leqslant J_v < 44) \\ 0(J_v \geqslant 44) \end{cases} \tag{3.48}$$

考虑不同围岩分级方法评价指标，并综合前人研究成果，笔者建立了 K_v-J_v-RQD-V_b-岩体结构状态-节理长度-节理长度对应关系图表（图 3.16，表 3.34），应用该图表快速实现对不同围岩分级方法中各岩体结构空间分布特征指标对照、取值分析。

3.5.2.3　岩体结构面自身发育特征指标关联性分析

岩体结构面自身发育状况，包括结构面微观光滑程度、结构面宏观起伏状态、结构面蚀变度及张开度等因素，由于结构面发育特征千差万别，很难用较完善的测试手段获得定量化数值，故对于此评定因素各岩体分级方法多采用定性描述与定量指标对应关系来表示。

RMR 法采用平均赋予节理粗糙度、蚀变度、张开度、风化程度及胶结度等 5 个因素，每个因素赋予满分 6 分分值，合计 30 分，并按照节理发育状况予以分级；Q 法采用 $JC_Q = J_r/J_a$ 比值形式来表示结构面粗糙状况和蚀变状况，其本质上反映的为节理抗剪强度特征；RMi 法选取了参数 J_C 表示，由结构面粗糙系数 J_R、结构面蚀变系数 J_A 及结构面连续性系数 J_L 来共同决定：$J_C = J_L J_R/J_A$，较之 Q 法，其新加入了结构面连续性特征的考虑；Somenz 等（1999，2003）参照 RMR 法指标分级标准，选取了 RMR 法中三个主要因素：节理蚀变度、粗糙度和风化度，应用 SCR 指标对 GSI 法中节理自身发育特征予以定量化表示。Cai（2004）推荐采用 RMi 法中的参数 J_C 定量化表示 GSI 法中的节理自身发育特征指标，取值及计算方法与 RMi 完全一致。BQ 法（中华人民共和国国家标准编写组，1995）认为：声波传播速度不仅与岩石成分、结构特征有关，还与结构面发育程度、结构面充填状况、含水状态有关，应用完整性系数 K_v 可较全面地评价岩体结构发育特征，故未单独对结构面自身发育特征予以定量化评价，但实际上，仅凭声波测

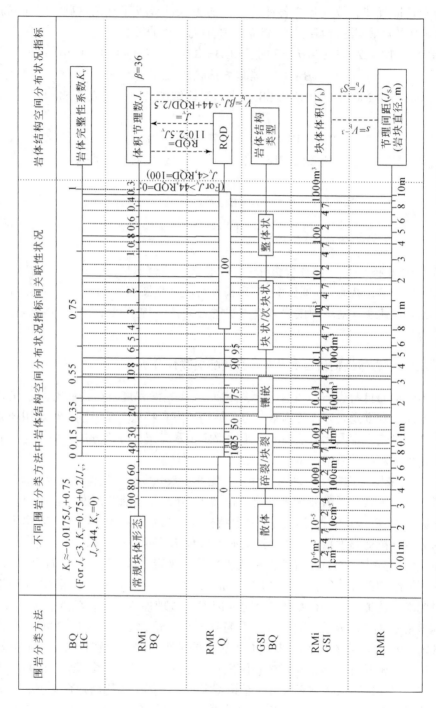

图3.16 不同围岩分级方法中岩体结构空间分布特征评价指标内在关联图

表 3.34　K_v–J_v 值对应关系表

J_v/（条/m³）	<3	3 ~ 10	10 ~ 20	20 ~ 35	>35
K_v	>0.75	0.75 ~ 0.55	0.55 ~ 0.35	0.35 ~ 0.15	<0.15

试结果是难以完全、准确反映岩体结构特征的。HC 法较好地纠正了该问题，提出了结构面状态 H3–Rating 的评价思路，依据节理张开度、充填物及起伏粗糙状况对不同强度的岩体予以评分，该类分值约占总分的 30%。

参考以上 6 种围岩分级方法关于岩体结构面自身发育特征指标的论述，依据各自的评价标准，并结合 Tzamos 和 Sofianos（2007）研究，可建立表征结构面自身发育特征指标的不同分级方法对应图表（图 3.17）。

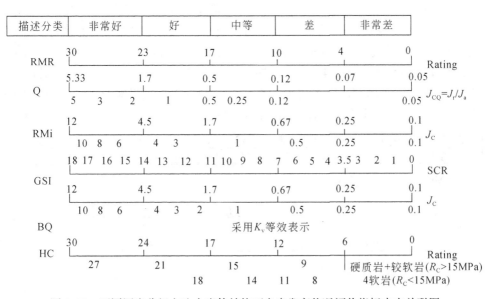

图 3.17　不同围岩分级方法中岩体结构面自身发育状况评价指标内在关联图

3.5.2.4　地应力水平状况指标关联性分析

对于地应力状况的评价，如前所述，一般选用岩体强度应力比 S 来判别围岩区所处的应力状态。目前，不同围岩分级方法中关于地应力状况对围岩质量影响评价不一，RMR 未考虑地应力状况的影响作用；而 Q 法提出用地应力参数 SRF 表示，其侧重强调地应力特征的影响作用，特别是在 $S<5$ 时，SRF 的取值往往较大，相应地造成 Q 分值及分级结果大幅降低，该思路与高地应力区围岩分级思路是一致的；RMi 法应用 S_L 参数表示地应力状况，其中对于超高应力区（$S<5$）采用另外一个参数 Cg（RMi/σ_θ）表示，并提出一套独立的支护体系；BQ 法对于 $S>7$ 的地应力状况均不予修正，对于 $4 \leqslant S \leqslant 7$、$S<4$ 的地应力状况，依据 BQ 基本

值的分级结果分别选取修正系数；HC 法采用围岩强度应力比 S_m 为限定依据，其与岩体强度应力比 S 关系为：$S_m = SK_v$（围岩完整性系数）。

为实现与其他围岩分级方法的对照性，对 HC 法中围岩强度应力比 S_m 与岩体强度应力比 S 的关系利用正交数据试验予以讨论，依据 GB 50287—2006《水力发电工程地质勘察规范》附录 P 中对岩体初始地应力的划分，其仍采用的为岩体强度应力比 S，其中，$S > 7$ 属低应力区，$4 < S \leqslant 7$ 属中等应力区，$2 < S \leqslant 4$ 属高应力区，$S \leqslant 2$ 为极高应力区，其中 $S > 7$ 属低应力区，可无需考虑地应力的限制折减。而在 $4 < S \leqslant 7$ 地应力范围内，考虑 Ⅰ～Ⅱ类围岩完整性系数 K_v 一般满足：$0.55 < K_v < 1$，即对应完整、较完整程度范围，计算得到 S_m 多满足 $S_m > 4$，即无需限制折减；Ⅲ类围岩完整性系数 K_v 大多处于：$0.35 < K_v < 0.55$ 段，对应完整性差范围，此时计算得到 S_m 在 $5 < S \leqslant 7$ 时，大多满足 $S_m > 2$，无需折减，而在 $4 < S \leqslant 5$ 段，大多满足 $S_m < 2$，需要折减。相应对Ⅳ类围岩，K_v 大多处于：$0.15 < K_v < 0.35$ 段（较破碎范围），其在 $4 < S \leqslant 7$ 段大多 $S_m < 2$，需要折减。在 $S \leqslant 4$ 段，Ⅰ～Ⅱ类围岩计算得到 S_m 均为 $S_m < 4$，需要折减，Ⅲ～Ⅳ类围岩均满足 $S_m < 2$，亦需折减。依据以上结果可以获得 S_m–S 对照关系及对应的围岩类别折减要求。详细的不同围岩分级方法中地应力状况评价指标内在关联图如图 3.18。

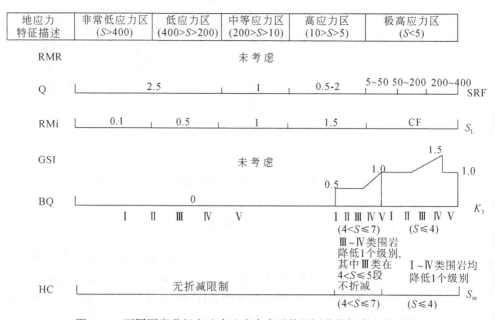

图 3.18　不同围岩分级方法中地应力水平状况评价指标内在关联图

3.5.2.5　地下水状况指标关联性分析

目前，常用围岩分级方法中对地下水状况定量评价指标多采用每 10m 段洞长

地下水流量 q（L/min）和压力水头 H（m），其中地下水流量 q（L/min）测定较为简单，且准确度相对较高，故选用该指标作为分级标准，将各围岩分级方法关于地下水特征参数归纳分级后建立地下水状况评价指标内在关联图（图 3.19），其中 BQ 法取值需参考岩体基本质量 BQ 值选取，并根据实测流量 q（L/min）大小进行内插计算；同样 HC 法亦需参考 $T=H1+H2+H3$ 的对应分值，并据实测流量 q（L/min）大小进行内插计算。

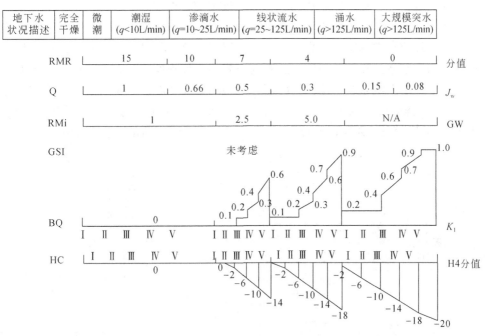

图 3.19　不同围岩分级方法中地下水状况评价指标内在关联图

3.5.3　大型地下工程围岩集成化分级体系构建

现今，水力发电行业地下厂房围岩质量评价以 GB 50287—2006《水力发电工程地质勘察规范》（简称：HC 法）为依据，并推荐结合国际常用围岩分级方法（RMR、Q 法等），来综合确定围岩类别。但在实际操作中却存在以下主要问题：①如前介绍，不同围岩分级方法所需评价指标各不相同，每应用一种方法就需一整套繁琐的指标选取、叠加换算、评价过程；②由于围岩分级方法各评价因素及取值均为人为确定，故独立选取参数易出现因人为疏忽造成取值错误；③现场量测的参数越多，需要投入的人力物力财力越大，经济性难以保障；④受现场客观条件所限，当某些指标难以实测获取时，可能会出现因某指标无法获取而导致整个分级方法无法应用的情况；⑤传统的围岩分级方法相关公式多依据大量评价结果拟合产生，如 $RMR=9\ln Q+44$，而据研究，该拟合关系式误差率达到 $\pm 50\%$；相应如3.2.3节讨论，BQ、HC 与其他围岩分级方法呈带状关联，而非线性关联，故应用最终经验关系式换算其他围岩分级结果，结果必然存在较大偏差。

而通过有效整合常用围岩分级方法，对各方法评价标准、评价指标选取方法、各指标间内在关联性进行综合研究，从评价指标源头建立各方法的内在关联，实现"一次输入，多种分级方法评价结果输出"，可最大限度避免以上问题的出现可能，且可更方便、快捷、准确地确定围岩类别。

此外，常用围岩分级方法多侧重从围岩自然状态角度出发评价，多依赖勘察设计阶段地质资料确定，未根据施工期围岩实际情况予以动态化调整，对工程开挖扰动因素基本忽略。而目前，随着地下岩体工程规模不断扩大，特别是水电行业的地下引水发电系统逐渐向大跨度、高边墙方向发展，如溪洛渡水电站主厂房尺寸（跨度×高度）为 32.8m×78.2m、白鹤滩水电站主厂房尺寸（跨度×高度）为 32.0m×78.5m、大岗山水电站主厂房尺寸（跨度×高度）为 30.8m×73.8m、

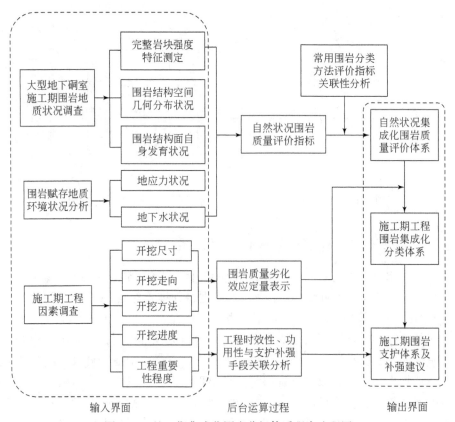

图 3.20　施工期集成化围岩分级体系程序流程图

向家坝水电站主厂房尺寸（跨度×高度）可达到 33.4m×85.5m，其开挖尺寸、走向及方法必将使得围岩存在显著的工程劣化作用，据此评价，其围岩分级结果必将偏向风险。若引入工程开挖因素对围岩质量的劣化效应影响，最终形成施工期集成化围岩稳定性分级体系，对于施工期围岩质量的动态评价、后期开挖方法的选取、支护方法的优化具有重要的现实意义。

故依据 3.1 节"围岩质量分级指标选取"及 3.5.2 小节"围岩分级方法评价指标关联性分析"结果，并考虑施工期工程因素对围岩质量的劣化效应（3.3节），尝试建立施工期集成化围岩分级体系，其详细构建流程如图 3.20。

3.6　大型地下工程集成化围岩分级体系程序开发及可视化实现

集成化围岩分级体系程序以实现"一次输入，多种分级方法评价结果输出"为研究目标，同时考虑施工期工程因素对围岩质量的劣化及其与支护补强的关联性，最终可实现对围岩自然状态质量评价、稳定性分级及支护体系建议的功能。

本书应用 VB. Net 编程语言，以 Windows XP 系统作为开发环境，以 Word 2003 为输出报表存储数据，开发了集成化围岩分级体系程序 V1.0，本程序包含集成化参数输入界面、各分级方法指标评分结果后台界面、6 种方法的自然状态围岩分级、稳定性状况分级、支护体系建议输出界面及帮助界面等；并针对高地应力区状态开发了高地应力区集成化围岩分级体系 V2.0。

3.6.1　程序功能需求分析

大型地下工程集成化围岩分级体系程序应具备以下主要功能：

（1）数据管理功能。集成化围岩分级体系的建立，有赖于现场岩体结构特征的精细化描述结果，现场获得林林总总的描述指标值需通过程序实现分组与整合，使其均可归为岩体结构发育特征指标、赋存地质环境特征指标和工程因素指标三组。

（2）数据转换功能。集成化围岩分级体系最大优势在于：避免对每种分级方法进行繁琐指标选取、计算过程，实现"一次输入，多种分级方法评价结果输出"。故须支持同组指标参数间的等效换算功能，有效预防因某指标现场未量测获得而使得某分级方法失效。

（3）后台验算功能。集成化围岩分级体系评价结果正确与否，必要时需通过各分级方法传统计算结果予以对比，故该程序亦应支持各分级方法传统计算、围岩类别评价功能，考虑其仅作为验算需要，故不做报表输出，仅作为后台验算步骤，需要时可调出。

（4）报表输出功能。作为围岩分级结果的最终评价结果，需要支持结果的其他格式的输出，本程序采用 .docx 格式输出评价结果报表，以便实现快速应用。

3.6.2　程序技术可行性分析

大型地下工程集成化围岩分级体系程序核心功能在于：对自然状态围岩分级、施工期稳定性分级及支护体系建议评价。其中自然状态围岩分级评价思路较为常规，通过将 6 种围岩分级方法评价指标归纳为 5 组，考虑各评价指标内在关联性实现评价。

施工期围岩稳定性分级体系是本章的创新工作，考虑开挖尺寸、开挖走向、开挖方法对围岩质量的劣化效应，并予以定量化表示，通过将工程因素引入对围岩质量的劣化实现对施工期围岩质量的动态评价，此时对应的围岩质量评价公式可概括为

$$F' = F - (1 - \eta)F(\text{BS}) - \lambda F(\text{BS}, \text{JC}) + k$$
$$F' = F \cdot \varphi\{\eta F(\text{BS}), (1 - \lambda)F(\text{BS}, \text{JC}), k\} \tag{3.49}$$

式中，F' 为考虑工程因素劣化效应的围岩质量结果，其中前式为采用和差法计算围岩分级方法评价式，后式为采用积商法计算围岩分级方法评价式；η，λ，k 分别为开挖尺寸、开挖方法、开挖走向对应的劣化效应定量评价指标；$\varphi\{X_i\}$ 为关于 X_i 的函数式，其数值满足 $0 < \varphi\{X_i\} \leqslant 1$，可理解为工程因素对积商法中评价结果的折减指标；$X_i$ 为工程因素各指标劣化效应定量评价值。

由于考虑工程因素对围岩质量劣化效应时，采用有限性折减处理方法，即仅对与该工程因素存在密切关系的指标予以劣化考虑，其针对性更强，亦避免了对所有指标折减引起最终分级结果的失真。经反复验算，并与现场实际情况对比发现，该分析思路是可行的。

关于支护体系建议，本程序以施工期围岩稳定性分级结果为围岩类别标准，以 DL/T 5195—2004《水工隧洞设计规范》附录 F 锚喷支护类型及其参数表为支护设计依据，另主要参考 GB 50086—2001《锚杆喷射混凝土支护技术规范》，恰当参考 RMR、Q 及 RMi 法支护建议，并结合工程时效性、功用性与支护补强体系关联性讨论，实现对不同建筑物等级下各围岩类别对应的支护类型、支护布置时机的综合推荐建议，并以报表形式输出。

考虑施工期围岩稳定性分级体系目的在于：为硐室支护设计和围岩加固提供技术支持和参考依据。其基于自然状况围岩质量分级结果及相关工程因素对围岩质量的劣化效应分析而展开，故分级指标的选取应遵循：①分级指标应能反映出围岩的稳定状况；②指标之间尽量相互独立；③指标的物理意义明确，容易量化。基于上述原则，同时结合水力发电系统相关技术规范，提出工程围岩质量分

级体系、支护与开挖方式建议如表 3.35。

表 3.35　围岩稳定性分级体系及支护开挖建议

岩体结构类型	自然状况围岩质量分级	工程围岩质量分级	破坏机制	块体状况	支护与开挖方式建议
整体–块状	I	长期稳定	劈裂，岩爆	无块体	喷混凝土，加钢筋网，系统锚杆；大断面开挖
块状–次块状	I，II	基本稳定	块体塌滑与开裂	无不稳定块体；如有块体或安全埋高问题，通过局部加强支护可以控制	喷混凝土，加钢筋网，系统锚杆，块体单独加固；导硐开挖，危岩加锚
次块状–镶嵌	II，III	局部稳定性差	局部块体塌滑	局部存在不稳定块体或安全埋高问题，层状岩体存在拱曲与弯折可能	加强喷锚，加网，混凝土衬砌，块体单独锚固；光爆，导洞扩挖，及时喷锚
镶嵌–碎裂	III，IV	不稳定	局部塑形变形与松动	存在小方量块体和安全埋高问题	加强喷锚、加网、混凝土衬砌，贯通的屈服区对拉锚索加固；光爆，导硐扩挖，及时喷锚
碎裂–散体	IV，V	极不稳定	整体溃曲松动	存在安全埋高和顶拱溃散塌方问题	喷锚、加网、混凝土肋条衬砌，贯通屈服区对拉锚索加固；必要采取钢支撑

注：1. 详细围岩稳定性分级结果依据式（3.42）对各分级方法折减处理后对照其原分级标准进行选取。

2. 表格介绍的破坏机制依据水电系统统计而成，未包含其他岩体工程破坏模式。

3. 支护详细尺寸可借鉴表 3.18 一般性围岩类别、稳定性状况与支护建议对比表选取，但须依据相关支护计算后确定。

3.6.3　程序界面形式及操作流程

3.6.3.1　程序界面形式

程序界面主要由菜单栏和工作视窗组成，其中菜单栏主要用于程序各功能的选取，包括"文件"、"编辑"、"围岩分级"输入界面、"围岩质量评价"输出界面、"稳定性评价及支护建议"输出界面、"窗口"及"帮助"子菜单。工作视窗由菜单栏各对应界面点击产生，包括"集成化围岩分级体系输入窗口"（一次输入）、"后台分析窗口"（含6种围岩分级方法）、"集成化围岩分级体系结果输出窗口"等。所有操作采用点击、键盘输入形式，操作简便。如图3.21所示，详细程序界面展示见附录。

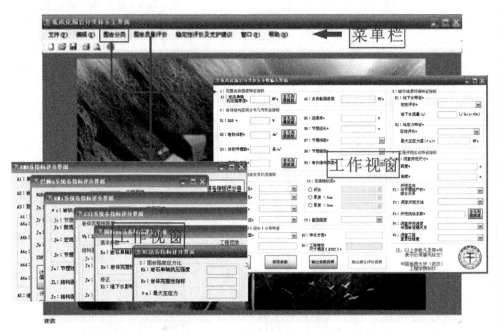

图3.21　集成化围岩分级体系程序主界面说明图

3.6.3.2　程序操作流程

施工期集成化围岩分级体系程序技术流程以实现"一次输入，多种分级方法评价结果输出"为主要目标，同时涵盖考虑施工期工程因素对围岩质量的劣化作用、工程因素与支护补强的关联作用，最终实现对围岩自然状态分级、稳定性分级及支护体系建议等评价结果报表输出。详细操作步骤如下，对应的软件操作步骤图见图3.22。

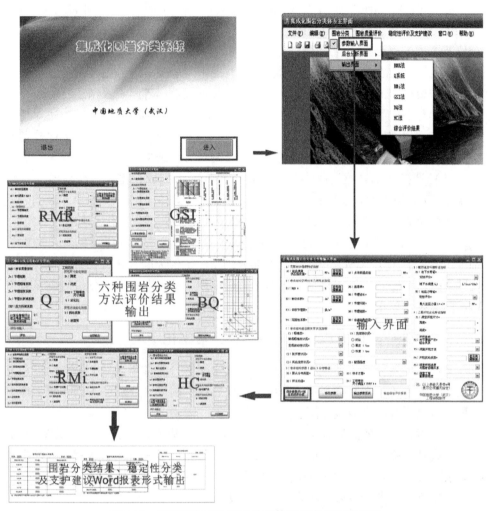

图 3.22　施工期集成化围岩分级体系程序操作流程图

（1）双击"集成化围岩分级体系"图标，进入程序主界面，选择"文件"—定义"工程名称""报表日期"等相关工程类型资料。

（2）选择"围岩分级"菜单—"参数输入界面"—各分项参数的输入。各分项参数包括：完整岩块单轴抗压强度指标、岩体结构空间分布几何特征指标、岩体结构面自身发育特征指标、岩体结构参数分布特征指标、赋存地质环境指标及工程开挖劣化特征指标。相关指标的输入需据程序提示完成，当输入完成后，点击"保存参数并计算各系统评分值"—"输出参数报表"实现后台计算与分项参数的报表输出。此处可选择"修改参数"进行参数值的修改。

（3）选择"围岩分级"菜单—"后台分析界面"—各围岩分级结果
（RMR、Q、RMi、GSI、BQ、HC）详细分析。可通过点击"计算各评价指标评
分值及考虑工程因素前、后值"实现对围岩分级结果的显示，并给予自然状况下
围岩质量评分值及对应的围岩类别、工程状况下围岩质量评分值及对应的稳定性
类别。需要说明的是，该步骤也可跳过，直接进入输出界面查看结果。

（4）选择"围岩分级"菜单—"输出界面"—查看各围岩分级方法对应的
评分值及围岩类别。选择"综合评价结果"—查看对各围岩分级方法评分值归
一化，并基于层次分析法权重处理后的综合围岩分级结果。

（5）选择"围岩质量评价"—查看自然状况下集成化围岩分级结果表，该
结果以 Word 报表形式输出；选择"稳定性评价及支护建议"—查看工程围岩质
量分级结果表及对应的支护建议参考，该结果也以 Word 报表形式输出。

（6）点击"窗口"—进行窗口排序、多界面显示，点击"帮助"—查看详
细 RMR、Q、RMi、GSI、BQ、HC 的评分细则、评价标准，并可查看工程开挖劣
化特征指标对围岩质量劣化定量化作用讨论细则、工程围岩质量分级细则及各自
对应的支护建议参考。

3.6.4　高地应力区集成化围岩分级体系可视化实现

集成化围岩分级体系 V2.0 是基于集成化围岩分级体系 V1.0 版本改进和升
级而开发出来的，在原有版本的基础上，设置两个端口，分别进入到一般地应力
的围岩分级系统和高地应力围岩分级系统。

在一般地应力的围岩分级系统中，基本保持了集成化围岩分级体系 V1.0 的
运算法则和分级方法，首先进入到参数输入界面进行参数输入，然后输入基本参
数报表，接着进行六种方法的分别计算和评价，输出分级评价的结果和报表，最
后输出围岩质量评价报表、稳定性状况分级报表、支护意见参考报表。

在高地应力的围岩分级系统中，评价方法保留了三种（Q、HC、BQ），首先
对地应力的划分进行修正，原来的标准是：低应力（$S>200$），中等应力（$10<S<200$），较高应力（$5<S<10$），高应力（$2<S<5$），超高应力（$S<2$），其中 $S=\dfrac{R_b K_v}{\sigma_m}$，岩体完整性程度 K_v，岩块单轴抗压强度 R_b，最大主应力 σ_m。经过修正后
的新的地应力等级划分标准取消将 K_v 指标引入地应力状况评价，改为用 $S_o=R_b/\sigma_m$ 来评价，低应力（$S_o>200$），中等应力（$10<S_o<200$），较高应力（$6<S_o<10$），高应力（$3<S_o<6$），超高应力（$S_o<3$）。三个工法在新的地应力评价标准下进行
了相应的修正。

另外，由于在高地应力的条件下，围岩分级的主要因素变成了高地应力对围
岩稳定性的影响，而工程因素所起到的作用已越来越小，故在高地应力围岩分级

系统中取消了工程因素对围岩分级的作用。因此在高地应力的围岩分级参数输入
界面中有所不同，少了相应的工程因素一块。参数输入之后依然是进行三种工法
（Q，HC，BQ）的计算和相应报表的输出，然后输出分级评价的结果和报表（高
地应力下），最后输出围岩质量评价报表（高地应力下）、稳定性状况分级报表
（高地应力下）、支护意见参考表（高地应力下）。

3.6.5　程序使用工程实例

对大岗山水电站厂房区围岩质量评价，需依据围岩发育特征进行分区段处
理，以便于实现对不同区段施工方案及支护体系的选择。本书着重对三大硐室围
岩质量评价，分区段划分原则如下：

（1）岩性是区段划分的决定指标。厂房区内岩性相对简单，主要为中深成
侵入的花岗岩、浅成侵入的辉绿岩脉及少量热液蚀变岩和动力变质岩。如上章所
分析，花岗岩、辉绿岩脉在岩体强度、结构特征、风化蚀变程度均存在一定差
异，故区段依据岩性随洞段变化情况进行划分，面对出现一定宽带岩脉发育带处
进行独立分区。

（2）岩体结构类型是区段划分的直观指标。伴随施工进度，现场对厂房区
围岩结构面进行了逐条跟踪素描，并依据表 2.6 大体判定各施工段对应的岩体结
构类型，故可依据现场判定的岩体结构类型随桩号变化情况，对研究区进行区段
划分。

（3）地下水发育特征是区段划分的参考指标。据现场实地地质调查发现，
厂房区地下水发育特征呈现区段富集性，如在大型辉绿岩脉上盘影响带内地下水
明显发育，一般呈现渗滴水–线状流水；如在主厂房与尾水连接管交叉附近 30m
出水量显著增大等，受地下水影响，岩体结构与强度特征均存在一定的降低，故
在区段划分时需恰当参考富水发育区段。

据此，按照厂横、厂纵桩号可将大岗山水电站主厂房、主变室、尾水调压室
进行区段划分，篇幅所限，本书仅罗列大岗山水电站主厂房顶拱围岩区段划分结
果，详见表 3.36。

依据厂房区围岩质量评价结果，可将大岗山水电站地下厂房区围岩类别归纳
为：微新无卸荷块状–次块状花岗岩为Ⅱ类；微新无卸荷镶嵌–块裂结构花岗岩、
弱风化下段无卸荷次块状–镶嵌–局部块裂结构花岗岩、微新–弱风化下段次块状
结构辉绿岩脉为Ⅲ类；微新–弱风化上段弱卸荷块裂–碎裂结构花岗岩、微新–弱
风化块裂结构辉绿岩脉为Ⅳ类，全强风化强卸荷碎裂–散体结构花岗岩、碎裂结
构辉绿岩脉、碎裂–散体结构断层破碎带为Ⅴ类。各类围岩质量特征见表 3.37。

表3.36 主厂房顶拱围岩分区段统计结果

厂横桩号(0+m)	岩性	节理条数	RQD/%	岩体结构类型	优势结构面	地下水
顶拱部分(厂纵0~12.9~0~5m,高程:991.8~984.1m)						
-61~-33	$\gamma_2^{4-1}(\beta)$	23	45	镶嵌-碎裂结构	SN/W∠60~65°(β) N70°W/SW∠85°(β) N20°E/NW∠70°	潮湿-渗水
-33~50	γ_2^{4-1}	96	72	次块-镶嵌结构	N40~60°E/NW∠80° N55~75°E/SE∠85°	潮湿-渗滴水
50~78	γ_2^{4-1}	45	91	块状-次块状结构	N45°W/NE∠40°, N70~80°W/SW∠60°	潮湿
78~82	$\gamma_2^{4-1}(\beta_{81})$	8	45	紧密镶嵌结构,部分碎裂结构	N20°W/SW∠77°(β)	渗-滴水
82~124	γ_2^{4-1}	61	86	次块状结构,局部镶嵌结构	SN/W∠45~45°, N45~55°W/SW∠85°	潮湿
124~151	$\gamma_2^{4-1}(\beta_{80})$	33	17	碎裂结构	N45°W/NE∠75° N20°W/SW∠70°(β)	渗-滴水
151~166	γ_2^{4-1}	26	65	紧密镶嵌结构,部分碎裂结构	SN/W∠65~80°	潮湿
顶拱部分(厂纵0-5~0+10m,高程:991.8~984.1m)						
-60~-30	$\gamma_4^{4-1}(\beta)$	39	38	镶嵌-碎裂结构	SN/W∠60~65°(β) N70°W/SW∠85°(β) N20~40°E/SE∠30°	潮湿-渗水
-30~20	γ_2^{4-1}	56	79	块状结构,局部镶嵌结构	N5°W/NE∠42°(f) N20~40°E/NW∠80° N15°E/SE∠50~80°	潮湿

续表

顶拱部分（厂纵0-5～0+10m,高程:991.8～984.1m）

桩号	围岩类别			结构类型	产状	地下水
20~78	γ_2^{4-1}	72	72	次块状~紧密镶嵌结构	N25°E/SE∠28°(f), N20°E/SE∠15~45°, N55~80°W/SW∠75°	潮湿
78~87	$\gamma_2^{4-1}(\beta_{81})$	16	43	紧密镶嵌结构,部分碎裂结构	N20°W/SW∠77°(β), N75~80°E/NW∠78°	潮湿,局部渗-滴水
87~146	γ_2^{4-1}	82	77	次块状结构,局部碎裂结构	N20°E/NW∠10~35°, N50°W/NE∠75~80°	潮湿
146~154	$\gamma_2^{4-1}(\beta_{80})$	7	9	碎裂结构	N20°W/SW∠70°(β)	滴水-线状流水
154~166	γ_2^{4-1}	23	64	紧密镶嵌结构,部分碎裂结构	SN/W∠63~68°, N15~30°E/NW∠70°	潮湿

顶拱部分（厂纵0+10～0+17.9m,高程:991.8～984.1m）

桩号	围岩类别			结构类型	产状	地下水
-61~-27	$\gamma_2^{4-1}(\beta)$	28	45	镶嵌~碎裂结构	SN/W∠60~65°(β), N70°W/SW∠85°(β), N40°E/NW∠80°(β)	潮湿-渗水
-27~00	γ_2^{4-1}	21	82	块状结构	N5°W/NE∠42°(f), N15°E/NW∠76°	潮湿
00~78	γ_2^{4-1}	107	63	块状~次块状结构	N80°E/SE∠15~30°, N10°E/NW∠50~70°, N70°E/NW∠69~85°	潮湿
78~91	$\gamma_2^{4-1}(\beta_{81})$	5	46	次块状结构,部分碎裂结构	N15~20°W/SW∠77°(β)	渗-滴水
91~149	γ_2^{4-1}	51	79	次块状结构,局部镶嵌结构	N60~90°E/SE∠80°, N20°E/NW∠40°, N25°W/SW∠35°	潮湿
149~166	$\gamma_2^{4-1}(\beta_{80})$	8	37	碎裂结构	N15°W/SW∠70°(β), N35°W/SW∠65°	滴水-线状流水

表 3.37 大岗山水电站地下厂房区围岩分级结果汇总

围岩类别	岩性	R_b/MPa	岩质类型	风化卸荷程度	岩体结构特征					岩体紧密程度	地下水状况
					岩体结构类型	间距/cm	J_v	V_p/(m/s)	K_v	嵌合度	
II	花岗岩	70~90	坚硬岩	微新、无卸荷	块状-次块状	30~100	5~7	>4500	0.6~0.75	紧密-较紧密	潮湿-渗水
III	花岗岩	40~80	坚硬-中硬岩	微新、无卸荷	镶嵌	10~30	7~12	3500~4500	0.35~0.6	中等紧密	渗水-滴水
				弱风化下段、无卸荷	次块状-镶嵌	10~50					
				弱风化下段、弱卸荷	次块状-镶嵌-局部块裂	10~50					
	辉绿岩			微新、无卸荷	次块状	30~50	7~12	3500~4000	0.35~0.5	较松弛	滴水-线状流水
IV	花岗岩	20~40	较软-中硬岩	强风化、无-弱卸荷	块裂-碎裂	<30	10~20	1500~3500	0.1~0.35	松弛	线状流水
				弱风化上段、卸荷	块裂						
	辉绿岩			弱风化-微新	块裂	10~30		>3000		较松弛	
				弱风化下段-微新、无卸荷	镶嵌-块裂	10~30		3500~4000			
V	花岗岩	<15	软岩	全风化、强卸荷	碎裂-散体	<10	>20	<1500	<0.1	松弛	涌水
	辉绿岩	—	—	—	碎裂						
	断层破碎带	—	—	—	碎裂-散体					—	

3.7 本 章 小 结

本章通过探讨、整合常用围岩分级方法（RMR、Q、RMi、GSI、BQ、HC法），对各围岩分级方法评价指标、评价标准、适用范围、各自相关性综合研究，同时考虑工程扰动、地应力等因素对围岩质量的劣化影响作用，探讨构建集成化围岩分级体系。另编制"大型地下工程集成化围岩分级体系"程序，通过该程序可实现"一次输入，多种围岩分级方法结果输出"，同时该程序包含工程扰动、地应力特征对围岩质量的劣化影响，实现了开挖尺寸、开挖走向、开挖方法等工程因素和高地应力特征等对围岩质量的劣化作用评价，同时探讨了开挖进度、工程重要性程度与支护体系的对应性关系，实现施工期围岩类别的方便、快捷、准确确定。详细工作成果如下：

（1）将地下工程围岩质量影响指标分为：围岩结构发育特征指标、赋存地质环境特征指标和工程因素指标三部分，其中岩体结构发育特征是决定围岩质量的控制性因素（内因），赋存地质环境作为环境因素（外因），而工程因素可认为是诱发因素（诱因），并对各因素对应的具体指标确定方法予以了详细探讨。

（2）在对目前常用的六种围岩分级方法（RMR、Q、RMi、GSI、BQ、HC法）的评分细则、评价标准进行概述基础上，对部分方法进行了一定程度的优化表示，并对各自的适用性予以了详细介绍，避免对围岩分级系统的不恰当应用；另外，着重对国内围岩分级方法 BQ、HC 法与国际通用分级方法（RMR、Q、RMi、GSI 法）进行相关性分析，得出了一系列有益的结论。

（3）探讨施工期工程因素对围岩质量劣化效应，首先详细罗列了工程因素考虑的主要类型，并定性分析各自对围岩质量的影响作用。基于定性分析结果，着重讨论了开挖尺寸、开挖走向、开挖方法等工程因素对围岩质量的劣化作用，予以定量化表示，提出了开挖尺寸劣化系数 η、开挖走向劣化系数 K 及开挖方法扰动劣化系数 λ。另外对开挖进度、工程重要性程度与支护体系的关联性进行了详细分析，提出了开挖进度与支护体系、工程重要性程度与支护体系的对应建议表。

（4）对各围岩分级方法评价指标的内在关联性进行了定量化分析，建立各评价指标间的相互转换公式、经验性关联性图表，为构建"集成化围岩分级体系"提供了技术支持。同时，结合工程因素作用的影响，建立了"集成化围岩分级体系技术流程图"。

（5）通过统计我国高地应力区地下厂房工程实例，研究高地应力划分标准合理性，另外，评价了常见地下硐室围岩分级方法（RMR、Q、RMi、GSI、BQ、HC）在高地应力条件的适宜性；基于以上研究，提出高地应力状况的针对性优化建议为：超高地应力区，由原来 $S<2$ 改为 $S<3$；高地应力区，由原来 $2<S<4$ 改为 $3<S<6$；中等地应力区，由原来 $4<S<7$ 改为 $6<S<10$；低地应力区，由原来 $S>7$ 改为 $S>10$。

(6) 基于"集成化围岩分级体系技术流程图"，实现"一次输入，多种分级方法评价结果输出"目标，同时考虑施工期工程因素对围岩质量的劣化及其与支护补强的关联性，在对其功能需求、技术可行性分析基础上，应用 VB. Net 编程语言编制了"大型地下工程集成化围岩分级体系"程序 V1.0、V2.0，运用该程序可快速实现对围岩自然状态围岩分级、稳定性分级及支护体系建议评价功能。

(7) 在对大岗山水电站地下厂房区围岩进行分区段讨论后，应用"大型地下工程集成化围岩分级体系"程序对围岩质量予以详细评价，得到了 RMR、Q、RMi、BQ、HC 等五种分级方法自然状况围岩质量评价结果，并在考虑工程因素的劣化效应影响作用后，得到了工程状况下围岩稳定性状况评价结果，并基于该评价结果提出了对应性的支护建议。同时为验证评价结果的准确性，与现场实际评价结果对照分析，综合实现对厂房区围岩分级结果的准确评价。

参 考 文 献

蔡美峰 . 2002. 岩石力学与工程 [M] . 北京：科学出版社 .

段世委，许仙娥 . 2013. 岩体完整性系数确定及应用中的几个问题探讨 [J] . 工程地质学报，(4)：548-553.

关宝树 . 2003. 隧道工程设计要点集 [M] . 北京：人民交通出版社 .

胡秀宏，伍法权 . 2009. 岩体结构面间距的双参数负指数分布研究 [J] . 岩土力学，30 (8)：2353-2358.

马超锋，李晓，成国文，等 . 2010. 工程岩体完整性评价的实用方法研究 [J] . 岩土力学，31 (11)：3579-3584.

聂德新 . 2008. 岩体结构、岩体质量及可利用性研究 [M] . 北京：地质出版社 .

申艳军，徐光黎，张璐，等 . 2010. 基于 Hoek-Brown 准则的开挖扰动引起围岩变形特性研究 [J] . 岩石力学与工程学报，29 (7)：1355-1362.

申艳军，徐光黎，朱可俊 . 2011. RMi 岩体指标评价法优化及其应用 [J] . 中南大学学报（自然科学版），42 (5)：1375-1383.

申艳军，徐光黎 . 2012. 国标岩体分级标准 BQ 的图解法表示 [J] . 岩石力学与工程学报，31 (增2)：3659-3665.

申艳军，徐光黎，宋胜武，等 . 2014. 高地应力区水电工程围岩分级法系统研究 [J] . 岩石力学与工程学报，33 (11)：2267-2275.

徐光黎，唐辉明，杜时贵 . 1993. 岩体结构模型与应用 [M] . 武汉：中国地质大学出版社 .

于学馥 . 1982. 轴变论与围岩变形破坏的基本规律 [J] . 铀矿冶，10 (1)：9-19.

张文煊 . 2008 大型地下厂房开挖爆破震动破坏特性研究 [D] . 合肥：中国科学技术大学 .

张奇华 . 2010. 岩体块体理论的应用基础研究 [M] . 武汉：湖北科学技术出版社 .

张宜虎, 周火明, 邬爱清. 2009. 结构面网络模拟结果后处理研究 [J]. 岩土力学, 9 (30): 2855-2861.

中华人民共和国电力行业标准. 2003. DL/T 5195—2004 水工隧洞设计规范 [S]. 北京: 中国电力出版社.

中华人民共和国国家标准编写组. 2001. GB 50086—2001 锚杆喷射混凝土支护技术规范 [S]. 北京: 中国计划出版社.

中华人民共和国国家标准编写组. 2006. GB 50287—2006 水力发电工程地质勘察规范 [S]. 北京: 中国计划出版社.

中华人民共和国国家标准编写组. 2015. GB 50218—2014 工程岩体分级标准 [S]. 北京: 中国计划出版社.

周创兵, 陈益峰, 姜清辉. 2007. 岩体表征单元体与岩体力学参数 [J]. 岩土工程学报, 29 (8): 1135-1142.

Barton N, Grimstad E. 1994. The Q-system following 20 years of application in NMT support selection [C] //Proceedings of the 43rd Geomechanic Colloquy. Salzburg, Felsbau, (6): 428-436.

Barton N, Lien R, Lunde J. 1974. Engineering classification of rock masses for the design of tunnel support [J]. J Rock Mech, 6 (4): 189-236.

Barton N. 2002. Some new Q-value correlations to assist in site characterization and tunnel design [J]. Int J Rock Mech & Min Sci Geomech Abstr, 39 (2): 185-216.

Bieniawski Z T. 1973. Engineering classification of jointed rock masses. Trans S Afr Inst Civ Eng, 15 (12): 335-344.

Bieniawski Z T. 1989. Engineering rock mass classifications: a complete manual for engineers and geologists in mining, civil and petroleum engineering [M]. New York: Wiley.

Cai M. 2011. Rock mass characterization and rock property variability considerations for tunnel and cavern design [J]. Rock Mech Rock Eng, 44 (4): 379-399.

Cai M, Kaiser P K, Uno H, Tasaka Y, Minami M. 2004. Estimation of rock mass deformation modulus and strength of jointed hard rock masses using the GSI system [J]. Int J Rock Mech Min Sci, 41: 3-19.

Hashemi M, Moghaddas S, Ajalloeian R. 2010. Application of rock mass characterization for determining the mechanical properties of rock mass: a comparative Study [J]. Rock Mech Rock Eng, 43: 305-320.

Hoek E, Brown E T. 1980. Underground excavation in rock [M]. London: Institution of Mining and Metallurgy.

Hoek E, Marinos P. 2000. Predicting tunnel squeezing problems in weak heterogeneous rock masses [J]. Tunnels and Tunnelling International, 32 (11): 45-51.

Hoek E, Kaiser P K, Bawden W F. 1995. Support of underground excavations in hard rock [M]. Rotterdam: Balkema.

Hoek E, Carranza-Torres C, Corkum B. 2002. Hoek- Brown. failure criterion- 2002 edition [J]. Proceedings of NARMS-Tac, 1: 267-273.

Kim B H, Cai M, Kaiser P K. 2007. Estimation of block sizes for rock masses with non- persistent joints [J] . Rock Mechanical and Rock Engineering, 40 (2): 169-192.

Kitagawa T, Kumeta T, Ichizyo T, et al. 1991. Application of convergence confinement analysis to the study of preceding displacement of a squeezing rock tunnel [J] . Rock Mechanics and Rock Engineering, 24 (1): 31-52.

Palmstrom. A. 1995. RMi-a rock mass characterization system for rock engineering purposes [D] . PhD thesis, University of Oslo, Department of Geology.

Palmstrom A. 2009a. Combining the RMR, Q, and RMi classification systems [J] . Tunn Undergr Sp Tech, 24: 491-492.

Palmstrom A. 2009b. Spreadsheet to calculate RMR, Q and RMi values (Calculations part) [EB/OL]. [2009-06-15] . http: // www. rockmass. net/net/files/Q-RMR-RMi v2-1. xls.

Palmstrom A, Broch E. 2006. Use and misuse of rock mass classification systems with particular reference to the Q-system [J] . Tunnelling and Underground Space Technology, 21 (6): 575-593.

Sen Z, Sadagah B H. 2003. Modified rock mass classification system by continuous rating. Engineering Geology, 67 (3): 269-280.

Sonmez H, Ulusay R. 1999. Modifications to the Geological Strength Index (GSI) and their applicability to stability of slopes [J] . Int J Rock Mech Min Sci, 36: 743-60.

Sonmez H, Gokceoglu C, Ulusay R. 2003. An application of fuzzy sets to the Geological Strength Index (GSI) system used in rock engineering [J] . Engineering Applications of Artificial Intelligence, 16 (3): 251-269.

Stille H, Palmstrom A. 2008. Ground behaviour and rock mass composition in underground excavations [J] . Tunn Undergr Sp Tech, 23: 46-64.

Tzamos S, Sofianos A I. 2007. A correlation of four rock mass classification systems through their fabric indices [J] . Int J Rock Mech Min, 44: 477-495.

Ulusay R. 2014. The ISRM Suggested Methods for Rock Characterization, Testing and Monitoring: 2007-2014 [J] . Springer International Publishing, 15 (1): 47-48.

Yilmaz I. 2009. A new testing method for indirect determination of unconfined compressive strength of the rocks [J] . Int J Rock Mech Min Sci, 46: 342-7

Zhang L Y. 2010. Estimating the Strength of Jointed Rock Masses [J] . Rock Mech Rock Eng, 43: 391-402.

第4章 大型地下工程围岩力学参数试验估算分析

岩体工程是一种以岩体作为建筑材料、建筑结构，以赋存地质环境作为建筑环境的特殊构筑物（孙广忠，2011）。受工程范围内岩体结构和力学特征所控制，岩体在形成和发展中受到各种内外动力地质作用改造、影响，使得岩体呈现几何特征不连续、强度特征各向异性及地质环境显著差异。诸类特性又随着时间、空间条件的影响而变化，造成岩体工程的特殊性和复杂性。而围岩参数存在较大不确定性和离散性，为工程应用带来了诸多未知风险，在对地下岩体工程进行标准化设计、数值分析或解析计算时，合理选取围岩物理力学参数就显得尤为重要。

就施工期而言，围岩评价参数大致上包括：围岩物理特征参数、强度特征参数、与荷载作用相对应的变形特征参数、围岩流变变形特征参数及与施工相关的工程参数，各自对应的详细指标如表 4.1 所示。

表 4.1　施工期围岩评价参数详细指标一览表

施工期围岩评价参数类型	详细评价指标	备注
物理特征参数	围岩密度指标（天然密度、比重等）	通过室内或现场试验获得，相对容易获得，可靠度大
	围岩紧密程度指标（孔隙比）	
	围岩水理性特征指标（含水率、渗透性、抗冻性）	
	围岩抗风化指标（软化系数、耐崩解系数、膨胀系数）	
强度特征参数	围岩抗压强度指标（单轴、三轴抗压强度值）	试验难度偏大，可依据多种途径获得
	围岩抗剪强度指标（黏结力、内摩擦角值）	
	围岩抗拉强度指标（抗拉强度值）	
变形特征参数	围岩变形系数（初始、破坏时）	试验难度偏大，可依据多种途径获得
	围岩变形特征指标（变形模量、弹性模量、泊松比）	
围岩流变变形特征参数	围岩黏性倍率（不同流变变形段变形速率）	通过现场流变试验获得，一般不进行试验
	时间参数指标（不同流变变形段经历时间）	
施工工程参数	掌子面进度指标（开挖掘进工艺、速度）	与围岩类别关联性强
	时间参数指标（开挖掘进时长、毛洞自稳时长）	

从表 4.1 中可知，不同围岩类别的物理特征参数、围岩流变变形特征参数可通过室内或现场试验获得，而施工工程参数依据围岩类别与开挖进度、支护时机关系推荐表，并结合现场实际情况确定，而唯有围岩强度特征参数、变形特征参数等力学参数难以仅凭试验获得，需要通过多种途径予以考虑。

本章以大岗山水电站地下厂房区施工期围岩分类结果为对象，选取现场代表性岩样，应用多种室内、现场试验方法来获取不同围岩类别所对应的各类力学参数。

4.1　基于室内试验的围岩力学参数估算分析

4.1.1　围岩试样常规力学试验及成果分析

室内岩石常规试验基本上涵盖了厂房区所有不同围岩类别的岩石，试验包括烘干密度、比重、吸水率、干湿抗压强度、干湿抗拉强度、弹性模量、波速等，以上各项试验均按照 GB/T 50266—1999《工程岩体试验方法标准》、DLJ 204—81《水利水电工程岩石试验规程》、DL 5006—1992《水利水电工程岩石试验规程补充部分》进行，部分试验成果见表 4.2~表 4.5。

表 4.2　Ⅱ类围岩物理力学性质部分试验成果汇总

编号	野外编号（取样位置）	岩性	烘干密度 ρ_d /（g /cm³）	比重 G_s	常规吸水率 ω_a /%	饱和吸水率 ω_s /%	弹性模量 E /GPa	泊松比 μ	纵波速度 V_p /（m /s）	干抗压强度 R_d /MPa	湿抗压强度 R_w /MPa	干抗拉强度 σ_td /MPa	湿抗拉强度 σ_tw /MPa	软化系数 K_R
1	TPD3-4 PD3 0+102.0m	灰白-微红色中粒黑云二长花岗岩	2.64 2.63 2.63	2.67	0.36 0.38 0.39	0.41 0.45 0.48	41.5 39.0 36.0	0.22	5800 5700 5600	139 125 110	97.9 93.5 89.1	8.45 8.00 7.77	7.30 7.04 6.45	0.75
2	A3cz-5 PD3cz 0+130.0m 下游壁		2.63 2.63 2.62	2.65	0.23 0.25 0.36	0.28 0.31 0.46	40.0 38.5 38.0	0.23	5300 5100 5100	105 94.3 94.3	83.8 79.8 74.3	9.44 9.10 8.65	8.10 7.90 7.44	0.81

续表

编号	野外编号(取样位置)	岩性	烘干密度 ρ_d /(g/cm³)	比重 G_s	常规吸水率 ω_a /%	饱和吸水率 ω_s /%	弹性模量 E /GPa	泊松比 μ	纵波速度 V_p /(m/s)	干抗压强度 R_d /MPa	湿抗压强度 R_w /MPa	干抗拉强度 σ_{td} /MPa	湿抗拉强度 σ_{tw} /MPa	软化系数 K_R
3	A3cz-6 PD3cz 0+160.0m 下游壁		2.62		0.31	0.39	42.0		5450	120	97.0	11.0	9.44	
			2.62	2.65	0.32	0.39	42.0	0.22	5400	115	90.7	10.4	9.10	0.80
			2.61		0.45	0.58	41.5		5300	104	83.5	9.85	8.44	
4	TPD201-2 PD201 0+69.0m	灰白-微红色中粒黑云二长花岗岩	2.61		0.59	0.70	41.0		5300	111	84.0	10.4	7.66	
			2.61	2.65	0.59	0.71	41.0	0.22	5250	107	79.5	9.45	7.19	0.80
			2.60		0.59	0.72	38.4		5000	91.0	79.5	9.00	7.00	
5	TPD203-3 PD203 0+131.0m		2.64		0.26	0.27	41.5		5300	112	99.5	10.4	8.99	
			2.64	2.66	0.26	0.28	40.0	0.22	5150	103	83.8	10.0	7.22	0.85
			2.63		0.30	0.33	39.5		4900	94.3	78.6	9.15	7.15	
6	A202-5 PD202 0+67.0m 上游壁		2.64		0.26	0.31	43.5		5700	—	—	—	—	
			2.64	2.66	0.28	0.33	41.1	0.22	5500	119	98.5	12.0	9.44	0.83
			2.63		0.31	0.38	40.4		5300	101	85.6	10.9	8.33	

表4.3 Ⅲ类围岩物理力学性质部分试验成果汇总

编号	野外编号(取样位置)	岩性	烘干密度 ρ_d /(g/cm³)	比重 G_s	常规吸水率 ω_a /%	饱和吸水率 ω_s /%	弹性模量 E /GPa	泊松比 μ	纵波速度 V_p /(m/s)	干抗压强度 R_d /MPa	湿抗压强度 R_w /MPa	干抗拉强度 σ_{td} /MPa	湿抗拉强度 σ_{tw} /MPa	软化系数 K_R	备注
1	TPD301-1 PD301 0+50.0m	灰白色、微红色中粒黑云二长花岗岩	2.61		0.64	0.80	26.4		4900	75.5	51.9	6.40	4.40		
			2.60	2.67	0.74	0.94	26.0	0.25	4800	67.5	49.9	5.15	4.00	0.72	
			2.59		0.90	1.16	24.0		4550	59.4	44.0	5.00	3.85		

续表

编号	野外编号（取样位置）	岩性	烘干密度 $\rho_d/$(g/cm³)	比重 G_s	常规吸水率 ω_a/%	饱和吸水率 ω_s/%	弹性模量 E/GPa	泊松比 μ	纵波速度 V_p/(m/s)	干抗压强度 R_d/MPa	湿抗压强度 R_w/MPa	干抗拉强度 σ_{td}/MPa	湿抗拉强度 σ_{tw}/MPa	软化系数 K_R	备注
2	TPD302-1 PD302 0+45.0m		2.63		0.53	0.67	25.0		4800	66.6	45.8	5.00	3.95		
			2.63	2.68	0.57	0.72	24.0	0.26	4500	56.2	40.0	4.44	3.10	0.72	
			2.63		0.61	0.78	19.5		4200	45.8	35.7	4.00	3.00		
3	TPD303-3 PD303 0+75.0m	灰白色、微红色中粒黑云二长花岗岩	2.64		0.40	0.49	24.4		4700	65.5	50.9	5.53	4.00		
			2.63	2.67	0.46	0.54	23.5	0.26	4600	60.8	44.5	5.15	3.75	0.74	
			2.63		0.51	0.63	20.0		4400	56.0	39.7	4.23	3.00		
4	TPD303-4 PD303 0+115.0m		2.63		0.55	0.67	36.0		5050	85.0	68.2	6.75	5.94		
			2.62	2.68	0.62	0.75	35.5	0.26	4900	77.5	57.5	6.15	5.15	0.72	
			2.62		0.66	0.82	31.7		4800	70.1	55.6	6.00	5.00		
5	TPD304-1 PD304 0+80.0~87.0m		2.62		0.65	0.83	22.0		4550	61.5	48.2	5.15	3.70		
			2.62	2.68	0.72	0.91	18.0	0.27	4400	55.7	40.7	4.90	3.06	0.75	
			2.61		0.77	0.97	16.9		4300	49.8	36.5	4.15	3.00		
6	A307-3 PD307 0+52.0m 下游壁	微红色中粒黑云二长花岗岩	2.65		0.35	0.44	32.5		5200	82.8	66.6	8.38	6.15		
			2.64	2.68	0.36	0.45	30.0	0.24	5050	74.0	57.8	8.14	5.88	0.77	
			2.63		0.55	0.68	27.4		4800	67.5	48.4	7.44	5.00		
7	A301-3 PD301 0+32.0m 下游壁		2.60		0.59	0.77	21.5		4300	51.5	37.9	5.00	3.80		
			2.60	2.66	0.60	0.79	21.0	0.26	4200	50.5	36.9	4.88	3.60	0.75	
			2.60		0.67	0.88	18.8		4100	45.5	35.9	4.15	3.44		
8	A301-5 PD301 0+57.0m 下游壁	灰白色、微红色中粒黑云二长花岗岩	2.59		0.71	0.89	38.5		5300	99.2	80.0	8.88	7.99		
			2.58	2.65	0.78	0.97	35.0	0.23	5230	89.2	71.5	8.42	7.20	0.79	
			2.58		0.83	1.02	31.5		5100	82.8	62.7	8.00	6.88		
9	A307-2 PD307 0+37.5m 下游壁		2.63		0.47	0.57	24.0		4800	67.6	52.1	6.60	5.00		
			2.63	2.67	0.48	0.59	24.0	0.25	4660	62.4	48.0	6.10	4.44	0.76	
			2.63		0.57	0.71	23.5		4550	60.0	44.0	5.88	4.00		

编号	野外编号（取样位置）	岩性	烘干密度 ρ_d / (g/ cm^3)	比重 G_s	常规吸水率 ω_a /%	饱和吸水率 ω_s /%	弹性模量 E /GPa	泊松比 μ	纵波速度 V_p / (m /s)	干抗压强度 R_d /MPa	湿抗压强度 R_w /MPa	干抗拉强度 σ_{td} /MPa	湿抗拉强度 σ_{tw} /MPa	软化系数 K_R	备注
10	A301-4 PD301 0+38.0m 下游壁	β$_{40}$ 辉绿岩脉	3.01 3.00 2.99	3.02	0.02 0.04 0.12	0.03 0.06 0.15	52.0 49.7 48.4	0.20	6400 6300 6200	175 162 157	150 146 124	17.0 16.4 15.3	15.0 14.1 13.4	0.85	
11	A302-5 PD302 0+56.0m 下游壁		2.92 2.91 2.91	2.93	0.03 0.03 0.05	0.04 0.04 0.07	51.5 47.4 43.0	0.21	6300 6200 5800	172 155 129	143 120 99.9	17.0 15.9 14.0	13.8 12.4 10.0	0.80	

表 4.4　Ⅳ类围岩物理力学性质试验成果汇总

编号	野外编号（取样位置）	岩性	烘干密度 ρ_d /(g/ cm^3)	比重 G_s	常规吸水率 ω_a /%	饱和吸水率 ω_s /%	弹性模量 E /GPa	泊松比 μ	纵波速度 V_p /(m /s)	干抗压强度 R_d /MPa	湿抗压强度 R_w /MPa	干抗拉强度 σ_{td} /MPa	湿抗拉强度 σ_{tw} /MPa	软化系数 K_R	备注
1	TPD303-5 PD303 0+143.0～150.0m	灰白色、微红色中粒黑云二长花岗岩	2.63 2.63 2.62	2.68	0.62 0.66 0.67	0.77 0.81 0.82	25.8 24.0 21.5	0.24	4900 4700 4600	71.5 64.6 57.7	53.3 45.7 40.6	6.40 6.00 5.25	5.00 4.57 4.00	0.78	
2	TPD3-1 PD3 0+10.0m		2.62 2.61 2.61	2.66	0.57 0.60 0.63	0.69 0.72 0.76	20.0 19.0 18.5	0.26	4650 4500 4450	50.1 47.6 47.0	40.1 34.7 29.3	4.00 3.88 3.69	3.00 2.07 2.02	0.72	
3	TPD3-2 PD3 0+32.0m		2.59 2.58 2.58	2.66	0.70 0.73 0.75	0.84 0.90 0.95	20.0 18.5 18.0	0.26	4400 4200 4150	40.0 35.5 32.5	27.0 25.2 23.4	3.65 3.00 2.46	2.15 2.00 1.77	0.70	

编号	野外编号（取样位置）	岩性	烘干密度 ρ_d /(g/cm³)	比重 G_s	常规吸水率 ω_a /%	饱和吸水率 ω_s /%	弹性模量 E /GPa	泊松比 μ	纵波速度 V_p /(m/s)	干抗压强度 R_d /MPa	湿抗压强度 R_w /MPa	干抗拉强度 σ_{td} /MPa	湿抗拉强度 σ_{tw} /MPa	软化系数 K_R	备注
4	A205-2 PD205 0+69.0m 下游壁	β_{68} 辉绿岩脉	2.96 2.95 2.94	2.97	0.04 0.09 0.17	0.05 0.10 0.21	24.5 24.0 20.9	0.27	4800 4700 4550	66.6 59.5 57.0	50.2 47.6 45.0	9.50 9.15 8.44	7.00 6.79 6.44	0.78	
5	A307-4 PD307 0+58.0m 下游壁	β_{80} 辉绿岩脉	2.77 2.77 2.76	2.79	0.31 0.32 0.33	0.33 0.34 0.35	24.0 22.0 22.8	0.27	4750 4600 4500	66.0 58.8 56.6	49.9 45.0 41.0	5.32 5.00 4.66	4.00 3.55 3.00	0.75	
6	A3cz-7 PD3cz 0+190.0m 下游壁	β_{81} 辉绿岩脉	2.97 2.96 2.96	2.99	0.13 0.20 0.30	0.18 0.26 0.35	43.0 42.5 42.0	0.28	5500 5500 5400	109 108 110	105 99.9 93.0	12.4 11.5 11.0	10.0 9.44 8.79	0.79	

表4.5　Ⅴ类围岩物理力学性质部分试验成果汇总

编号	野外编号（取样位置）	岩性	烘干密度 ρ_d /(g/cm³)	比重 G_s	常规吸水率 ω_a /%	饱和吸水率 ω_s /%	弹性模量 E /GPa	泊松比 μ	纵波速度 V_p /(m/s)	干抗压强度 R_d /MPa	湿抗压强度 R_w /MPa	干抗拉强度 σ_{td} /MPa	湿抗拉强度 σ_{tw} /MPa	软化系数 K_R	备注
1	TPD6-3 PD6 0+10.0m	花岗岩	2.44 2.43 2.42	2.65	2.95 3.00 3.10	3.30 3.36 3.50	2.15 2.00 1.88	0.36	—	8.45 8.00 7.63	5.04 4.80 4.55	1.00 0.84 0.75	0.58 0.50 0.40	0.60	
2	A3cz-4 PD3cz 0+118.0m 下游壁	β_{80} 岩脉	2.94 2.94 2.93	2.94	0.08 0.12 0.15	0.11 0.15 0.19	22.5 22.5 22.5	0.29	4250 4200 4350	84 76 72	78 75 76	3.8 3.5 3.5	1.6 3.2 2.8	0.75	

续表

编号	野外编号（取样位置）	岩性	烘干密度 ρ_d/(g/cm³)	比重 G_s	常规吸水率 ω_a/%	饱和吸水率 ω_s/%	弹性模量 E/GPa	泊松比 μ	纵波速度 V_p/(m/s)	干抗压强度 R_d/MPa	湿抗压强度 R_w/MPa	干抗拉强度 σ_{td}/MPa	湿抗拉强度 σ_{tw}/MPa	软化系数 K_R	备注
3	TPD12-1 PD12 0+20.0m	碎裂带	2.52 2.51 2.51	2.64	2.44 2.31 2.15	3.69 2.31 2.30	3.80 3.40 3.10	0.29	3150 3100 3050	13.9 12.5 11.1	7.83 7.00 6.17	1.00 0.94 0.90	0.70 0.68 0.65	0.56	

4.1.1.1　室内常规力学试验成果分析

将以上不同围岩类别试验成果进行汇总整理，详见表 4.6。

表 4.6　不同围岩类别物理力学性质试验成果汇总

围岩类别	代表岩性	烘干密度 ρ_d/(g/cm³)	比重 G_s	常规吸水率 ω_a/%	饱和吸水率 ω_s/%	弹性模量 E/GPa	泊松比 μ	纵波速度 V_p/(m/s)	干抗压强度 R_d/MPa	湿抗压强度 R_w/MPa	干抗拉强度 σ_{td}/MPa	湿抗拉强度 σ_{tw}/MPa	软化系数 K_R
II	中粒黑云二长花岗岩	2.58 ~ 2.64	2.63 ~ 2.68	0.30	0.36	38.8	0.23	5268	118	82	8.67	7.73	0.82
III	中粒黑云二长花岗岩			0.53 ~ 0.55	0.65 ~ 0.69	23.9 ~ 26.5	0.24 ~ 0.26	4659	62.3	48.6	5.56	4.28	0.75
III	辉绿岩脉	2.91 ~ 3.01	2.93 ~ 3.02	0.06	0.1	40.9	0.21	6150	155.9	132.5	16.5	14.7	0.83
IV	中粒黑云二长花岗岩	2.57 ~ 2.63	2.66 ~ 2.68	0.65	0.8	21.7	0.26	4465	51.6	38.2	4.53	3.65	0.74
IV	辉绿岩脉	2.77 ~ 2.96	2.79 ~ 2.99	0.13	0.17	34.6	0.27	4785	88.5	68.4	7.56	5.89	0.78

续表

围岩类别	代表岩性	烘干密度 ρ_d /(g /cm³)	比重 G_s	常规吸水率 ω_a /%	饱和吸水率 ω_s /%	弹性模量 E /GPa	泊松比 μ	纵波速度 V_p /(m /s)	干抗压强度 R_d /MPa	湿抗压强度 R_w /MPa	干抗拉强度 σ_{td} /MPa	湿抗拉强度 σ_{tw} /MPa	软化系数 K_R
V	中粒黑云二长花岗岩	2.42 ~ 2.58	2.65 ~ 2.66	1.70	2.0	5.7	0.27	3361	14.6	10.8	1.49	0.96	0.58
	辉绿岩脉	2.93 ~ 2.94	2.94	0.18	0.2	22.5	0.29	4250	77.6	73.2	3.6	2.53	0.75
	断层带碎裂岩	2.51	2.64	2.33	2.33	3.4	0.29	3050	12.2	7.0	0.95	0.67	0.56

依据以上汇总结果可知,厂房区内围岩主要物理力学性质有以下规律:

(1) 从微新至全、强风化岩石密度逐渐减小,吸水率、饱和吸水率逐渐增大,其中花岗岩的增幅远大于辉绿岩脉。

(2) 从微新至全、强风化,岩体弹性模量逐渐降低,而 V 类辉绿岩脉弹性模量仍远大于同类花岗岩体。总体而言,围岩弹性模量值偏大,可能与取样规格、试样制备、加载方式有关。

(3) 从微新至全、强风化,岩石纵波速度存在下降,且基本满足规范关于不同围岩类别对应的波速值,侧面亦印证围岩分类结果的合理性。

(4) 从微新至全、强风化,岩石抗压、抗拉强度逐渐下降,当围岩类别较差时,其几乎无法承载拉应力作用,故为现场Ⅳ ~ V类围岩的支护手段和时机提出新的考验。

(5) 从坚硬岩至软岩,岩石软化系数逐渐降低,但辉绿岩脉的软化系数值均大于0.75,反映岩脉具有较强耐水性,对地下水的径流、排泄起到显著阻隔作用。

4.1.1.2　室内常规试验评价指标相关性分析

从表4.2 ~ 表4.5 亦可得出,围岩物理性质指标与力学性质指标间存在一定关联性,为详细建立二者关系,进行了如下指标的相关性分析。

1. 弹性模量、湿抗压强度、声波速度与饱和吸水率相关性分析

从表4.6可知,不同围岩类别密度变化幅度不大,相关性不突出,因此选择

饱和吸水率与弹性模量、湿抗压强度、纵波速度进行相关性分析，建立相关关系（见图4.1～图4.3）。

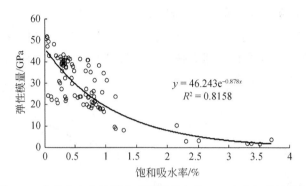

图4.1 大岗山水电站围岩弹性模量与饱和吸水率相关性分析

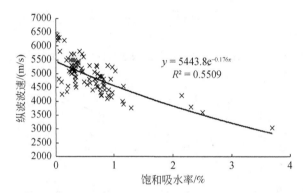

图4.2 大岗山水电站围岩纵波波速与饱和吸水率相关性分析

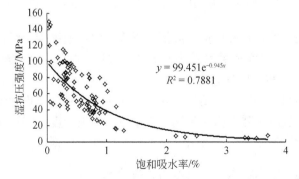

图4.3 大岗山水电站围岩湿抗压强度与饱和吸水率相关性分析

以上系列图表明，弹性模量、湿抗压强度、声波速度与饱和吸水率均呈负指数关系形式，其中弹性模量-饱和吸水率相关系数为0.8158，纵波速度-饱和吸水率相关系数为 0.5509，湿抗压强度–饱和吸水率相关系数为 0.7793，弹性模量与饱和吸水率关系最为密切，说明地下水作用对岩体变形特征影响作用较为明显。

2. 弹性模量与湿抗压强度、纵波速度相关性分析

为更好地表述岩石力学指标之间的关系，进一步探讨弹性模量、湿抗压强度、纵波速度的内在关联性，建立弹性模量与湿抗压强度、弹性模量与纵波速度相关关系如图4.4、图4.5。

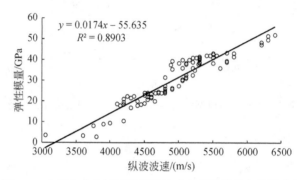

图 4.4　大岗山水电站围岩纵波波速与弹性模量相关性分析

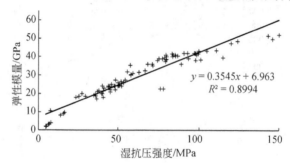

图 4.5　大岗山水电站围岩湿抗压强度与弹性模量相关性分析

以上系列图表明，弹性模量与湿抗压强度、纵波速度均呈线性分布形式，其中弹性模量–湿抗压强度相关系数为 0.8903，相关性好；弹性模量–纵波速度相关系数为 0.8628，相关性良好。

综合以上两组相关性分析结果可知，不同围岩类别的物理力学指标之间存在一定的相关关系，其中弹性模量与饱和吸水率、纵波速度、湿抗压强度的相关关系良好，可作为以后围岩分类及力学参数估算的参考依据。

4.1.2　围岩试样三轴压缩试验及成果分析

根据大岗山厂房区工程地质特征，并考虑现场取样的可操作性，室内岩石三轴强度试验重点选取微新（Ⅱ类）、弱风化下段（Ⅲ类）、弱风化上段（Ⅳ类）

中粒黑云二长花岗岩和微新（Ⅲ类）辉绿岩脉进行三轴压缩强度特性测试。三轴压缩强度试验在 MTS 电动液压伺服高压三轴试验机上进行，位移传感器自动测量试件轴向变形，电阻应变仪测试试件的横向变形，并由 X–Y 函数记录仪自动绘制应力–应变曲线。

试验采用烘干试件，最大围压按各类岩石的湿抗压强度均值确定。围压按 0MPa、2MPa、4MPa、6MPa、8MPa、10MPa、12MPa、14MPa 共 8 级施加，其中 0MPa 围压做三个试件，另 7 个试件每级做一个。为了便于试验成果的对比和分析，三轴试验的加载速度、X–Y 函数记录仪的比例与围压分级匹配。得到不同围岩类别的三轴压缩强度试验成果如表 4.7。

表 4.7　不同围岩类别的三轴压缩强度试验成果汇总

围岩类别	试验编号	试件位置	代表类型	试件编号	特征值	应力莫尔圆			备注
						$\varphi/$（°）	$\tan\varphi$	c/MPa	
Ⅱ	S205-3	PD205 0+107m 下游壁	微新，灰白色、微红色中粒黑云二长花岗岩	17	峰值	56.0	1.53	6.8	试验值偏低离散
					残余值	47.0	0.90	1.8	
	S307-4	PD307 0+80m 下游壁		26	峰值	59.0	1.66	8.5	
					残余值	51.0	1.23	2.2	
Ⅲ	S307-2	PD307 0+37.5m 下游壁	弱风化下段，灰白色、微红色中粒黑云二长花岗岩	23	峰值	55.0	1.43	6.5	
					残余值	45.0	1.00	2.0	
	S205-1	PD2050+37m 下游壁		13	峰值	53.0	1.38	6.3	
					残余值	43.0	0.93	1.7	
Ⅳ	S307-1	PD307 0+21m 下游壁	弱风化上段，灰白色、微红色中粒黑云二长花岗岩	22	峰值	51.0	1.13	4.0	
					残余值	42.0	0.85	1.3	
Ⅲ	S307-3	PD307 0+58m 下游壁	辉绿岩脉，微新，弱卸荷	25	峰值	50.0	1.19	5.0	
					残余值	43.0	0.93	1.0	

4.1.2.1　室内三轴压缩强度试验成果分析

将表 4.7、表 4.8 试验成果汇总整理得到：

（1）Ⅱ类中粒黑云二长花岗岩峰值强度 $f' = 1.53 \sim 1.66$，$c' = 6.8 \sim 8.5$MPa，残余强度 $f = 0.9 \sim 1.23$，$c = 1.8 \sim 2.2$MPa，残余强度（f）/峰值强度（f'）= $0.69 \sim 0.73$；

（2）Ⅲ类中粒黑云二长花岗岩峰值强度 $f' = 1.38 \sim 1.43$，$c' = 6.4$MPa，残余强度 $f = 0.95$，$c = 1.75$MPa，残余强度（f）/峰值强度（f'）= 0.69；

（3）Ⅳ类中粒黑云二长花岗岩峰值强度 $f'=1.13$，$c'=4.0\text{MPa}$，残余强度 $f=0.85$，$c=1.3\text{MPa}$，残余强度（f）/峰值强度（f'）$=0.76$；

（4）Ⅲ类辉绿岩脉峰值强度 $f'=1.19$，$c'=5.00\text{MPa}$，残余强度 $f=0.93$，$c=1.0\text{MPa}$，残余强度（f）/峰值强度（f'）$=0.73$。

表4.8　不同围岩类别三轴压缩强度试验成果汇总

围岩类别	试验编号	试件位置	代表类型	试件编号	侧压 σ_3/MPa	弹性模量 E/GPa	变形模量 E_0/GPa	峰值应力 σ_1/MPa
II	S307-4	PD307 0+80m 下游壁	灰白色、微红色中粒黑云二长花岗岩	26-7	0	25.0	19.0	67.0
				26-8	0	31.0	23.5	92.8
				26-9	0	26.8	20.9	77.3
				26-1	2	31.8	21.2	108
				26-6	4	32.1	21.4	144
				26-2	6	38.1	23.5	166
				26-3	8	40.0	24.0	129
				26-4	10	43.4	27.0	196
				26-5	12	45.7	29.5	253
				26-10	14	41.5	26.9	222
III	S307-2	PD307 0+37.5m 下游壁	弱风化下段、弱卸荷，灰白色、微红色中粒黑云二长花岗岩	23-5	0	24.0	16.5	57.2
				23-8	0	22.4	14.0	55.0
				23-10	0	23.5	15.4	60.0
				23-6	2	24.0	17.9	83.1
				23-3	4	23.5	16.0	72.7
				23-9	6	28.5	20.0	104
				23-4	8	38.4	29.4	171
				23-7	10	36.0	25.5	156
				23-1	12	37.5	27.0	192
				23-2	14	36.5	26.0	177
	S307-1	PD307 0+21m 下游壁		22-2	0	32.0	21.5	83.5
				22-8	0	34.5	24.9	99.1
				22-10	0	33.5	23.5	99.1
				22-5	2	34.0	24.4	120
				22-3	4	34.9	25.0	141
				22-7	6	35.0	24.9	120
				22-4	8	36.5	26.5	183
				22-1	10	37.0	27.0	219
				22-9	12	36.9	26.0	214
				22-6	14	38.8	28.0	203

续表

围岩类别	试验编号	试件位置	代表类型	试件编号	侧压 σ_3/MPa	弹性模量 E/GPa	变形模量 E_0/GPa	峰值应力 σ_1/MPa
IV	S205-1	PD205 0+37m 下游壁	弱风化上段强卸荷，灰白色、微红色中粒黑云二长花岗岩	13-1	0	17.0	10.9	31.4
				13-7	0	17.5	11.0	36.7
				13-9	0	19.0	12.0	58.6
				13-5	2	19.5	12.4	73.3
				13-6	4	20.3	13.0	94.3
				13-10	6	19.6	12.5	120
				13-3	8	20.6	12.9	141
				13-4	10	22.8	16.3	168
				13-8	12	23.9	19.0	178
				13-2	14	24.1	19.9	189

具体各类围岩的抗剪强度指标值需与现场剪切试验对比后综合选取。

4.1.2.2　室内三轴压缩强度指标相关性分析

将表4.8试验成果按Ⅱ～Ⅳ类中粒黑云二长花岗岩、Ⅲ类辉绿岩归类整理绘制三轴压缩弹性模量、变形模量、峰值应力-侧压力关系曲线，分析如图4.6～图4.8。

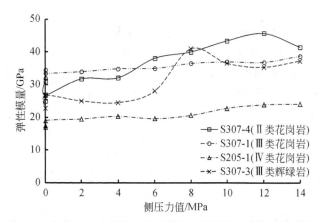

图 4.6　大岗山水电站围岩弹性模量与侧压力系数相关性分析

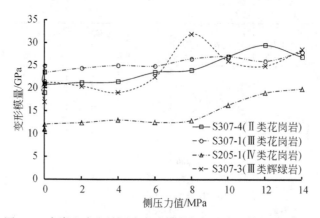

图 4.7　大岗山水电站围岩变形模量与侧压力系数相关性分析

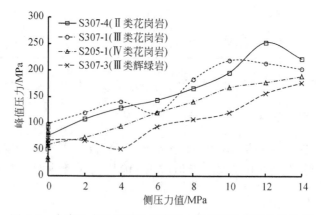

图 4.8　大岗山水电站围岩峰值压力与侧压力值相关性分析

以上三轴压缩弹性模量、变形模量、峰值应力–侧压力值相关性分析表明：

（1）Ⅱ～Ⅳ类中粒黑云二长花岗岩弹性模量、变形模量、峰值应力随侧压力增加而增高，10～12MPa 区间内达到最高，超过则略有下降，但总体集中在较小的基本稳定范围内；Ⅲ类辉绿岩随侧压力增加而增高。

（2）Ⅱ～Ⅳ类中粒黑云二长花岗岩无侧压时的峰值应力为 31.4～99.1MPa，平均值为 65.3MPa，相应的单轴抗压强度为 60.3～91.8MPa，平均值为 70.8MPa，基本相当；侧压力增加为 10～14MPa 时，峰值应力增高至 156～253MPa，平均值为 194MPa。Ⅲ类辉绿岩无侧压时的峰值应力为 57.0～105MPa，平均值为 67.9MPa，相应的单轴抗压强度为 60.5～97.5MPa，平均值为 73.0MPa，基本相等；侧压力增加为 10～14MPa 时，峰值应力增高至 107～178MPa，平均值为 142MPa。

（3）不论何种岩类，围压（侧压）对岩体的弹性模量、变形模量、抗压强度（峰值应力）均有强化作用，其中最为明显的是抗压（峰值）强度，当围压为 10～14MPa 时，抗压（峰值）强度增加幅度可达 90%～150%。

4.1.3　围岩软弱带力学性质试验及成果分析

大岗山地下厂房区软弱带主要为围岩呈Ⅳ～Ⅴ类的碎裂-块裂（散体）结构的辉绿岩脉及接触断层破碎带。共进行 14 组扰动样及原状样力学性试验，包括 β_{21} 岩脉和 f_{78}、f_{47}、f_6 等 3 条断层，成果见表 4.9。其中 β_{21} 岩脉取碎裂结构 2 组（Ⅳ类围岩），采用重塑样进行试验，断层破碎带按照结构类型分别取岩块岩屑型（B1）4 组，岩屑夹泥型（B2）2 组。

表 4.9　软弱岩带室内力学性试验成果

试验编号	代表类型	压缩试验 (0.1～0.2MPa)		渗透变形试验			直剪试验（饱、固、快）		
		压缩系数	压缩模量	临界坡降	破坏坡降	渗透系数	破坏类型	黏聚力	摩擦角
		a_v /MPa^{-1}	E_s /MPa	ik	if	k_{20} /（cm/s）		C /kPa	φ /（°）
PD03-S2-1	β_{21}（碎裂）	0.044	31.1	—	0.10	2.75×10^0	管涌	60	31.0
PD03-S2-2	β_{21}（碎裂）	0.030	46.3		0.09	2.50×10^0	管涌	70	42.4
PD311-S-1	f_{78}（岩块岩屑）	0.033	40.4	0.48	1.31	5.43×10^{-2}	管涌	55	36.4
PD311-S-2	f_{78}（岩块岩屑）	0.034	37.7	0.10	0.24	3.52×10^{-1}	管涌	35	28.0
PD307-S-1	f_{47}（岩块岩屑）	0.013	98.6	0.09	0.22	1.20×10^0	管涌	60	37.8
PD307-S-2	f_{47}（岩块岩屑）	0.024	55.5	0.29		1.00×10^0	管涌	55	31.5
PD302-S3-1	f_6（岩屑夹泥）	0.096	13.4	0.21	0.59	4.91×10^{-2}	管涌	25	22.4
PD302-S3-2	f_6（岩屑夹泥）	0.118	11.3	0.28	0.79	1.07×10^{-3}	管涌	30	26.0

基于以上试验结果，得到以下主要结论：

（1）Ⅳ类岩脉在 0.1～0.2MPa 压力下，压缩系数 a_v 为 0.03～0.044MPa^{-1}，压缩模量 E_s 为 31.1～46.3MPa，属低压缩性；渗透系数 k_{20} 为 2.50～2.75cm/s，为极强透水性，破坏类型均为管涌破坏；C 为 60～70kPa，φ 为 31°～42°。

（2）Ⅳ类断层（f_{78}、f_{47}）在 0.1～0.2MPa 压力下，a_v 为 0.013～0.034MPa^{-1}，E_s 为 37.7～98.6MPa，属低压缩性；渗透系数 k_{20} 为 1.00～5.43×10^{-2}cm/s，为极强-强透水性，破坏类型为管涌破坏；C 为 35～60kPa，φ 为 28.0°～37.8°。

（3）Ⅴ类断层（f_6）在 0.1～0.2MPa 压力下，a_v 为 0.096～0.118MPa^{-1}，E_s 为 11.3～13.4MPa，属低压缩性；渗透系数 k_{20} 为 4.91×10^{-2}～1.07×10^{-3}cm/s，为弱-中等透水性，破坏类型均为管涌破坏；C 为 25～75kPa，φ 为 19.9°～27.9°。

4.2　基于现场原位试验的围岩力学参数估算分析

4.2.1　围岩变形特性现场试验及成果分析

大岗山水电站厂区围岩现场变形特性试验依据围岩工程地质特点、围岩质量分类，选取代表性工程部位，有针对性地布置一定数量的、不同受力方向试验，采用试验实测各级压力下的变形资料绘制各试验点压力-变形关系曲线。

4.2.1.1　围岩变形特性现场试验成果分析

在水利水电工程中，岩体变形参数通常选用割线模量 E_0 或包络线模量 E_b 来进行表述。割线模量为考虑全变形计算而获得的模量，即加载最高一级压力对应的模量值；而包络线模量则是在剔除掉开挖时引起洞壁岩体松弛或围岩自身卸荷因素后获得的一种稳定趋势模量值，可根据岩体变形试验所得的压力-变形关系曲线求得两种模量参数，考虑Ⅲ类围岩比例较大，为体现力学参数的适用范围，按照Ⅲ类的岩体结构特征的差异分为Ⅲ$_1$和Ⅲ$_2$两种，两种模量与围岩类别的关系散点图如图 4.9、图 4.10 所示。

基于模量与围岩类别的关系散点图，得到以下主要结论：

（1）Ⅱ类花岗岩割线模量变化范围为 20～42GPa，包络线模量变化范围为 18～39GPa，离散性较大；Ⅲ$_1$类花岗岩割线模量变化范围为 7～19GPa，包络线模量变化范围为 5～18GPa，离散性较大；Ⅲ$_2$类花岗岩割线模量变化范围为 3～13GPa，包络线模量变化范围为 3.5～13GPa，模量值相对离散；Ⅳ类花岗岩割线模量变化范围为 1～5GPa，包络线模量变化范围为 1.5～5GPa，模量值相对集中，且两模量差值不大；Ⅴ类花岗岩割线模量、包络线模量变化范围均为 1～3GPa，模量值相对集中。

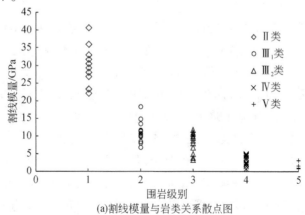

(a)割线模量与岩类关系散点图

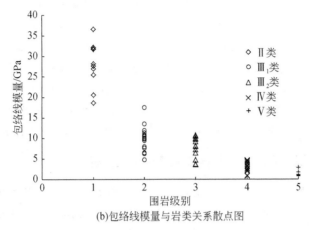

(b)包络线模量与岩类关系散点图

图 4.9 大岗山水电站花岗岩变形模量与围岩类别关系散点图

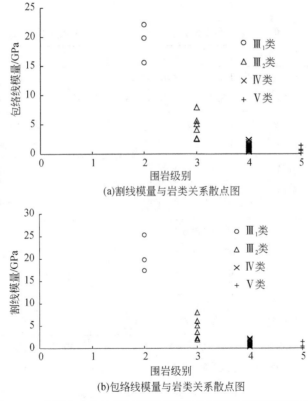

(a)割线模量与岩类关系散点图

(b)包络线模量与岩类关系散点图

图 4.10 大岗山水电站辉绿岩脉变形模量与围岩类别关系散点图

（2）Ⅲ$_1$类辉绿岩割线模量变化范围为 17～27GPa，包络线模量变化范围为

15 ~ 24GPa，离散性较大；III_2类花岗岩割线模量变化范围为 2 ~ 9GPa，包络线模量变化范围为 3.5 ~ 9GPa，模量值相对离散；IV类花岗岩割线模量变化范围为1 ~ 3GPa，包络线模量变化范围为 1.5 ~ 3.5GPa，模量值相对集中；V类花岗岩割线模量、包络线模量变化范围均为 0.5 ~ 2.5GPa，模量值相对集中。

（3）随着围岩类别的增大，两种岩性模量值均出现显著的降低，呈现典型负指数分布形式，其中 II ~ V 类花岗岩割线模量大致存在比值为 10：4：2.5：1：0.6，III_1 ~ V 类辉绿岩割线模量大致存在比值为 10：2.5：1.0：0.5。

4.2.1.2　围岩变形模量与声波波速相关性分析

在工程实践中，利用岩体变形特性的动静相关式，建立岩体变形模量（E_0）与相应部位岩体纵波速度（V_p）的相关关系，为工程设计和施工阶段提供快速、简便的判断岩体变形模量（E_0）具有重要的指导意义。目前此种研究方法亦越来越受到关注。相应地，国内外亦在这方面取得了一些有重要参考意义的成果（表4.10）。

表 4.10　岩体变形模量 E_0-纵波速度 V_p 相关关系成果汇总表

工程名称	岩 性	相关关系式	
二滩水电站	正长岩 玄武岩	E_0（均值）= 0.05+0.01234$V_p^{4.567}$	（$R^2 = 0.832$）
		E_0（小值均值）= 0.05+5.562×10$^{-3}V_p^{4.596}$	（$R^2 = 0.881$）
小湾水电站	角闪斜 长片麻岩	E_0（H）= 4.568×10$^{-12}V_p^{4.244}$	（$R^2 = 0.81$）
		E_0（V）= 529.27$e^{0.0007 7 4 V_p}$	（$R^2 = 0.839$）
瀑布沟水电站	花岗岩	E_0 = 0.1+0.10033$V_p^{3.1886}$	（$R^2 = 0.94$）
三峡水电站	闪云斜长 花岗岩	E_0 = 0.0123$e^{1.4277 V_p}$	（$R^2 = 0.883$）
锦屏 I 级水电站	大理岩	E_0（H）= 0.005 $V_p^{4.994}$	（$R^2 = 0.723$）
		E_0（V）= 0.013 $V_p^{4.248}$	（$R^2 = 0.865$）
		E_0（综合）= 0.009 $V_p^{4.586}$	（$R^2 = 0.828$）
糯扎渡水电站	花岗岩	E_0 = 0.1612$e^{0.001 V_p}$	（$R^2 = 0.852$）
百色水电站	辉绿岩	E_0 = 0.221$e^{0.849 V_p}$	（$R^2 = 0.78$）

注：二滩-锦屏 I 级水电站变形模量-纵波速度 V_p 相关关系均由成勘院提供资料。

从表4.10中可得出，岩体变形模量（E_0）与纵波速度（V_p）多呈指数或幂指数分布形式，变形模量（E_0）随着纵波速度（V_p）呈倍级增加，但不同岩性所对应的关联式各不相同，其中火成岩的 E_0 与 V_p 的敏感度大体呈现：基性岩>酸性岩，侵入岩>浅成岩>喷出岩。

本次大岗山水电站厂区将围岩分为 II 、III_1、III_2、IV 和 V 等 5 类进行变形特

征试验，依据对现场资料进行回归分析，其中变形模量采用割线模量和包络线模量，声波速度采用单孔测试和穿透测试纵波速度。经过多种函数回归成果比较，最终选用回归结果最佳的指数函数，对割线模量、包络线模量与单孔声波速度进行回归分析（图4.11~图4.12）。

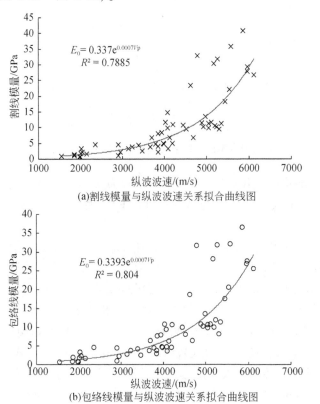

(a)割线模量与纵波波速关系拟合曲线图

(b)包络线模量与纵波波速关系拟合曲线图

图4.11 大岗山水电站花岗岩变形模量与纵波波速关系拟合曲线图

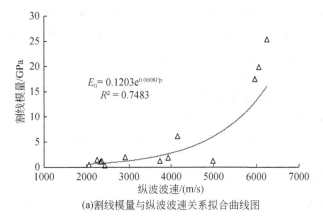

(a)割线模量与纵波波速关系拟合曲线图

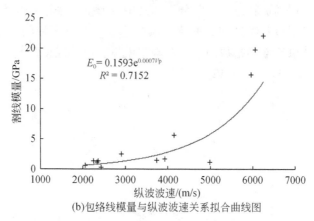

(b)包络线模量与纵波波速关系拟合曲线图

图4.12　大岗山水电站辉绿岩变形模量与纵波波速关系拟合曲线图

上述回归分析成果相关性较好，相关系数为0.71~0.81，拟合曲线为中度显著，依据岩体变形模量（E_0）与纵波速度（V_p）关系拟合曲线图可以得到以下主要结论：

（1）大岗山水电站厂区较表4.10国内水电工程岩体变形模量-纵波速度关系显著水平较低，相关系数只有0.71~0.81，为中度显著，其与大岗山坝区岩体构造蚀变、风化蚀变、结构状态等有较密切的关系。

（2）变形模量E_0-纵波波速关系表明：Ⅱ类花岗岩波速集中在5000~5800m/s，Ⅲ$_1$类花岗岩波速集中在4000~5000m/s，Ⅲ$_2$类花岗岩波速在3500~4500m/s，Ⅳ类花岗岩波速离散性较大，在2000~3500m/s，Ⅴ类花岗岩波速<2000m/s。与前期岩体变形模量配套风钻孔波速成果整理值对比：Ⅱ类花岗岩波速为4800~5600m/s，Ⅲ$_1$类波速为4100~4800m/s，Ⅲ$_2$类为4000~4400m/s，Ⅳ类为1900~3000m/s，Ⅴ类岩波速<1900m/s。差别不大，可认为此次拟合关系曲线更能较好地反映厂区围岩变形模量与纵波波速变化状况的关联性。

（3）厂区花岗岩的割线模量与对应声波速度回归分析成果为：$E_0 = 0.337e^{0.0007V_p}$，包络线模量与对应声波速度回归分析成果为：$E_0 = 0.339e^{0.0007V_p}$，相差不大，作为大岗山水电站厂区花岗岩变形模量与声波速度关系内在关联的基本参考，便于其他厂区利用波速值估算岩体变形模量；而厂区呈条带状发育的辉绿岩脉的割线模量、包络线模量与声波速度相关关系为：$E_0 = 0.12e^{0.0008V_p}$、$E_0 = 0.159e^{0.0007V_p}$，可用于对软弱岩脉区变形模量的估算参考。

4.2.2　围岩剪切强度特性现场试验及成果分析

围岩抗剪强度参数（c、φ值）是地下硐室稳定分析、支护手段设计等的重要力学参数，是在现场试验成果的基础上，经统计整理、综合分析取得。目前，抗剪强度参数的选取尚无一套通用的、成熟的方法，根据测试成果确定岩体抗剪（断）强度参数 c、φ 值的常用方法为：图解法、随机-模糊法、最小二乘法、优定斜率法等（黄志全等，2005）。经现场有限组试验数据成果对比发现，优定斜率法整理成果能更客观地反映其抗剪（断）强度参数的总体趋势，故推荐采用该方法作为试验成果标准值和建议参数选取的参考依据。

优定斜率法是在取得一定数量（$n>4$ 组）的试验资料后，以围岩质量分类为基础，对试验成果按围岩类别进行整理。首先绘制该类围岩各试验点的 τ-σ 曲线图。接着，基于其点群分布的总体趋势和规律，依据现行规程规范关于不同围岩类别抗剪强度参考范围值，并参照相关水利水电工程，综合优定各类围岩抗剪（断）强度的斜率（f），并应用此优定斜率分别求取黏聚力上、下限值，一般采用下限值作为抗剪（断）强度参数建议值。

现场原位大剪试验主要针对 Ⅱ～Ⅳ 类花岗岩展开，且在成果整理及标准值选取过程中，剔除不具代表性试验资料后，按不同岩类进行数理统计、分析整理和标准值选取。其中，围岩抗剪断强度试验成果采用峰值强度进行整理，抗剪强度采用二次抗剪峰值强度，以 Ⅱ 类花岗岩为例，应用优定斜率法确定各类围岩抗剪（断）强度参数建议值见图 4.13。

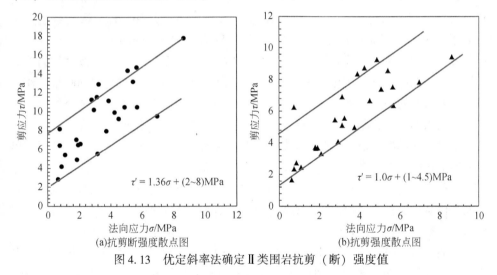

图 4.13　优定斜率法确定 Ⅱ 类围岩抗剪（断）强度值

据图 4.12、图 4.13 优定斜率法确定的 Ⅱ～Ⅳ 类花岗岩抗剪（断）强度参数值整理如下：

Ⅱ 类灰白、微红色中粒黑云二长花岗岩抗剪断强度值为 $f' = 1.36$，$c' = 2 \sim 8\text{MPa}$；抗剪强度为 $f = 1.0$，$c = 1 \sim 4.5\text{MPa}$。

Ⅲ$_1$ 类灰白、微红色中粒黑云二长花岗岩抗剪断强度值为 $f' = 1.26$，$c' = 1.7 \sim 5.7\text{MPa}$；抗剪强度为 $f = 0.95$，$c = 0.8 \sim 3.5\text{MPa}$。

Ⅲ₂类灰白、微红色中粒黑云二长花岗岩抗剪断强度值为 $f' = 1.18$，$c' = 1.22 \sim$
5.5MPa；抗剪强度为 $f = 0.78$，$c = 1.0 \sim 3.5$MPa。

Ⅳ类灰白、微红色中粒黑云二长花岗岩抗剪断强度值为 $f' = 0.85$，$c' = 1.29 \sim$
5.0MPa；抗剪强度为 $f = 0.73$，$c = 0.75 \sim 2.6$MPa。

4.3　基于分析分解模型数值试验估算围岩力学参数

数值试验方法因其便捷高效、成本低、结果参考性强，已逐步成为围岩力学参数估算的重要手段。该方法的详细步骤为：首先，通过野外工程地质调查，确定研究区岩体结构空间展布规律，抽象工程岩体结构模型；接着，应用现场采集到的代表性完整岩块和结构面试样进行室内试验，通过数值模拟方法拟合室内试验结果，借此反向确定与野外岩体结构特征相吻合的岩体模型；最后，构造不同尺寸的工程岩体数值模型进行数值试验，确定研究区岩体力学参数。

目前，数值试验方法包括连续介质数值试验和离散元数值试验，连续介质数值试验研究方面，周维垣（1992）较早提出一种确定节理岩体力学参数的计算机模拟试验法。基于节理裂隙的野外勘探资料建立岩体模型，模拟获得岩体变形模量、抗剪强度参数特征值；盛谦、周火明（2001）等运用弹塑性有限元数值方法研究了三峡船闸区典型地段节理裂隙岩体宏观力学参数的结构效应与强度特征；梁正召（2005）采用细观弹性损伤模型和 FEM 法来实现岩石三维破裂过程的数值模拟；于庆磊（2005）应用数字图像技术对岩石材料细观分布进行精确测量，获得可反映岩石非均匀性的平台巴西盘数值模型。麦戈（2013）等基于连续介质力学的方法，引入 Weibull 随机概率分布表征岩石非均质特性与损伤局部化现象，建立了岩石细观力学模型，对不同摩擦系数下的岩石单轴压缩试件进行数值试验分析。离散元数值试验方面，李世海（2003）采用三维离散元模拟了含节理岩块的单轴压缩试验；程东幸（2006）应用离散元 3DEC 进行了岩石数值单轴压缩试验、直剪试验以及岩体结构面直剪试验；徐金明基于非连续介质理论的颗粒流方法，获得了岩体的颗粒接触力、颗粒接触模量、接触连接强度和连接刚度比等细观力学参数。

笔者（申艳军，2014）根据徐光黎（1991）的分析分解模型研究思路，提出一种采用分析分解模型数值试验估算围岩力学参数的新方法。依据围岩分类体系结果，基于结构面空间分布特征因素对围岩分类结果影响进行探讨，应用结构面网络模拟方法（FracSim 3D 程序）生成对应不同围岩类别的结构面网络图，考虑岩体各向异性特征，通过截取不同方向断面产生二维结构面网络图，即构建形成分析分解模型，此后，应用已有试验成果分别得到对应的完整岩块及相关结构面的力学参数值，作为模型的基本输入参数，然后，应用有限元法（Phase 2D 程序）建立其对应的岩体结构数值模型，通过有效控制边界条件实现对单轴压缩、三轴压缩等试验的模拟，即实现用宏观等效的岩体模型来预测岩体强度与变形特性，实现对不同类别围岩力学参数值的确定。

4.3.1　不同围岩类别对应结构面网络图构建

如前分析，岩体结构空间分布特征指标反映了岩体结构空间展布状况，其主要包含结构面组数、产状、迹长、平均间距及连通性等几何形态描述指标。正是由于岩体结构面的空间展布尺寸的增大，岩体质量出现显著降低，本书根据大岗山水电站地下厂房区围岩分类标准，得出了围岩类别与岩体空间分布特征指标的对应关系，如表4.11所示。

表4.11　大岗山地下厂房区围岩类别与岩体结构空间分布状况指标大体对应关系

围岩类别	岩体结构空间分布状况指标				
	岩体结构类型	平均间距/cm	J_v	K_v	结构面组数
Ⅱ	块状–次块状	30～100	5～7	0.6～0.75	2组节理
Ⅲ	镶嵌	10～30	7～12	0.35～0.6	2组节理+随机节理 3组节理
	次块状–镶嵌	10～50			
	次块状–镶嵌–局部块裂	10～50			
Ⅳ	块裂–碎裂	<30	10～20	0.1～0.35	3组节理+随机节理 或4组节理
	块裂	10～30	7～12		
	镶嵌–块裂	10～30			
Ⅴ	碎裂–散体	<10	>20	<0.1	4组节理+随机节理 或>4组节理
	碎裂				
	碎裂–散体				

基于围岩类别与岩体空间分布特征指标对应关系，假定节理形状为薄圆盘状，且节理半径（长度）符合正态分布形式，着重通过控制结构面间距及组数来实现对圆盘中心点数目的控制，此后假定在10m×10m×10m的立方体范围内，应用Monte-Carlo随机模拟方法实现对节理中心点坐标的空间随机展布，此后，通过控制节理半径、产状来构建其结构面网络图，详细操作应用澳大利亚阿德莱德大学的Xu和Dowd（2010）联合开发的三维结构面网络模拟程序FracSim 3D予以实现。

为实现评价结果的对应性，应用FracSim 3D确定节理中心点数目时，均采用该类别对应的中间值进行，以Ⅱ类围岩为例，现应用70cm间距和2组节理来予以控制，则相应地，对成组的节理长、短半径分别采用（4m，5m）、（2m，3m）取值范围处理，而对非成组节理长、短半径采用1.5、1m的等效处理方法。而节理产状可采用厂房区优势产状组合，目前选用四组产状进行三维网络模拟生成，产状统计数目排序依次为：N7°E/NW ∠67°、N89°E/SE ∠78°、EW/N ∠81°、N20°W/SW ∠75°、N31°E/SE ∠17°，故随着围岩类别降低，逐渐启用下一组产状。

　　通过调整截断面的 X、Y、Z 坐标方向与大小，随机从三维结构面网络图中截取不同方向上的二维节理图（图 4.14），以反映岩体结构的空间各向异性特征，以Ⅱ类围岩为例，共截取不同方向的二维节理分布图如图 4.15 所示。

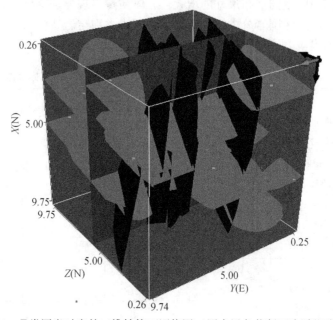

图 4.14　Ⅱ类围岩对应的三维结构面网络图（图中黑色截断面为随机取样面）

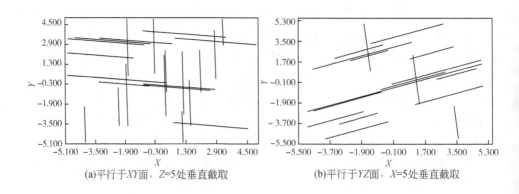

(a)平行于 XY 面，Z=5 处垂直截取　　　　　(b)平行于 YZ 面，X=5 处垂直截取

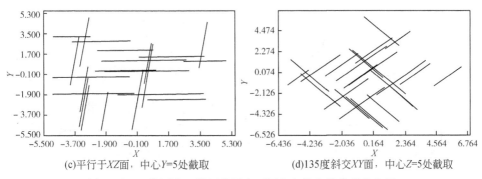

(c)平行于 XZ 面，中心 Y=5 处截取　　　　　(d)135 度斜交 XY 面，中心 Z=5 处截取

图 4.15　Ⅱ类围岩三维网络图中不同方向截取的节理分布图

同样，应用上述方法可实现对Ⅲ~Ⅴ类围岩三维结构面网络模拟图的构建，如图 4.16 所示，并通过随机布置截面获取不同方位的二维节理分布图（图 4.17），为下一步进行离散元数值试验提供原始试验几何模型。

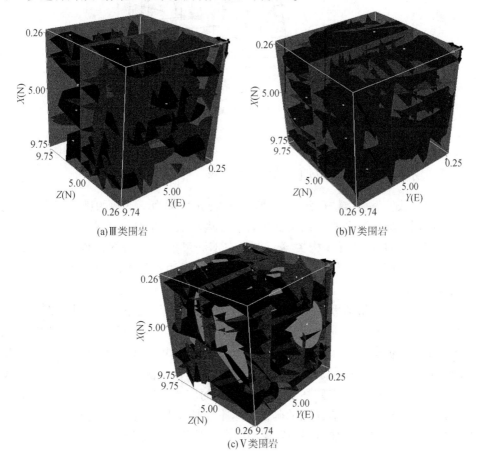

(a)Ⅲ类围岩　　　　　　　　　　　(b)Ⅳ类围岩

(c)Ⅴ类围岩

图 4.16　Ⅲ~Ⅴ类围岩对应的三维结构面网络图（图中黑色截断面为随机取样面）

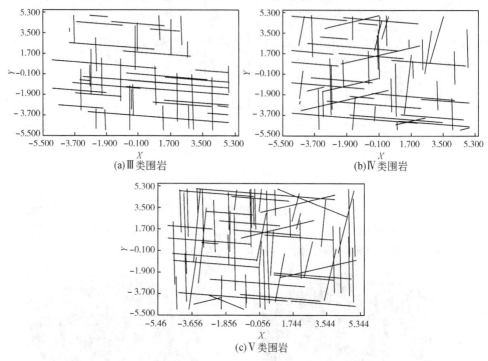

(a)Ⅲ类围岩　　　　　　　　　　　(b)Ⅳ类围岩

(c)Ⅴ类围岩

图4.17　Ⅲ～Ⅴ类围岩三维网络图中截取的典型二维节理分布图

（平行于 XY 面，$Z=5$ 处垂直截取）

4.3.2　分析分解模型数值试验技术要求

目前，数值试验方法已经是一种新兴的测定岩体力学参数的试验手段，其通过综合应用现场地质调查、结构面统计、室内小试件试验，模拟岩体节理裂隙，并通过赋予不同的岩石本构关系，来研究不同尺度的"岩体试件"力学行为，由于数值方法可以模拟任意尺度下的岩体试验，可以弥补当前大尺度、破碎等岩体试验难以试验的不足，具有方便高效、经济适用等优点。

岩体强度、变形的大小体现为岩块与结构面联合抵抗作用的大小，基于有限元数值方法等效模拟节理岩体加载受力过程，首先实现对相关边界条件控制，该过程应尽量与现实试验保持一致；此后，试验过程中，不断调整围压大型、上覆加载、卸载过程，通过观察岩体"试样"位移变化情况来判定"试样"是否发生大变形破坏，记录对应破坏点及加载过程的应力-应变曲线，通过相关拟合、判定方法实现对岩体力学参数的确定。本书主要采用 Phase 2D 程序（2010）对Ⅱ～Ⅴ类围岩截取的二维节理分布模型图予以数值试验分析。

4.3.2.1　分析分解模型介质本构关系选取标准

1. 完整岩石本构关系的选取

岩石本构关系是建立岩石几何形态与力学性状的重要途径，目前 Phase 2D 程序（2010）包括 6 种岩石本构关系：Mohr-Coulomb 模型、Drucker-Prager 模型、Hoek-Brown 模型、通用 Hoek-Brown 模型、Cam-Clay 模型及修正 Cam-Clay 模型等。其中 Mohr-Coulomb 模型、Drucker-Prager 模型是岩土工程领域常用的两种模型，其中前者在岩石工程应用更为适用，而后者更适用于对软质黏土的模拟，Hoek-Brown 模型、通用 Hoek-Brown 模型系对岩体变形、破坏状况的经验性模型，相关参数如 m、s、a、GSI 等确定需要借助一定人为经验；Cam-Clay 模型及修正 Cam-Clay 模型更适合对砂土剪切变形、强度及蠕变变形指标的确定。本书选取最通用的 Mohr-Coulomb 模型作为完整岩块的本构关系模型。

2. 节理面本构关系的选取

Phase 2D 程序（2010）主要包括 3 种节理本构模型：Mohr-Coulomb 模型、Barton-Bandis 模型和 Geosynthetic-Hyperbolic 模型。Mohr-Coulomb 模型可实现对岩体硬性节理、长断层等结构面的模拟，需要获得对应节理的抗拉强度、滑动黏聚力、滑动残余摩擦角及法向刚度、剪切刚度指标等；Barton-Bandis 模型主要用于对节理剪切强度特征的模拟，需考虑节理的粗糙程度指标 JRC 和压缩强度指标 JCS 等；而 Geosynthetic-Hyperbolic 模型主要用于对土工合成材料（如土工格栅、土工网等）或砂土在接触面抗剪强度特征的模拟。基于现场对随机性结构面粗糙度、壁面强度特征的大量测试，本书应用针对性更强的 Barton-Bandis 模型实现对结构面本构关系的模拟。

4.3.2.2　分析分解模型中介质力学参数确定

基于上文讨论的完整岩块与结构面对应的本构关系模型，结合现场岩体结构精细化描述体系结果，得到完整岩块与结构面各自对应的相关力学参数值。其中节理面对应的 Barton-Bandis 模型中的 JRC、JCS 值确定方法如下：

粗糙程度指标 JRC 值大体参考 Barton 标准轮廓曲线对比法（Barton，1990）予以确定，依据杜时贵简易纵剖面仪制作及量测方法，现场设计简易粗糙度量测仪，实测获得随机结构面粗糙度轮廓曲线，与 Barton 标准轮廓图（见图 4.18）对比可快速得知，对应的 JRC 值（MPa）；而压缩强度指标 JCS 借助 Muller 试验获得的回弹实测值 R 和容重 γ（kN/m³）与杜时贵（2005）提出的经验关系式：$\lg(\mathrm{JCS}) = 0.0088\gamma R + 1.01$ 得到，其中回弹实测值依据场回弹仪测试对应的硬性结构面平均值选取。

故得到完整岩块与结构面分别对应的力学参数值如表 4.12 所示。

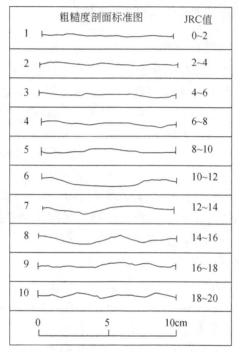

图 4.18　标准轮廓曲线 JRC 值（Barton，1990）

表 4.12　大岗山地下厂房区不同围岩类别完整岩块与结构面对应力学参数值

完整岩块								结构面				
E/GPa	ν	C/MPa	φ/ (°)	σ_t/MPa	C/MPa	φ/ (°)	σ_t/MPa	JRC	JCS/MPa	φ_r/ (°)	K_n/(GPa/m)	K_s/(GPa/m)
70 ~ 80	0.2 ~ 0.24	4.5 ~ 7.5	56 ~ 60	0.1 ~ 0.12	0.6 ~ 0.8	30 ~ 38	0.01	2 ~ 8	40 ~ 125	18 ~ 27	15 ~ 25	2 ~ 2.5

4.3.2.3　数值试验加载方式控制

1. 单轴压缩数值试验加载方式控制

利用 Phase 2D 程序进行"试样"单轴压缩数值试验时，考虑结构面的发育对岩体强度控制性作用，若简单照搬室内单轴压缩试验方法极易出现岩体在不均匀荷载影响下，在较小外力作用下沿结构面的贯通性失稳，故此处采用在其左右边界施加一定的围压作用（0.5MPa），在其底部边界通过施加双向位移约束控制，然后，在程序中设置"时间步长"对其上覆逐步施加轴向压力（其中Ⅱ类围岩以

2MPa 为初始荷载，此后每步增加 2MPa 均布荷载，Ⅲ类以 2MPa 为初始荷载，此后每步增加 1MPa，Ⅳ~Ⅴ类以 1MPa 为初始荷载，后每步增加 0.5MPa）进行控制，而后根据观察不同步长下对应的位移变形特征来判断"试样"是否已加载破坏。

2. 三轴压缩数值试验加载方式控制

三轴压缩数值试验按照室内三轴试验方法，首先，在"试样"左右边界施加合适的围压（2MPa），接着，开始施加一定的轴向压力，并逐步增加，每增加一次，均计算其对应的位移和应力，当两个计算步长出现位移差值明显增加时，可认为试样出现破坏，记录此时对应的 $\sigma_1-\sigma_3$ 数值；而后，变换围压作用（每步增加 2MPa 均布荷载），同样进行轴压增加试验直至破坏，记录各自对应的 $\sigma_1-\sigma_3$ 值。最后，应用记录的 $\sigma_1-\sigma_3$ 值得到一系列应力莫尔圆，推算其对应的岩体黏聚力 C（MPa）和内摩擦角 φ（°）值。

4.3.3 分析分解模型数值试验结果讨论

4.3.3.1 单轴压缩数值试验结果讨论

以Ⅱ类围岩平行于 XY 面，$Z=5$ 处垂直截取的结构面网络模拟结果为例，通过构建其对应的分析分解模型，而后应用 Phase 程序进行"试样"单轴压缩数值试验，当上覆均布荷载增加至 16MPa 时，"试样"相对变形骤增，可认为其大变形破坏，此时对应的均布荷载值可认为是该"试样"对应的单轴抗压强度数值试验值，详细加载过程变形状况见 4.19。

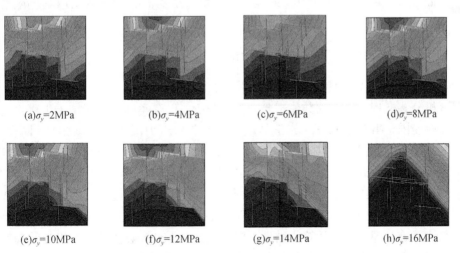

(a)σ_y=2MPa (b)σ_y=4MPa (c)σ_y=6MPa (d)σ_y=8MPa

(e)σ_y=10MPa (f)σ_y=12MPa (g)σ_y=14MPa (h)σ_y=16MPa

图 4.19 Ⅱ类围岩平行于 XY 面，$Z=5$ 截面数值试验加载过程变形状况图

同样，对Ⅱ~Ⅴ类围岩不同方向截取的结构面网络模拟图进行分析分解模型

数值试验，每类岩体进行 4 个不同方向的单轴压缩数值试验，分别得到各自对应的单轴抗压强度值，汇总结果如图 4.20 所示。

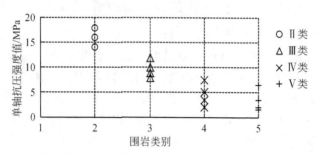

图 4.20　分析分解模型数值试验获得 Ⅱ～Ⅴ 类围岩单轴抗压强度值

由图 4.20 可知，不同围岩类别对应单轴抗压强度值为：Ⅱ 类 $\sigma_{cm} = 14 \sim 18$MPa；Ⅲ 类 $\sigma_{cm} = 8 \sim 12$MPa；Ⅳ 类 $\sigma_{cm} = 2.0 \sim 7.5$MPa；Ⅴ 类 $\sigma_{cm} = 1.5 \sim 6.5$MPa。其中Ⅳ～Ⅴ类结果较为离散，但数值试验所反映的规律性特征仍较为明显。

数值试验与围岩分类估算法结果对照发现，Ⅱ～Ⅲ类数值试验结果与抗压强度参数拟合估算式结果大体上吻合，而较 Hoek-Brown 经验准则围岩强度特征参数估算结果要总体偏大，这可能与施加的 0.5MPa 的"防大初始尺度变形"围压有关，使得测试并非真正意义上的"单轴试验"，Ⅳ～Ⅴ类较两种估算方法结果均明显偏大，分析原因，一方面与 0.5MPa 的"防大初始尺度变形"围压有关，另一方面系为确保"数值试验"的展开，岩块、结构面力学参数均取其上限值进行模拟。

4.3.3.2　三轴压缩数值试验结果讨论

均选取平行于 XY 面，$Z = 5$ 处垂直截取的结构面网络模拟图，实现Ⅱ～Ⅴ类围岩分析分解模型三轴压缩数值试验的简要分析，以Ⅱ类围岩分析结果为例，通过不断改变围压得到不同 $\sigma_1 - \sigma_3$ 下对应的系列莫尔应力圆（见图 4.21）。同样，应用数值试验可获得Ⅲ～Ⅴ类围岩在不同 $\sigma_1 - \sigma_3$ 下对应的莫尔应力圆，通过线性拟合可得到其各自对应的黏聚力 C（MPa）和内摩擦角 φ（°）值。详细结果为：Ⅱ类：$C = 1.85 \sim 2.0$MPa，$\varphi = 46° \sim 50°$；Ⅲ类：$C = 1.35 \sim 1.6$MPa，$\varphi = 42° \sim 49°$；Ⅳ类：$C = 0.95 \sim 1.2$MPa，$\varphi = 39° \sim 44°$及Ⅴ类：$C = 0.5 \sim 0.75$MPa，$\varphi = 32° \sim 40°$。

数值试验与围岩分类估算法结果对照发现，Ⅱ～Ⅲ类数值试验结果较工程经验统计法、围岩分类准则估算结果均为整体偏小，Ⅳ～Ⅴ类比工程经验统计法、围岩分类准则结果偏大，即体现为不同围岩类别对应的黏聚力 C（MPa）和内摩擦角 φ（°）值并无显著离散特征，究其原因，一方面可能与初始分析分解模型

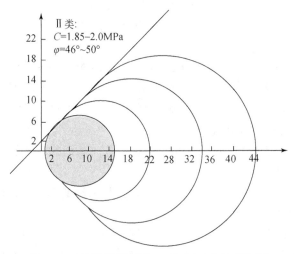

图 4.21　Ⅱ类围岩不同 $\sigma_1 - \sigma_3$ 下对应的莫尔圆

有关，Ⅱ~Ⅴ类代表性结构面网络图差异性不甚明显；另一方面建模过程中，对完整岩块、结构面赋值大体相同，受边界约束条件限制，使得实测结果与现实情况出现不吻合情况，该结果仍有待进一步研究讨论。

4.4　本 章 小 结

本章以大岗山水电站地下厂房区围岩分类结果为对象，分别从围岩物理力学特征室内常规力学试验（烘干密度、比重、吸水率、干湿抗压强度、干湿抗拉强度、弹性模量、波速等）、三轴压缩试验、软弱带力学性质试验，以及现场变形特性试验、剪切强度特性试验详细探讨了不同围岩类别所对应的力学参数，建立了围岩质量分类与力学参数的联系，实现"质"（围岩分级体系）与"量"（围岩力学参数）的统一。在此基础上，通过对岩体力学参数相关评价指标的内在关联性论证分析，特别是针对声波波速开展的相关性研究，实现应用声波波速评价围岩质量类别和估算相关力学参数，此外，探讨了基于分析分解模型数值试验估算力学参数方法。对于建立围岩质量分类中"质"和"量"深入配套工作具有一定的参考意义。

依据试验成果及评价指标相关性分析，厂房区不同围岩类别力学参数值具有以下主要特征：

（1）厂房区内围岩从微新至全、强风化围岩密度逐渐减小，吸水率、饱和吸水率逐渐增大，其中花岗岩的增幅远大于辉绿岩脉；岩体弹性模量逐渐降低，而Ⅴ类辉绿岩脉弹性模量仍远大于同类花岗岩体；岩石纵波速度存在下降，且基本满足规范关于不同围岩类别对应的波速值；岩石抗压、抗拉强度逐渐下降，当围岩类别较差时，其几乎无法承载拉应力作用；相应地，岩石软化系数亦逐渐降低。

（2）三轴压缩试验时，围压（侧压）对岩体的弹性模量、变形模量、抗压强度（峰值应力）均有强化作用，其中最为明显的是抗压（峰值）强度，当围压为 10~14MPa 时，抗压（峰值）强度增加幅度可达 90%~150%，反映地应力作用对围岩强度特征的强化作用。

（3）围岩现场变形特性试验表明，随着围岩类别的增大，变形模量值均出现显著降低，呈现负指数分布形式，其中 Ⅱ~Ⅴ 类花岗岩割线模量大致存在 10：4：2.5：1：0.6 的比值关系，Ⅲ₁~Ⅴ 类辉绿岩割线模量大致存在 10：2.5：1.0：0.5 的比值关系。

（4）现场原位大剪试验测定围岩抗剪强度值，其中抗剪断强度试验成果采用峰值强度，抗剪强度采用二次剪峰值强度，优定斜率法确定的强度结果表明，随着围岩类别增大，剪切强度值呈现明显降低，该结果大体反映了各类围岩的抗剪（断）强度特性，同其他力学参数确定手段结合，可作为设计、施工等力学参数的取值依据。

（5）提出基于分析分解模型方法实现对岩体结构的数值试验，进而确定围岩力学参数。本书基于结构面空间分布特征因素对围岩分类结果影响探讨，应用结构面网络模拟方法（FracSim 3D 程序）生成对应于不同围岩类别的结构面网络图，考虑岩体各向异性特征，通过截取不同方向断面产生二维结构面网络图，接着应用 Phase 程序建立其对应的岩体结构数值模型，通过有效控制边界条件实现对单轴压缩、三轴试验等的模拟确定，大体可反映不同类别围岩的力学参数值。

参 考 文 献

程东幸, 潘炜, 刘大安, 等. 2006. 锚固节理岩体等效力学参数三维离散元模拟 [J]. 岩土力学, 27 (12): 2127-2132.

杜时贵. 2005. 岩体结构面抗剪强度经验估算 [M]. 北京: 地震出版社.

黄志全, 陈尚星, 李华晔. 2005. 溪洛渡电站软弱夹层剪切强度分析研究 [J]. 地质与勘探, 27 (4): 98-101.

李世海, 董大鹏, 燕琳. 2003. 含节理岩块单轴受压试验三维离散元数值模拟 [J]. 岩土力学, 24 (4): 648-652.

梁正召, 唐春安, 李厚样, 等. 2005. 单轴压缩下横观各向同性岩石破裂过程的数值模拟 [J]. 岩土力学, 26 (1): 57-64.

卢书强. 2004. 澜沧江糯扎渡水电站地下硐室群岩体质量分级及其对围岩稳定性的控制作用 [D]. 成都理工大学硕士学位论文.

麦戈, 唐照平, 唐欣薇. 2013. 岩石单轴压缩端部效应的数值仿真分析 [J]. 长江科学院报，6：68-71.

米德才. 2006. 浅埋大跨度硐室群围岩稳定性工程地质研究 [D]. 成都：成都理工大学博士
　学位论文.

申艳军. 2014. 基于分析分解模型数值试验的围岩力学参数估算 [J]. 长江科学院院报，
　31（7）：53-59.

盛谦，黄正加，邬爱清. 2001. 三峡节理岩体力学性质的数值模拟试验 [J]. 长江科学院院
　报，18（1）：35-37.

孙广忠，孙毅. 2011. 岩体力学原理 [M]. 北京：科学出版社.

徐光黎，潘别桐，晏同珍. 1991. 节理岩体变形模量估算新方法 [J]. 地球科学——中国地质
　大学学报，16（5）：573-580.

徐金明，谢芝蕾，贾海涛. 2010. 石灰岩细观力学特性的颗粒流模拟 [J]. 岩土力学，
　31（S2）：390-395.

于庆磊，唐春安，杨天鸿，等. 2005. 平台中心角对岩石抗拉强度测定影响的数值分析 [J].
　岩土力学，29（S2）：3251-3260.

中国科学院数学研究所统计组. 1973. 常用数理统计方法 [M]. 北京：科学出版社.

周火明，盛谦. 2001. 三峡工程永久船闸边坡岩体宏观力学参数的尺寸效应研究 [J]. 岩石力
　学与工程学报，20（5）：661-664.

周维垣，杨延毅. 1992. 节理岩体力学参数取值研究 [J]. 岩土工程学报，14（5）：1-11.

Xu C S, Dowd P. 2010 A new computer code for discrete fracture network modelling [J]. Computers
　& Geosciences, 36（3）：292-301.

第5章 大型地下工程围岩力学参数
经验估算分析

围岩力学参数通常是通过岩体（岩石）的试验结果，配合以一定的数学处理方法及人为经验来综合确定，而如前章试验结果，围岩力学参数值存在相当大的离散性、不确定性，仅凭可研阶段有限的平硐、钻孔资料很难全面反映研究区围岩力学特性，而对处于施工期的地下硐室而言，现场施工实际情况难以支撑长时间、大范围的力学试验测试，故关于施工期围岩物性值多有赖于可研阶段的试验获得。但是，施工阶段随着硐室不断开挖，现场围岩质量水平得以全断面直观展示，如何发挥施工阶段优势，有效开展施工信息反馈设计，对围岩力学参数进行修正、优化，同时通过进一步施工予以检验、反馈与改进，是体现地下工程勘察、设计、施工一体化发展趋势的重要一环，亦是动态获得相对准确围岩力学参数的重要选择。故本章主要探讨应用现场实地获得的围岩分类及结构特征结果，建立围岩类别与力学参数的内在关联，实现对硐室围岩力学参数的估算分析。

5.1 围岩力学参数经验估算方法概述

当施工阶段难以开展大量围岩室内、现场力学试验时，可借助相关大量工程经验方法对不同围岩类别力学参数予以区间统计，也可通过经验准则建立围岩类别与相关力学参数的关联关系进行估算。此外，反分析方法亦逐渐被用于围岩力学参数的估算，目前，围岩力学参数估算方法可概括如下。

5.1.1 基于工程经验统计法估算围岩力学参数

工程经验统计法是在大量现场围岩力学参数试验资料基础上，针对各类别围岩进行数学归纳、统计、分析，进而实现对各类围岩力学参数的区间估计。首先，收集以往类似工程围岩现场力学试验资料，并进行必要异常值剔除处理，其次，将收集到参数值按围岩类别进行分级归纳、统计，得到不同级别围岩力学参数取值范围，最后，结合相关规范、标准关于力学参数值的上、下限值要求，对已统计结果进行微调，以确保参数范围的规范性。

5.1.2 基于围岩分类体系估算围岩力学参数

通过经验准则、数据拟合建立围岩类别与力学参数的关联式，因其使用简单、方便，现成为岩体工程力学参数估算上最常采用的方法。其基本思路为：首先，根据大量的工程经验，选取与围岩质量相关指标或分类方法对应评价值（如：岩体波速 V_p、RQD 值或 Q、RMR、GSI 指标值）作为输入参数，然后建立诸类值与围岩力学参数的经验关系式，进而实现对不同围岩类别力学参数的估算。

该方法与工程经验统计法均属于经验类别法，在难以进行大规模现场原位试验时，应用该类方法可以实现对围岩力学参数的快速粗略估算。

5.1.3　基于反分析法推算围岩力学参数

广义而言，现场试验测定岩体力学参数均属于反演分析法，即通过评估围岩强度、变形规律反推其所对应的力学参数。而依据现场位移量测信息反演各类围岩未知力学参数，则属于传统意义上的位移反分析法，其实现步骤实质上是正演、反演分析反复计算的过程。首先，应用有限元方法建立反映围岩结构特征的模型，接着，通过正演分析确定不同围岩力学参数与围岩变形关系的先验数据（训练样本）；其次，再依附于相关自适应调整、BP 神经网络算法，以提高训练收敛速率为目标，应用施工阶段监测到的围岩实测位移值，通过计算机仿真、人工智能处理方法获得各围岩类别对应的力学参数。

考虑以上围岩力学参数估算方法的普适性与实用性，本书对前两种围岩力学参数的经验估算方法予以重点讨论，而对实际快捷应用难度较大的反分析法不再展开篇幅讨论。此外，基于岩体结构精细化描述体系构建围岩评价指标分布概型及相关参数，结合围岩分类结果与力学参数的内在关联，可较好用于围岩力学参数概型及分布特征估算，是未来应积极探索发展的新思路。

5.2　基于工程经验统计法估算围岩力学参数

5.2.1　统计样本来源及数据处理

5.2.1.1　各级别岩体力学参数试验值样本统计

本书试验值统计样本来源主要依据：①张宜虎（2011）收集到的自 20 世纪 60 年代以来国内重大水利水电工程的现场岩体力学参数试验资料；②汪小刚和董育坚（2010）收集的岩基抗剪强度参数统计数据；③中国水利水电科学研究院 1991 年主编的《岩石力学参数手册》相关推荐力学参数试验值。而对于涉及的围岩力学参数，主要针对试验展开难度相对较大的强度特征参数建议值（抗压强度 σ_c、抗拉强度 σ_t、黏聚力 C 和内摩擦角 φ）和变形特征参数建议值

（变形模量 E_0、泊松比 υ），其中抗拉强度 σ_t 和泊松比 υ 值变化区间较小，统计意义不大，而表征围岩抗压强度 σ_c 值可基于 Mohr-Coulomb 准则，通过黏聚力 C、内摩擦角 φ 换算得到，故仅对黏聚力 C、内摩擦角 φ 和变形模量 E_0 地质建议值进行统计，依据张宜虎（2011）的统计资料，并对原始资料予以一定补充、修正，得到各类别围岩力学参数试验相关样本的均值、方差以及不同累积概率所对应的界限值（表 5.1~表 5.3）。

表 5.1　各类别围岩黏聚力试验值样本统计（据张宜虎等，2011，略补充）

依据来源	级别	样本数	最小值/MPa	最大值/MPa	均值/MPa	均方差	不同累积概率对应界限值/MPa			
							20%	80%	25%	75%
长江科学院试验资料	I	7	1.12	6.86	3.39	2.21	1.52	5.25	1.89	4.88
	II	28	0.54	5.31	2.52	1.33	1.4	3.64	1.62	3.42
	III	27	0.2	3.8	1.66	0.9	0.9	2.42	1.05	2.27
	IV	39	0.04	2.15	0.74	0.61	0.23	1.25	0.33	1.15
	V	16	0.02	1.91	0.5	0.53	0.06	0.95	0.15	0.86
汪小刚和董育坚（2010）*	E1	—	—	—	—	—	—	—	—	—
	E2	13	—	—	2.57	1.21	0.55	2.59	0.75	2.39
	E3	19	—	—	1.89	0.94	1.1	2.68	1.26	2.52
	E4	37	—	—	1.2	0.9	0.44	1.96	0.59	1.81
	E5	5	—	—	0.37	0.25	0.07	0.58	0.08	0.6
《岩石力学参数手册》☆	I	11	1.78	8.47	4.26	2.78	—	—	—	—
	II	22	0.76	6.25	2.86	1.69	—	—	—	—
	III	35	0.16	2.75	1.64	1.03	—	—	—	—
	IV	21	0.06	2.32	0.88	0.56	—	—	—	—
	V	13	0.02	0.55	0.13	0.35	—	—	—	—

　　* E1~E5 即大体对应围岩类别 I~V 级，下同；☆ 主要统计了火成岩力学参数试验值，其岩体质量分类依据岩体结构类型及风化程度大致界定，V 类岩体采用软弱层强度指标代为统计，下同。

表 5.2　各类别围岩内摩擦角试验值样本统计（据张宜虎等，2011，略补充）

依据来源	级别	样本数	最小值/(°)	最大值/(°)	均值/(°)	均方差	不同累积概率对应界限值/(°)			
							20%	80%	25%	75%
长江科学院试验资料	I	7	—	—	59.75	16.26	55.76	62.98	56.62	62.39
	II	28	—	—	60.59	24.19	54.36	65.08	55.78	64.29
	III	27	—	—	55.18	17.73	49.44	59.64	50.7	58.84
	IV	39	—	—	46.74	22.87	35.28	54.81	37.88	53.42
	V	16	—	—	37.14	15.96	27.33	44.95	29.44	43.54

续表

依据来源	级别	样本数	最小值/(°)	最大值/(°)	均值/(°)	均方差	不同累积概率对应界限值/(°)			
							20%	80%	25%	75%
汪小刚和董育坚（2010）	E1	—	—	—	—	—	—	—	—	—
	E2	13	—	—	63.69	19.04	47.67	79.72	50.85	76.54
	E3	19	—	—	57.37	10.04	48.92	65.82	50.59	64.14
	E4	37	—	—	47.75	22.21	29.06	66.44	32.77	62.73
	E5	5	17.23	45.02	31.29	9.00	20.35	41.35	21.56	40.09
《岩石力学参数手册》	I	10	45.35	67.88	61.35	17.23	—	—	—	—
	II	20	41.26	63.49	57.56	12.36	—	—	—	—
	III	32	30.43	55.98	52.12	17.56	—	—	—	—
	IV	21	20.84	52.75	45.62	19.54	—	—	—	—
	V	13	17.5	38.6	27.56	4.36	—	—	—	—

表 5.3　各类别围岩变形模量试验值样本统计（张宜虎等，2011，略补充）

依据来源	级别	样本数	最小值/GPa	最大值/GPa	均值/GPa	均方差	不同累积概率对应界限值/GPa			
							20%	80%	25%	75%
长江科学院试验资料	I	89	20.6	72.19	42.7	11.36	33.14	52.27	—	—
	II	184	5.24	57.5	26.3	10.96	17.07	35.53	—	—
	III	262	0.92	25.1	10.82	5.19	6.45	15.19	—	—
	IV	184	0.57	9.55	4.12	1.92	2.51	5.74	—	—
	V	178	0	2.32	0.56	0.58	0.07	1.04	—	—
《岩石力学参数手册》	I	11	42.2	90.7	49.35	15.54	—	—	—	—
	II	22	10.6	64.3	32.52	10.39	—	—	—	—
	III	35	2.2	47.6	17.36	12.23	—	—	—	—
	IV	21	0.28	17.14	8.56	3.36	—	—	—	—
	V	13	0.015	4.6	1.28	0.79	—	—	—	—

5.2.1.2　各级别围岩力学参数地质建议值样本统计

地质建议值是基于力学参数试验值成果，并综合考虑现场实际地质状况、试样特征离散性、现场试验条件及相关工程经验等因素，对原始试验值进行合理调整后，作为工程力学计算、支护设计实际应用的最终力学参数建议值。可见，地质建议值对实际工程更具有研究意义。目前，各水力发电岩体工程中岩体力学参数地质建议值各不相同，其主要依赖于其相关试验数据最终获得，故存在较大的离散性，为标准化设计带来诸多不便。

目前，共收集到国内已建或在建的 25 项大型水力发电工程，作为岩体力学参数统计样本进行统计，以便确定可被工程所广泛接受的岩体参数范围地质建议值。本书主要针对 II ~ V 类围岩力学参数地质建议值展开，详见表5.4。

表5.4　施工阶段典型水力发电工程各围岩类别对应力学参数地质建议值

工程名称	II类			III类			IV类			V类		
	C/MPa	φ/(°)	E_0/GPa	C/MPa	φ/(°)	E_0/GPa	C/MPa	φ/(°)	E_0/GPa	C/MPa	φ/(°)	E_0/GPa
二滩	1.2 ~ 3.2	50 ~ 55	20 ~ 33	0.8 ~ 1.2	40 ~ 55	4 ~ 20	0.3 ~ 0.8	27 ~ 40	3 ~ 4	0.05 ~ 0.3	20 ~ 27	0.5 ~ 1
小湾	1.7 ~ 2.5	53 ~ 58	9 ~ 12	1.0 ~ 1.2	44 ~ 46	4 ~ 9	0.5 ~ 0.8	35 ~ 38	1 ~ 4	—	—	0 ~ 1
瀑布沟	1.3 ~ 2.0	50 ~ 54	12 ~ 20	1.0 ~ 1.3	45 ~ 50	6 ~ 12	0.6 ~ 1.0	37 ~ 44	1 ~ 6	0.05 ~ 0.5	25 ~ 30	0 ~ 1
三峡	1.5 ~ 2.1	50 ~ 60	22 ~ 28	0.7 ~ 1.5	39 ~ 50	10 ~ 15	0.2 ~ 0.7	27 ~ 39	1 ~ 5	<0.2	<27	0.5 ~ 2
锦屏 I 级	2.0	53 ~ 56	22 ~ 30	0.9 ~ 1.5	45 ~ 47	5 ~ 15	0.4 ~ 0.6	31 ~ 35	2 ~ 5	0.02	17	0.4 ~ 0.8
锦屏 II 级	1.1 ~ 1.2	52 ~ 54	11 ~ 18	0.7 ~ 1.0	42 ~ 50	5 ~ 11	0.3 ~ 0.5	22 ~ 31	3 ~ 5	0.05 ~ 0.3	17 ~ 21	<3
糯扎渡	1.5 ~ 2.0	51 ~ 55	16 ~ 27	0.8 ~ 1.5	46 ~ 51	5 ~ 15	0.2 ~ 0.7	35 ~ 45	1.2 ~ 4	—	17 ~ 33	0.4 ~ 1.2
百色	0.9 ~ 1.5	48 ~ 53	10 ~ 20	0.7 ~ 0.9	40 ~ 47	6 ~ 10	0.4 ~ 0.7	28 ~ 32	2 ~ 6	0.1 ~ 0.4	22 ~ 26	0.5 ~ 2
白鹤滩	1.7 ~ 1.9	58 ~ 60	20 ~ 30	0.7 ~ 1.4	39 ~ 51	15 ~ 20	0.2 ~ 0.7	32 ~ 40	0.3 ~ 5	0.12 ~ 0.2	24 ~ 31	0.1 ~ 0.5
拉西瓦	1.8 ~ 3.5	47 ~ 55	15 ~ 25	1.2 ~ 1.8	35 ~ 43	4 ~ 20	0.7 ~ 1.1	28 ~ 35	1 ~ 4	0.05 ~ 0.1	22 ~ 27	<1
溪洛渡	2.0 ~ 2.8	50 ~ 60	17 ~ 26	1.5 ~ 2.0	46 ~ 50	4 ~ 17	1.0 ~ 2.0	37 ~ 46	2 ~ 4	0.25 ~ 1.0	28 ~ 33	1 ~ 2
向家坝	0.8 ~ 1.7	48 ~ 54	10 ~ 12	0.7 ~ 1.0	43 ~ 46	6 ~ 10	0.5 ~ 0.7	36 ~ 41	0.4 ~ 6	0.25 ~ 0.5	15 ~ 29	—
猴子岩	1.0 ~ 1.4	45 ~ 50	11 ~ 16	0.6 ~ 1.0	35 ~ 45	5 ~ 12	0.2 ~ 0.5	27 ~ 35	3 ~ 4	0.05 ~ 0.2	17 ~ 27	0.5 ~ 2

续表

工程名称	Ⅱ类			Ⅲ类			Ⅳ类			Ⅴ类		
	C/MPa	φ/(°)	E_0/GPa	C/MPa	φ/(°)	E_0/GPa	C/MPa	φ/(°)	E_0/GPa	C/MPa	φ/(°)	E_0/GPa
玛依纳	—	—	—	—	—	—	0.3~0.5	31~35	1~4	0.05~0.2	22~27	0.2~0.35
景洪	—	—	10~12	—	—	5~8	—	—	2~5	—	—	0.2~2
观音岩	—	—	10~20	—	—	3~10	—	—	0.5~3	—	—	0~1.5
双江口	1.5~1.6	50~53	10~15	0.7~1.2	39~48	5~9	0.3~0.5	31~39	2~4	0.01~0.1	19~24	0.2~0.35
大岗山	2.0	50~53	18~25	1.0~1.5	45~50	7~18	0.5~0.9	35~40	4~7	0.05~0.2	20~23	0.5~4
深溪沟	1.4~1.6	50~52	10~12	0.7~1.2	39~45	5~8	0.3~0.5	27~35	2~3	0.05~0.2	19~22	<1
泸定	1.5~1.7	50~53	10~12	0.7~0.8	39~45	5~8	0.3~0.4	26~35	1~3	0.05~0.1	19~26	<0.5
水布垭	1.5~2	58~63	20	0.8~1.5	46~53	7~15	0.2~0.8	25~33	5~7	0.01~0.2	13~25	0~5
两河口	—	—	20~32	—	—	12~20	—	—	5~12	—	—	2~5
鲁布革	1.5~3.8	42~55	13~20	0.5~1.5	28~42	8~13	0.2~0.5	19~28	3~8	0.02~0.2	14~19	1~3
漫滩	2.5~3.5	50~57	10~18	1~2.5	40~48	7~11	0.4~1.0	33~38	2~7	0.02~0.4	20~25	0.5~2
龚嘴	—	43~55	12~18	—	35~43	5~12	0.2~0.6	30~36	0.2~5	0.05~0.2	28~31	—

基于表5.4统计结果，分别对Ⅱ~Ⅴ类围岩力学参数地质建议值进行归纳，并计算出各级别岩体力学参数对应的均值、方差，详见表5.5。

表5.5　各类别围岩力学参数地质建议值归纳表

级别	黏聚力 C				内摩擦角 φ				变形模量 E_0			
	最小值/(°)	最大值/(°)	均值/(°)	均方差	最小值/(°)	最大值/(°)	均值/(°)	均方差	最小值/(°)	最大值/(°)	均值/(°)	均方差
Ⅱ	0.8	3.8	1.82	0.44	42	63	52.72	3.34	9	33	18.10	5.04
Ⅲ	0.5	2.5	1.14	0.30	28	55	44.44	3.78	3	20	10.12	2.84
Ⅳ	0.2	1.1	0.55	0.56	19	46	33.88	4.75	0.3	12	3.78	1.50
Ⅴ	0.01	0.5	0.17	0.48	13	33	23.45	4.02	0	5	1.41	0.85

5.2.2　围岩力学参数区间估计分析

5.2.2.1　各级别围岩力学参数试验值区间估计分析

为实现实际应用，需依据围岩力学参数不同累积概率界限值，经适当数值调整及取整处理，得到不同类别围岩力学试验值区间估计范围，详细结果见表 5.6。

表 5.6　各类别围岩力学参数试验值区间估计表

级别	黏聚力 C 区间估计范围		内摩擦角 φ 区间估计范围		变形模量 E_0 区间估计范围	
	区间下限/MPa	区间上限/MPa	区间下限/(°)	区间上限/(°)	区间下限/GPa	区间上限/GPa
Ⅰ	2.4	—	60	—	35	—
Ⅱ	2.0	2.4	55	60	18	35
Ⅲ	1.2	2.0	50	55	6	18
Ⅳ	0.6	1.2	35	50	1.5	6
Ⅴ	—	0.6	—	35	—	1.5

5.2.2.2　各级别围岩力学参数地质建议值区间估计分析

依据围岩力学参数地质建议值的不同累积概率界限范围，并经适当数值调整及取整处理，得到不同类别围岩力学地质建议值区间估计范围，详细结果见表 5.7。

表 5.7　各类别围岩力学参数地质建议值区间估计表

级别	黏聚力 C 区间估计范围		内摩擦角 φ 区间估计范围		变形模量 E_0 区间估计范围	
	区间下限/MPa	区间上限/MPa	区间下限/(°)	区间上限/(°)	区间下限/GPa	区间上限/GPa
Ⅰ	2.0	—	55	—	20	—
Ⅱ	1.5	2.0	50	55	10	20
Ⅲ	0.7	1.5	40	50	5	10
Ⅳ	0.3	0.7	30	40	2	5
Ⅴ	—	0.3	—	30	—	2

5.2.3　不同围岩类别对应力学参数规范化调整

为确保参数范围的统一性与规范性，需依据上小节统计结果对相关规范、标准关于力学参数试验值、地质建议值的上、下限值进行恰当微调。首先需对国内外围岩分类规范、标准中各类围岩的力学参数建议范围予以归纳。

5.2.3.1　各级别围岩力学参数试验值规范化调整

目前，涉及岩体工程各级围岩力学参数试验值推荐范围的规范有：GB 50218—2014《工程岩体分级标准》、TB 10003—2005《铁路隧道设计规范》、JTGD 07—2004《公路隧道设计规范》及 TB 10108—2002《铁路隧道喷锚构筑法技术规则》，其详细推荐范围见表 5.8 示。

从表 5.8 与表 5.7 对比发现，本书统计结果较规范推荐值普遍偏大，分析原因主要在于本书统计样本几乎均为水力发电工程，未涉及铁路、公路、井巷等相关工程，而水力发电工程岩体质量普遍偏好，且水电工程作为极其重要工程，其对岩体质量类别划分相对严格，相应的力学参数值普遍偏高。

目前，水力发电系统尚无围岩力学参数试验值区间推荐表，故表 5.8 可供未来编写"水电围岩力学参数试验值区间推荐值"参考。

表 5.8　各行业规范关于围岩力学参数试验值区间推荐表

行业标准、规范	级别	黏聚力 C 区间推荐范围		内摩擦角 φ 区间推荐范围		变形模量 E_0 区间推荐范围	
		区间下限 /MPa	区间上限 /MPa	区间下限 /(°)	区间上限 /(°)	区间下限 /GPa	区间上限 /GPa
GB 50218—2014《工程岩体分级标准》	I	2.1	—	60	—	33	—
	II	1.5	2.1	50	60	20	33
	III	0.7	1.5	39	50	6	20
	IV	0.2	0.7	27	39	1.3	6
	V	—	0.2		27		1.3
TB 10003—2005《铁路隧道设计规范》	I	2.1	—	60	—	33	—
	II	1.5	2.1	50	60	20	33
	III	0.7	1.5	39	50	6	20
	IV	0.2	0.7	27	39	1.3	6
	V	0.05	0.2	20	26	1	2
JTGD 07—2004《公路隧道设计规范》	I	2.1		60		33	
	II	1.5	2.1	50	60	20	33
	III	0.7	1.5	39	50	6	20
	IV	0.2	0.7	27	39	1.3	6
	V	—	0.2		27		1.3

续表

行业标准、规范	级别	黏聚力 C 区间推荐范围		内摩擦角 φ 区间推荐范围		变形模量 E_0 区间推荐范围	
		区间下限 /MPa	区间上限 /MPa	区间下限 /(°)	区间上限 /(°)	区间下限 /GPa	区间上限 /GPa
TB 10108—2002 《铁路隧道喷锚构筑法技术规范》	I	6.3	—	45	—	30	—
	II	1.7	6.3	40	45	10	30
	III	0.4	1.7	35	40	3	10
	IV	0.1	0.4	30	35	1	3
	V	—	0.1	20	30	0.12	1

5.2.3.2 各级别围岩力学参数地质建议值规范化调整

GB 50287—2006《水力发电工程地质勘察规范》推荐了不同围岩类别所对应的力学参数地质建议值。此外，国际上围岩分类方法（RMR、Q）或行业规范亦推荐了相关围岩力学参数地质建议值（或计算参考值），详见表5.9。

从表5.9与表5.6对比发现，本书统计结果与水力发电规范推荐值大体上较一致，可见目前水力发电系统关于围岩力学参数地质建议值的合理性，若设计阶段无详尽力学参数推荐值可参考，则可依据规范规定进行粗略估计应用。而与国际上围岩分类方法或行业规范对比发现，二者之间出入较大，特别是 RMR、Q 法的推荐范围难以满足国内水电系统工程应用，故目前仅可应用国际围岩分类方法对围岩质量予以分类应用，关于其相关力学参数的估算推荐，需借助国内工程实践予以对应性拟合分析。

表5.9　各行业规范、围岩分类方法关于围岩力学参数地质建议值区间推荐表

行业规范、围岩分类方法	级别	黏聚力 C 区间推荐范围		内摩擦角 φ 区间推荐范围		变形模量 E_0 区间推荐范围	
		区间下限 /MPa	区间上限 /MPa	区间下限 /(°)	区间上限 /(°)	区间下限 /GPa	区间上限 /GPa
GB 50287—2006 《水力发电工程地质勘察规范》	I	2.0	2.5	54	58	20	—
	II	1.5	2.0	50	54	10	20
	III	0.7	1.5	42	50	5	10
	IV	0.3	0.7	30	42	2	5
	V	0.05	0.3	22	30	0.2	2

行业规范、围岩分类方法	级别	黏聚力 C 区间推荐范围		内摩擦角 φ 区间推荐范围		变形模量 E_0 区间推荐范围	
		区间下限 /MPa	区间上限 /MPa	区间下限 /(°)	区间上限 /(°)	区间下限 /GPa	区间上限 /GPa
RMR	I	0.4	—	45	—	60	—
	II	0.3	0.4	35	45	20	60
	III	0.2	0.3	25	35	5.62	20
	IV	0.1	0.1	15	25	1.78	5.62
	V	—	0.1	—	15	—	1.78
Q	I	—	—	—	—	38	—
	II	—	—	—	—	21	38
	III	—	—	—	—	9	21
	IV	—	—	—	—	4	9
	V	—	—	—	—	—	4
新奥法设计施工指南（日本）	I	2	—	45	—	20	—
	II	1	2	40	45	5	20
	III	0.5	1	35	40	2	5
	IV	0.15	0.5	30	35	1	2
	V	—	0.15	20	30	—	1

5.3　基于围岩分级结果的围岩力学参数估算分析

通过建立各围岩分类方法评价结果与力学参数推荐值的关联关系，进而实现对围岩力学参数的估算，已成为目前围岩力学参数估算的重要方法。目前实现途径主要有两种：①通过对大量工程实例的围岩类别与力学参数对应性统计，拟合得到围岩类别与力学参数的关系式；②基于 Hoek-Brown 经验准则及相关评价参数（m、s、a 等），通过合理确定 GSI 指标值，或建立 GSI 值与围岩分类方法评价指标（RMR、Q、RMi、BQ 及 HC）的内在关联性，来实现对围岩力学参数的估算分析。对前一种途径而言，考虑力学参数分布的离散性，难以用确定性拟合公式来表示所有围岩类别与力学参数的关系，故一般推荐采用上下限拟合关系式予以控制。而后一种途径的重点在于，如何合理确定各评价参数 m、s、a 及 GSI 指标值。

本节基于以上两种实现途径，首先，对第一种途径采取统计方法，通过归纳目前被广泛应用的围岩类别与力学参数的经验关系式，实现对上下限拟合关系式的控制性推荐；其次，对后一种途径着重探讨评价参数与 GSI 值的确定思路，以求合理获得可实际应用的相关评价指标值。如 5.2.1 节所言，仅讨论围岩强度特征参数（围岩抗压强度 σ_{cm}、抗拉强度 σ_{tm}、黏聚力 C 和内摩擦角 φ）和变形特征参数（变形模量 E_0），其中，黏聚力 C 和内摩擦角 φ 通过 Mohr-Coulomb 准则与 Hoek-Brown 经验准则关联转换予以实现。

5.3.1　围岩抗压、拉强度特征参数估算

5.3.1.1　基于经验统计的围岩强度特征参数拟合限式估算

由于围岩抗拉强度值难以实测，目前广泛应用的多为围岩抗压强度参数拟合估算式，现将搜集到的不同围岩分类方法所对应抗压强度参数估算式罗列在表 5.10 中。

表 5.10　应用较为广泛的围岩抗压强度参数拟合估算式

推荐文献出处	拟合估算式	推荐文献出处	拟合估算式
Kalamaris and Bieniawski (1995)	$\dfrac{\sigma_{cm}}{\sigma_c} = \exp\left(\dfrac{RMR-100}{24}\right)$	Aydan and Dalgic (1998)	$\dfrac{\sigma_{cm}}{\sigma_c} = \dfrac{RMR}{600-5RMR}$
Ramamurthy (1986)	$\dfrac{\sigma_{cm}}{\sigma_c} = \exp\left(\dfrac{RMR-100}{18.5}\right)$	Singh (2005)	$\sigma_{cm} = 5\gamma \left(Q \times \sigma_c/100\right)^{1/3}$
Yudhbir (1983)	$\dfrac{\sigma_{cm}}{\sigma_c} = \exp\left(7.65\dfrac{RMR-100}{100}\right)$	Barton (2002)	$\dfrac{\sigma_{cm}}{\sigma_c} = \exp(0.6\lg Q - 2)$
Sheorey (1997)	$\dfrac{\sigma_{cm}}{\sigma_c} = \exp\left(\dfrac{RMR-100}{20}\right)$	Palmstrom (1995)	$\dfrac{\sigma_{cm}}{\sigma_c} = JP$

将应用较为广泛的围岩抗压强度参数拟合式用光滑线条表示，详见图 5.1，其中对于 Barton 推荐公式采用 $RMR = 9\ln Q + 44$ 的等效关系予以了必要处理。从图中可知，不同的拟合关系式之间存在较大的离散性，但仍可从图中获取相关规律性特征：

（1）Yudhbir 推荐式与其他关联式存在较大差异，且其推荐值整体偏小，与实际情况不吻合，故不建议采用该推荐式进行围岩抗压强度值估算。

（2）Ⅰ类围岩抗压强度值随着 RMR 的增大而加速接近完整岩块抗压强度值，其中当 RMR = 90 时，σ_{cm}/σ_c 为 0.6 ~ 0.75，而 RMR = 80 时，σ_{cm}/σ_c 为 0.35 ~ 0.5。

（3）Ⅱ类围岩抗压强度值随着 RMR 的增大呈斜率 $K = 1.2$ 增长，但总体偏离散，当 RMR = 60 时，σ_{cm}/σ_c 为 0.15 ~ 0.25。

（4）Ⅲ ~ Ⅴ类围岩抗压强度值总体偏小，不及完整岩块抗压强度值的 20%，其中Ⅲ类围岩对应的 σ_{cm}/σ_c 为 0.1 ~ 0.2，Ⅳ类围岩对应的 σ_{cm}/σ_c 为 0.04 ~ 0.1，Ⅴ类围岩 σ_{cm}/σ_c 一般不超过 0.1。

（5）综合围岩抗压强度比值与 RMR 拟合经验关系式，并结合相关工程经验数据，本书推荐采用 Sheorey 拟合式对围岩抗压强度参数值估算分析。即对应图5.1 中实线。而上、下限式可分别采用 Barton 拟合式、Ramamurthy 拟合式予以估算控制。

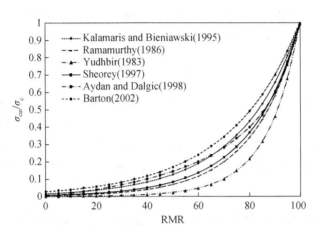

图 5.1　围岩抗压强度比值与 RMR 拟合经验关系对照图

5.3.1.2　基于 Hoek-Brown 经验准则的围岩强度特征参数估算

Hoek-Brown 经验准则自 1980 年提出后，几经修正，目前已至 2002 版，其实用性及准确性较之前也有较大提高，Hoek-Brown 经验准则（2002）较广义版Hoek-Brown 准则的最大不同是考虑爆破损伤和应力释放对围岩强度的影响，引入了岩体扰动系数 D，并用其对常数 m_b、s 和 a 进行修正，并去掉了阈值 GSI = 25。其计算表达式如下：

$$\sigma_1 = \sigma_3 + \sigma_c\left(m_b\frac{\sigma_3}{\sigma_c} + s\right)^a \tag{5.1}$$

$$\begin{cases} m_b = m_i\exp\left(\dfrac{\mathrm{GSI} - 100}{28 - 14D}\right) \\[2mm] s = \exp\left(\dfrac{\mathrm{GSI} - 100}{9 - 3D}\right) \\[2mm] a = \dfrac{1}{2} + \dfrac{1}{6}(\mathrm{e}^{-\mathrm{GSI}/15} - \mathrm{e}^{-20/3}) \end{cases}$$

式中，σ_1、σ_3 分别为岩体最大、小主应力；σ_c 为岩块单轴抗压强度；GSI 为地质强度指标；m_i 为常数，可查表得到。

在式（5.1）中，令 $\sigma_3 = 0$，可得到围岩抗压强度参数值为

$$\sigma_{cm} = \sigma_c s^a \tag{5.2}$$

式中，s、a 均与系数 GSI、D 有关，其中扰动系数 D 的确定相对简单，可依据本书 3.3 节中表 3.17（岩体扰动系数 D 取值建议及对应波速降 λ 参考表）予以选取，而 GSI 值应根据围岩结构发育特征予以综合选取，详细确定方法见 3.2.2 小节介绍。

同样，考虑在破碎岩体中，岩体单轴抗压强度等于双轴抗拉强度，即令 $\sigma_1 = \sigma_3 = \sigma_t$，此时围岩抗拉强度参数值可表示为

$$\sigma_{tm} = -\frac{s\sigma_c}{m_b} \tag{5.3}$$

式中，m_b 与系数 m_i、GSI、D 有关，其中系数 m_i 可通过查阅相关表格予以选取。通过式（5.2）、式（5.3）可实现对围岩抗压、拉强度参数值的估算。

现以大岗山主厂房区顶拱部分为研究对象，应用第 3 章围岩分级评价结果，综合以上两种方法对其各区段围岩抗压、拉强度参数予以估算分析，详细结果见表 5.11。

表 5.11　主厂房顶拱部分围岩分区段抗压、拉强度参数估算结果

厂纵: 0-12.9~0-5m			厂纵: 0-5~0+10m			厂纵: 0+10~0+17.9m		
厂横桩号 (0+m)	围岩抗压强度 σ_{cm}/MPa	围岩抗拉强度 σ_{tm}/MPa	厂横桩号 (0+m)	围岩抗压强度 σ_{cm}/MPa	围岩抗拉强度 σ_{tm}/MPa	厂横桩号 (0+m)	围岩抗压强度 σ_{cm}/MPa	围岩抗拉强度 σ_{tm}/MPa
−61~−33	1.122	−0.026	−60~−30	1.025	−0.017	−61~−27	1.108	−0.018
−33~50	3.336	−0.039	−30~20	5.501	−0.073	−27~00	6.609	−0.093
50~78	6.609	−0.093	20~78	3.794	−0.045	00~78	2.765	−0.031
78~82	0.773	−0.013	78~87	0.708	−0.015	78~91	0.842	−0.018
82~124	4.864	−0.062	87~146	7.464	−0.109	91~149	4.864	−0.062
124~151	0.184	−0.005	146~154	0.067	−0.013	149~166	0.056	−0.003
151~166	3.579	−0.043	154~166	3.564	−0.042			

5.3.2　围岩抗剪强度特征参数估算

关于围岩抗剪强度特征参数的估算，现多利用 Hoek-Brown 经验准则与 Mohr-Coulomb 强度准则的内在转化关系，应用 Hoek-Brown 经验准则参数等效转换来表示 Mohr-Coulomb 准则中抗剪强度特征参数黏聚力 C 和内摩擦角 φ（Hoek et al.，2005）。当满足：$\sigma_1 < \sigma_3 < \sigma_{3max}$ 时，Hoek-Brown 准则与 Mohr-Coulomb 准则曲线具有较好吻合度，可用线性关系近似地表示岩体所遵循的 Hoek-Brown 经验准则：

$$\sigma_1 = k\sigma_3 + b \tag{5.4}$$

而 Mohr-Coulomb 准则可表示为

$$\sigma_1 = \frac{1 + \sin\varphi}{1 - \sin\varphi}\sigma_3 + \frac{2C\cos\varphi}{1 - \sin\varphi} \tag{5.5}$$

此时，存在如下对应关系：

$$\frac{1 + \sin\varphi}{1 - \sin\varphi} = k \tag{5.6}$$

$$\frac{2C\cos\varphi}{1 - \sin\varphi} = b \tag{5.7}$$

将式（5.6）、式（5.7）用于 Mohr-Coulomb 准则中等效黏聚力 C 和等效内摩擦角 φ 反推，并应用 Hoek-Brown 经验准则参数的表示形式，如下：

$$C = \frac{6am_b(s + m_b\sigma'_{3n})^{a-1}}{(1 + a)(2 + a)\sqrt{1 + [6am_b(s + m_b\sigma'_{3n})^{a-1}]/(1 + a)(2 + a)}} \tag{5.8}$$

$$\varphi = \sin^{-1}\left[\frac{6am_b(s + m_b\sigma'_{3n})^{a-1}}{2(1 + a)(2 + a) + 6am_b(s + m_b\sigma'_{3n})^{a-1}}\right] \tag{5.9}$$

$$\sigma'_{3n} = \sigma_{3\max}/\sigma_{ci} \tag{5.10}$$

应用式（5.8）、式（5.9）的前提需明确其适用范围为：$\sigma_1 < \sigma_3 < \sigma_{3\max}$，故需确定待评围岩的最小主应力上限值 $\sigma_{3\max}$，Hoek 等（2005）推荐深埋隧道（硐室）的 $\sigma_{3\max}$ 的经验式为

$$\frac{\sigma_{3\max}}{\sigma_{cm}} = 0.47\left(\frac{\sigma_{cm}}{\gamma H_t}\right)^{-0.94} \tag{5.11}$$

式中，σ_{cm} 为围岩抗压强度特征值，可参考上节计算结果判定；γ 为围岩重度；H_t 为隧道埋深，若水平地应力大于垂直应力时，γH_t 被水平应力取代。

应用式（5.8）、式（5.9），并参照式（5.10）、式（5.11）可实现对围岩抗剪强度特征值（黏聚力 C 和内摩擦角 φ）的估算分析，同样以大岗山主厂房区顶拱部分为研究对象，对其各区段围岩抗剪强度参数黏聚力 C、内摩擦角 φ 予以估算，详细结果见表 5.12。

表 5.12　主厂房顶拱部分围岩分区段抗剪强度参数估算结果

厂纵：0-12.9~0-5m			厂纵：0-5~0+10m			厂纵：0+10~0+17.9m		
厂横桩号 (0+ m)	黏聚力 C /MPa	内摩擦角 φ/(°)	厂横桩号 (0+ m)	黏聚力 C /MPa	内摩擦角 φ/(°)	厂横桩号 (0+ m)	黏聚力 C /MPa	内摩擦角 φ/(°)
−61~−33	1.362	37	−60~−30	1.417	38	−61~−27	1.422	38
−33~50	2.185	48	−30~20	2.49	51	−27~00	2.619	51
50~78	2.836	53	20~78	2.257	49	00~78	2.081	47
78~82	1.117	33	78~87	1.173	35	78~91	1.139	34
82~124	2.409	50	87~146	2.713	52	91~149	2.409	50
124~151	0.406	27	146~154	0.294	24	149~166	0.324	25
151~166	2.24	49	154~166	2.221	48			

5.3.3　围岩变形特征参数估算

5.3.3.1　基于经验统计的围岩变形特征参数拟合限式估算

如前所言，围岩变形特征参数主要包括变形模量 E_0 和泊松比 υ，同样本节仅讨论变形模量 E_0 参数估算，目前，应用围岩分类方法评价指标进行围岩变形模量 E_0 拟合估算研究较多，现将搜集到的不同围岩分类方法所对应变形模量 E_0 估算式罗列在表 5.13 中。

表 5.13　应用较为广泛的围岩变形模量 E_0 拟合估算式

推荐文献出处	拟合估算式	推荐文献出处	拟合估算式
Bieniawski（1978）	$E_0 = 2\text{RMR} - 100$ （RMR > 50）	Barton（2002）	$E_0 = 10 \cdot 10^{(V_p - 3.5)/3}$
Serafim and Pereira（1983）	$E_0 = 10^{(\text{RMR}-10)/40}$ （RMR < 50）	Grimstad and Barton（1993）	$E_0 = 25\lg Q$
Bieniawski and Nicholson（1990）	$E_0 = 0.5(0.0028\text{RMR}^2 + 0.9\mathrm{e}^{\text{RMR}/22.82})$	Palmstrom（2001）	$E_0 = 8Q^{0.4}$ （1 < Q < 30）
Mitri（1994）	$E_0 = 25[1 - \cos(\pi\text{RMR}/100)]$	Palmstrom（2001）	$E_0 = 5.6\text{RMi}^{0.375}$ （RMi > 0.1）
Read（1999）	$E_0 = 0.1(\text{RMR}/10)^3$	Palmstrom（2001）	$E_0 = 7\text{RMi}^{0.4}$ （1 < RMi < 30）
Barton（2002）	$E_0 = 10Q_c^{1/3} = 10 \cdot (Q \cdot \sigma_c/100)^{1/3}$	Sonmez（2003）	$E_0 = 50(s^a)^{0.4}$
Hoek（2002）	$E_0 = (1 - D/2)\sqrt{\sigma_c/100} \cdot 10^{(\text{GSI}-10)/40}$	Zhang（2004）	$\dfrac{E_0}{E_i} = 10^{0.0186\text{RQD}-1.91}$
Hoek（2006）	$\dfrac{E_0}{E_i} = 0.02 + \dfrac{1 - D/2}{1 + \exp((60 + 15D - \text{GSI})/11)}$	蔡斌（2003）	$E_0 = 0.01067\mathrm{e}^{0.0105[BQ]}$

现建立以 RMR 分类结果为横坐标的曲线图，将应用较为广泛的围岩变形模量参数 E_0 拟合式用图解表示，详见图 5.2，其中对于 Barton、Palmstrom 关于 Q 法推荐公式采用 RMR＝$9\ln Q$+44 的等效关系处理，而对于目前尚未建立与 RMR 通用关系式的 RMi、[BQ] 法未罗列。从图中可看出，虽然不同的拟合关系式之间存在较大的离散性，但仍具有一定的规律性。

（1）Mitri（1994）推荐式与其他关联式存在较大差异，其对 Ⅱ ~ Ⅴ 类推荐

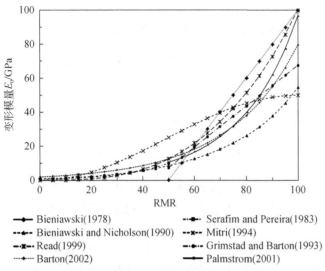

图 5.2　围岩变形模量值 E_0 与 RMR 拟合经验关系对照图

值整体偏大，而对Ⅰ、Ⅴ类围岩推荐值普遍偏小，且与实际情况不吻合，故本书不建议采用该推荐式进行围岩变形模量值估算。

（2）Bieniawski（1978）推荐式虽注明条件为 RMR>50，但由图中可知，其在 55>RMR>50 范围内与实际情况并不吻合，其适用范围应改为 55<RMR<100；同样 Barton 推荐式在 45>RMR>0 范围内，对应 Q 值范围为 0<Q<1，其计算值较其他推荐式明显偏大，与实际情况不吻合，故该适用范围仅局限于：45<RMR<100。

（3）各推荐式关于Ⅰ类围岩变形模量 E_0 计算结果存在较大离散，当 RMR=100 时，其取值变化范围仍为 55~100GPa，其可能与拟合数据样本大小有关，但主要与拟合对象的材质（即岩性）有密切关系；据各推荐式结果，Ⅰ类围岩变形模量 E_0 取值范围至少不低于 20GPa，该结论与国内外相关规范推荐值基本一致。

（4）Ⅱ类围岩变形模量 E_0 取值范围在 10~35GPa，且岩体质量越好，其发散特征越明显；Ⅲ~Ⅴ类围岩变形模量 E_0 总体较集中，其中Ⅲ类围岩取值范围为 5~15GPa，Ⅳ类围岩取值范围为 2~8GPa，Ⅴ类围岩取值范围为<2GPa，该结论与国内外规范推荐值大体一致。

（5）综合围岩变形模量值 E_0 与 RMR 拟合经验关系式，并结合相关工程经验数据，本书推荐采用 Palmstrom（2001）拟合式（RMR>50）、Serafim 和 Pereira（1983）拟合式（RMR<50）对围岩变形模量参数值估算分析。而上、下限可分别采用 Bieniawski（1978）拟合式、Bieniawski 和 Nicholson（1990）拟合式予以

估算控制。

5.3.3.2　基于 Hoek-Brown 经验准则的围岩变形特征参数估算

Hoek 等在 2002 版 Hoek-Brown 经验准则中提出了围岩变形模量 E_0 经验关系式为

$$E_0 = \left(1 - \frac{D}{2}\right)\sqrt{\frac{\sigma_c}{100}}10^{(\text{GSI}-10)/40} \quad (\sigma_c \leqslant 100\text{MPa})$$
$$E_0 = \left(1 - \frac{D}{2}\right)10^{(\text{GSI}-10)/40} \quad (\sigma_c > 100\text{MPa}) \tag{5.12}$$

从上式可知，围岩变形模量 E_0 与围岩地质指标 GSI、扰动系数 D 及完整岩块单轴抗压强度有关，如 5.3.2 节围岩抗压、拉强度指标值部分所言，在相关参数值确定后，可实现对围岩变形模量 E_0 的估算。

另外，Hoek 和 Diederichs（2006）基于来自中国大陆和中国台湾地区大量的变形模量 E_0 与围岩地质指标 GSI 实测数据，提出了更为适合我国区域岩体发育特征的围岩变形模量 E_0 经验关系式为

$$E_0 = 100000\left(\frac{1 - D/2}{1 + \exp[(75 + 25D - \text{GSI})/11]}\right) \tag{5.13}$$

当采用完整岩块变形模量值 E_i 来表示围岩变形模量 E_0 时，式（5.13）可拟合为

$$E_0 = E_i\left(0.02 + \frac{1 - D/2}{1 + \exp[(60 + 15D - \text{GSI})/11]}\right) \tag{5.14}$$

若不考虑扰动系数 D 的影响作用，则式（5.14）可简化为

$$\frac{E_0}{E_i} = 0.02 + \frac{1}{1 + \exp[(60 - \text{GSI})/11]} \tag{5.15}$$

针对该推荐公式，本书通过对大岗山水电站地下厂房区、平硐的声波测试实测结果与对应的变形模量值 E_0 进行拟合分析，获得了各测试孔附近的变形模量值 E_0，同时借助现场测试孔的岩心资料，对其进行 GSI 质量评价，获得了其对应的 GSI 值，进而建立变形模量值 E_0 与 GSI 值的对应关系，此外，收集到瀑布沟地下厂房区、双江口平硐现场实测数据，同样采取相应处理方法，最终建立了 GSI 与模量比 E_0/E_i 的对应关系式为

$$\frac{E_0}{E_i} = \frac{0.94}{1 + \exp[(62 - \text{GSI})/12]} \quad (R^2 = 0.878) \tag{5.16}$$

将式（5.15）、式（5.16）进行对照图分析（图5.3），可知二者大体上呈现相同趋势，说明 Hoek-Diederichs 经验式在国内岩体工程变形模量 E_0 拟合计算的合理性，但本书拟合式（5.16）较 Hoek-Diederichs 经验式（5.15）略低，其原因在于硐室开挖引起岩体松弛，而拟合式中未考虑扰动系数 D 的影响，故造成拟

合值与 $D=0$ 时的 Hoek-Diederichs 经验式的差异。

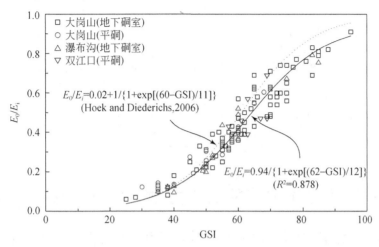

图 5.3   围岩变形模量值 E_0 与 GSI 拟合经验关系对照图

为便于实际应用，在对式（5.15）、式（5.16）整合后，本书针对采用控制性爆破或小断面钻爆施工的硐室，推荐采用下式对变形模量比 E_0/E_i 进行估算分析：

$$\frac{E_0}{E_i} = \frac{1}{1 + \exp\left[(60 - \mathrm{GSI})/12\right]} \tag{5.17}$$

式中，GSI 值可通过 3.5 节"集成化围岩分级体系"中 GSI 值与其他分类方法评价值的对应关系进行等效代换，进而得到其他分类方法对模量比 E_0/E_i 的估算。

同样，以大岗山主厂房区顶拱为研究对象，应用第 3 章围岩分级评价结果，综合以上两种方法对其各区段围岩变形特征参数（变形模量 E_0）予以估算分析，详细结果见表 5.14。从表中亦可看出应用式（5.17）估算结果是可信的，可用于对围岩变形模量的大致估算。

表 5.14   主厂房顶拱部分围岩分区段变形特征参数估算结果

厂纵：0~12.9~0~5m			厂纵：0~5~0+10m			厂纵：0+10~0+17.9m		
厂横桩号 （0+m）	经验法 估算结果 E_0/GPa	式（5.17） 估算结果 E_0/GPa	厂横桩号 （0+m）	经验法 估算结果 E_0/GPa	式（5.17） 估算结果 E_0/GPa	厂横桩号 （0+m）	经验法 估算结果 E_0/GPa	式（5.17） 估算结果 E_0/GPa
−61~−33	6.21	6.61	−60~−30	4.97	5.26	−61~−27	5.26	7.55
−33~50	17.79	19.71	−30~20	25.69	29.76	−27~00	30.15	34.17
50~78	30.15	34.17	20~78	17.92	21.60	00~78	12.92	15.81
78~82	3.98	5.15	78~87	3.81	4.61	78~91	3.77	5.56

厂纵：0-12.9~0-5m			厂纵：0-5~0+10m			厂纵：0+10~0+17.9m		
厂横桩号 (0+m)	经验法 估算结果 E_0/GPa	式（5.17） 估算结果 E_0/GPa	厂横桩号 (0+m)	经验法 估算结果 E_0/GPa	式（5.17） 估算结果 E_0/GPa	厂横桩号 (0+m)	经验法 估算结果 E_0/GPa	式（5.17） 估算结果 E_0/GPa
82~124	22.91	26.92	87~146	33.26	37.13	91~149	22.31	26.91
124~151	2.55	1.82	146~154	2.28	1.13	149~166	2.05	0.94
151~166	17.22	20.37	154~166	16.81	20.37			

5.4　基于概率可靠度的围岩力学参数分布特征估算分析

笔者（申艳军，2014）将第 2 章提出的岩体精细化描述体系引入对围岩力学参数估算分析，考虑选取最为基础且易于现场描述的评价指标进行精细化描述，确定各自概率分布模型及相关参数，进而通过内在关联公式获得非基础评价指标分布概型及参数，而后，将精细化描述结果与围岩分类方法结合，通过 Monte-Carlo 方法生成评价指标随机评分值，通过归纳统计确定待评区段围岩类别的概率分布特征，最后，基于围岩分类方法评价结果与力学参数估算关联式，对评价区围岩力学参数概率分布状况进行评价。该研究思路及方法可为围岩力学参数分布特征精细化估算提供借鉴，亦可为围岩支护极限状态设计提供原始参数支持。

5.4.1　围岩基础评价指标选取

如第 3 章所言，对照常用围岩分类方法（RMR、Q、RMi、GSI、BQ、HC）评价指标，均可归纳为 3 部分：围岩结构发育特征指标、赋存地质环境特征指标和工程因素指标，其中岩体结构发育特征指标包括完整岩块强度特征指标、岩体结构空间分布几何形态指标及岩体结构面自身发育状况指标，赋存地质环境特征指标包括地应力特征和地下水状况两大指标。故在选择基础性评价指标时，可依据以上指标分类方法有区别地选择。其选择依据应包括以下条件：①具有广泛代表性，可较好反映以上围岩评价指标的某一核心要素；②该指标应便于测量及定量化表示。以下围绕围岩质量评价指标分类对基础性评价指标选择讨论如下：

（1）描述完整岩块强度特征状况时，目前常用分类方法采用岩块饱和单轴抗压强度指标值 σ_{ci}（MPa）或点荷载强度指数 $I_{s(50)}$ 表示，其中单轴饱和抗压强度指标值 σ_{ci} 应用更为广泛，故本书选其进行关联性分析。当获得实测岩块饱和单轴抗压强度 σ_{ci} 后，利用各自分类方法评价标准，可得到各自对应的完整岩块强度特征指标评价值。

（2）岩体结构空间几何分布特征主要反映待评岩体结构在空间上的展布状态，但若站在工程地质评价角度来选取易知：结构面组数、长度、间距、连通率及产状是影响岩体结构空间几何分布特征基础性指标。若站在现场地质素描难易性角度，结构面组数、可见迹长、间距、产状是较方便获取的，一般工程条件及技术水平可满足以上指标的准确确定。

据此，不妨选取现场易获得的结构面组数、可见迹长、间距、产状作为岩体结构空间几何分布特征的基础评价指标，其他评价指标可通过大量工程经验归纳、总结，探讨其与基础指标的内在关联式或等效换算关系，在基础指标的精细化描述基础上，可获得相对准确的评价值。

（3）岩体结构面自身发育特征反映待评岩体内结构面自身抵抗剪切变形的能力，主要包括：结构面微观光滑程度、结构面宏观起伏状态、结构面蚀变度及张开度等评价指标，归纳 6 种分类方法的评价指标（表 5.15）可知，结构面粗糙度、蚀变度、张开度及胶结充填 4 个指标被更多选用。

表 5.15　常用围岩分类方法中结构面自身发育特征指标对比

分类方法	粗糙度	蚀变度	张开度	风化度	胶结充填	连续度
RMR	○	×	○	○	○	○
Q	○	○	×	×	×	×
RMi	○	×	○	×	×	○
GSI	○	×	×	○	×	×
BQ	○	×	○	×	○	×
HC	○	×	○	×	○	×

注：○为考虑；×为未考虑。

（4）对地应力水平特征评价而言，一般选用围岩强度应力比 S 为评价指标来判别围岩区所处的应力状态，故本书选用该指标作为地应力水平状态基础评价指标。

（5）对地下水状况定量评价，多采用每 10m 段洞长地下水流量 q（L/min）和压力水头 H（m），其中地下水流量 q（L/min）测定较为简单，且准确度相对较高，故此处选用该指标作为基础评价指标。而对于工程因素指标，目前被引入围岩分类方法中的主要为开挖走向与结构面产状组合关系评价指标，故仅选取该指标作为工程因素基础评价指标。据此，常用分类方法基础评价指标归纳如表 5.16所示。

表 5.16　常用围岩分类方法基础评价指标汇总表

评价因素	基础评价指标
完整岩块强度特征	岩块饱和单轴抗压强度实测值σ_{ci}
岩体结构空间几何分布特征	结构面组数、可见迹长、间距、产状
岩体结构面自身发育特征	粗糙度、蚀变度、张开度及胶结充填
地应力水平特征	围岩强度应力比 S
地下水状况	地下水流量 q（L/min）
工程因素	开挖走向与结构面产状组合关系

5.4.2　围岩基础评价指标分布概率模型及参数确定

基于第 2 章开展的现场精细化地质素描，依据表 5.16 的围岩分类方法基础评价指标，采用统计模型与概率模型相结合的统计、演绎方法，获得了详尽的围岩岩体结构特征指标实测数据、各自的分布规律及相关参数。

选取结构面自身发育特征基础评价指标时，目前很难实现应用完善的测试手段获得极为精确的定量化数值，故现多采用定性描述分类与定量评分的对应关系来表示。本书对结构面粗糙度采用 JRC 指标，张开度采用塞尺测量并依据标准进行分类，而蚀变度、胶结充填指标用 1～6（5）数字表示其各自对应的发育程度。

需要说明的是，岩块饱和单轴抗压强度值 σ_{ci}、围岩强度应力比值 S 现场难以快速实测，而以上两个指标在整个地下厂房区各统计点所呈现的分布规律特征大体相似，故此处岩块饱和单轴抗压强度值 σ_{ci} 采用了室内试验报告实测值，围岩强度应力比 S 基于地应力专题报告推荐范围值，通过设计最大地应力 σ_1-强度指标 σ_{ci} 正交数据试验获得。各基础评价指标的分布概率模型及相关参数见图 5.4。

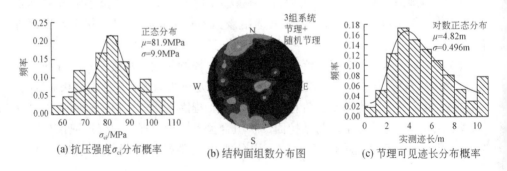

(a) 抗压强度σ_{ci}分布概率　　(b) 结构面组数分布图　　(c) 节理可见迹长分布概率

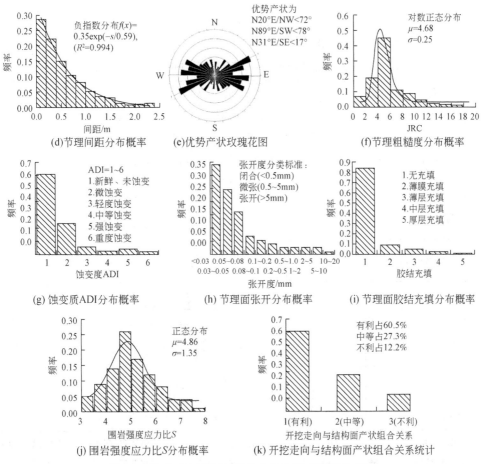

图 5.4　各基础评价指标的分布概率模型及相关参数

5.4.3　非基础评价指标分布模型估算

基于以上基础评价指标的精细化描述，应用评价指标间的关联研究成果，可实现对围岩分类方法中非基础评价指标分布模型及相关参数的确定。

对照以上 6 种围岩分类方法评价指标，以下指标：RQD（RMR、Q 法）、V_b（RMi、GSI 法）、J_v（RMi、GSI、BQ、HC 法）、K_v（BQ、HC 法）、J_c（RMi、GSI 法），应通过其与基础评价指标关联性公式予以估算，各评价指标的换算关系式成果归纳表见表 5.17。其中，国内常用的完整性系数 K_v 的确定，可参考完整性系数 K_v 与体积节理数 J_v 规范推荐对应表，参照该推荐表，其线性拟合可得到两者关联式表达为

$$K_{\mathrm{v}} = \begin{cases} 1 - 0.08J_{\mathrm{v}} & (J_{\mathrm{v}} < 3) \\ -0.0175J_{\mathrm{v}} + 0.8 & (3 \leqslant J_{\mathrm{v}} < 44) \\ 0 & (J_{\mathrm{v}} \geqslant 44) \end{cases} \tag{5.18}$$

表 5.17　岩体结构空间分布几何特征指标内在关联式成果汇总

关联指标	内在关联式
RQD-s	$RQD = 100e^{-t/s}(1 + t/s)$　（t 一般取 $0.1\mathrm{m}$）
RQD-J_{v}	$RQD = \begin{cases} 100 & (J_{\mathrm{v}} < 3) \\ 110 - 2.5J_{\mathrm{v}} & (3 \leqslant J_{\mathrm{v}} < 44) \\ 0 & (J_{\mathrm{v}} \geqslant 44) \end{cases}$
V_{b}-(s, p, γ)	$V_{\mathrm{b}} = \dfrac{s_1 \cdot s_2 \cdot s_3}{\sqrt[3]{p_1 p_2 p_3} \sin\gamma_1 \cdot \sin\gamma_2 \cdot \sin\gamma_3}$
J_{v}-(n, s)	$J_{\mathrm{v}} = \sum\limits_{i=1}^{n} 1/s_i + n_r/5$
J_{v}-m	$J_{\mathrm{v}} = \sum\limits_{i=1}^{n} m_i + m_k$
J_{v}-(s, p, K_{γ})	$J_{\mathrm{v}} = K_{\gamma} \cdot \sum\limits_{i=1}^{n} (p_i/s_i)$　$(n \leqslant 3)$
v_{b}-J_{v}	$V_{\mathrm{b}} = \beta \cdot J_{\mathrm{v}}^{-3}$（常规岩体状态，$\beta = 36$）
J_{C}-$(J_{\mathrm{R}}, J_{\mathrm{A}})$	$J_{\mathrm{C}} = J_{\mathrm{R}}/J_{\mathrm{A}} = (J_{\mathrm{W}} \cdot J_{\mathrm{S}})/J_{\mathrm{A}}$

注：表中 V_{b}、J_{v}、s、p、γ、n、n_r、m_i、m_k、K_{γ}、J_{R}、J_{A} 分别表示块体体积（m^3）、体积节理数（条/m^3）、节理间距（m）、连通率（%）、夹角（°）、优势节理组数（组）、随机节理数（条）、第 i 组优势节理每米长测线上条数（条）、随机节理每立方米岩体上的条数（条）、节理夹角参数、粗糙度指标、蚀变度指标。

以上非基础评价指标分布模型及相关参数估算方法为：基于基础评价指标的分布概型及相关参数，利用 Excel 相关函数生成满足其概型的大量随机数，如正态分布形式的随机数生成函数为：NORMINV（RAND（），μ，σ），此后，利用式 5.18 及表 5.17 推荐关联式，可在 Excel 中获得非基础评价指标所对应的随机数，进而对得到的随机数进行统计、拟合可产生其对应分布模型及参数。

其中，V_{b}-(s, p, γ) 关联式因涉及非基础评价指标偏多，需进行必要简化处理，据 Kim（2007）研究，节理间距、连通率、节理倾角因素对岩块体积 V_{b} 的影响程度 F 值权重分别为：节理间距 s（12.151）>连通率 p（4.409）>节理倾角 γ（2.306），故本书仅选取节理间距 s、连通率 p 进行分析。另据笔者统计、拟合得到，连通率 p 与节理迹长 T（m）大体满足以下经验公式：

$$p \approx 0.3\ln T + 0.1 \quad (R^2 = 0.896) \tag{5.19}$$

故此实现了 V_b-(s, p, γ) 关联式的基础评价指标等效表示，此外，该计算结果亦可通过 V_b-J_v 予以检验。

而涉及 J_v 的等效换算公式有：J_v-(n, s)、J_v-m、J_v-(s, p, K_γ)，因 J_v-(s, p, K_γ) 考虑了节理倾角、连通率等因素，与实际情况更为吻合，故本节推荐采用该式进行体积节理数 J_v 的换算，该式的合理性亦在与 RQD、V_b 关联分析中予以了证实。

据此，可得到围岩分类方法中非基础评价指标的分布模型及对应参数见图 5.5。

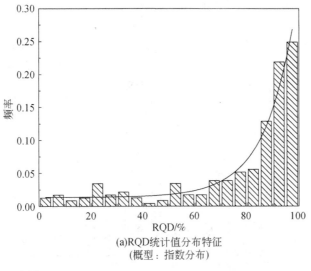

(a)RQD统计值分布特征
(概型：指数分布)

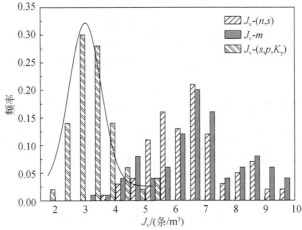

(b)体积节理数 J_v 统计值分布特征
(概型：正态分布，均值：2.995，标准差：1.07)

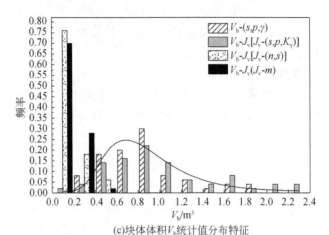

(c)块体体积V_b统计值分布特征

(概型：对数正态分布，均值：0.8118m³，标准差：0.41m³)

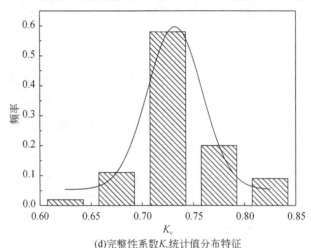

(d)完整性系数K_v统计值分布特征

(概型：正态分布，均值：0.732，标准差：0.053)

图 5.5　围岩分类方法中非基础评价指标的分布模型及参数

5.4.4　基于分类可靠度概率分布估算围岩力学参数

目前应用围岩分类表示的力学参数估算关联式很多，其中采用 RMR 表示的围岩力学参数关联式应用最广泛，篇幅所限，本书仅罗列由 RMR 表示的 σ_{cm}、E_m 的拟合关联式，如下：

关联指标 σ_{cm} -RMR，内在关联计算公式为

$$\sigma_{cm}/\sigma_c = \exp[(RMR - 100)/24] \tag{5.20}$$

关联指标 σ_{cm} -RMR，内在关联计算公式为

$$\sigma_{cm}/\sigma_c = \exp[(RMR - 100)/18.75] \tag{5.21}$$

关联指标 σ_{cm} -RMR，内在关联计算公式为

$$\sigma_{cm}/\sigma_c = \exp[\,7.65(\mathrm{RMR} - 100)/100\,] \tag{5.22}$$

关联指标 σ_{cm} -RMR，内在关联计算公式为

$$\sigma_{cm}/\sigma_c = \exp[\,(\mathrm{RMR} - 100)/20\,] \tag{5.23}$$

关联指标 E_m -RMR，内在关联计算公式为

$$E_m = 2\mathrm{RMR} - 100 \quad (\mathrm{RMR} > 50) \tag{5.24}$$

关联指标 E_m -RMR，内在关联计算公式为

$$E_m = 10^{(\mathrm{RMR}-10)/40} \quad (\mathrm{RMR} \leqslant 50) \tag{5.25}$$

关联指标 E_m -RMR，内在关联计算公式为

$$E_m = 0.5[\,0.002\,8\mathrm{RMR}^2 + 0.9\exp(\mathrm{RMR}/22.82)\,] \tag{5.26}$$

关联指标 E_m -RMR，内在关联计算公式为

$$E_m = 0.1\,(\mathrm{RMR}/10)^3 \tag{5.27}$$

观察 σ_{cm} -RMR 推荐式，以上推荐式均满足：$\sigma_m/\sigma_c = \exp[\,(\mathrm{RMR} - 100)/k\,]$ 形式，选取 k 为表中推荐式的平均值 18.95 进行抗压强度估算。而 E_m -RMR 对照其曲线分布图，选取：$E_m = 10^{(\mathrm{RMR}-10)/40}(\mathrm{RMR} \leqslant 50)$，$E_m = 0.1\,(\mathrm{RMR}/10)^3(\mathrm{RMR} > 50)$ 进行估算。

此外，Hoek-Brown 经验准则目前已广泛应用于围岩力学参数估算，围岩抗压强度 σ_{cm}、抗拉强度 σ_{tm} 估算式分别为

$$\sigma_{cm} = \sigma_{ci}s^a \tag{5.28}$$

$$\sigma_{tm} = -\frac{s\sigma_{ci}}{m_b} \tag{5.29}$$

式中，依据准则，m_b、s、a 可由 m_i、GSI 表示。

类似的，Hoek 和 Diederichs（2006）据来自我国大量变形模量 E_0 与 GSI 指标实测数据研究，提出了适合我国区域岩体发育特征的围岩变形模量 E_0 经验关系式为

$$E_0 = 100000\left\{\frac{1 - D/2}{1 + \exp[\,(75 + 25D - \mathrm{GSI})/11\,]}\right\} \tag{5.30}$$

式中，D 为岩体扰动系数，本书评价区段开挖方式为控制性爆破方式，$D = 0$，基于式（5.28）~式（5.30），实现应用 Hoek-Brown 经验准则及相关参数对围岩力学参数的估算。

根据以上围岩评价指标分布特征及参数结果，依据 RMR、GSI 法评分方法，实现对 RMR、GSI 法评价结果概率模型分析，得到的 RMR、GSI 评分值概率模型如图 5.6。

应用 Monte-Carlo 随机数方法（$n = 300$），获得两种估算方法力学参数概率分布特征（见图 5.7）。

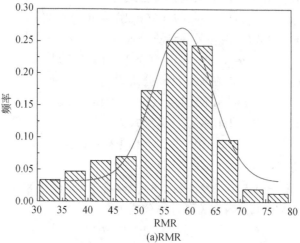

(a)RMR

(正态分布，均值μ: 8.66，标准差σ: 11.52)

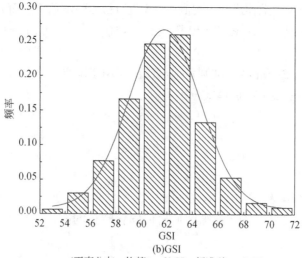

(b)GSI

(正态分布，均值μ: 61.77，标准差σ: 5.62)

图 5.6　RMR、GSI 评分值概率模型及相关参数

　　从图 5.7 知，评价区围岩力学参数存在以下特征：

　　（1）两种围岩力学参数估算方法计算结果大体相同，说明计算方法的合理性，在进行围岩力学参数估算时，建议采用两种估算方法予以综合确定。

　　（2）评价区围岩抗压强度 σ_{cm} 呈现对数正态分布特征，均值大体介于 9.05 ～ 9.15 MPa 之间，围岩抗拉强度 σ_{tm} 呈现正态分布特征，均值大体为 -0.1304 MPa，围岩变形模量 E_m 呈现正态分布特征，均值大体介于 20.3 ～ 21.9 GPa 之间。

　　可见，岩体精细化描述体系应为目前对围岩岩体认知的最佳分析手段，据此可实现围岩岩体质量及力学参数的概率分布特征的精确确定。通过选取围岩分类方法中的基础评价指标，对其进行详尽描述、分析是实现力学参数准确评价的关键所在，针对此类基础评价指标展开现场定量化精细描述，可较好地用于围岩分类及力学参数分析，据此得到的围岩力学参数概率分布特征，将为实现围岩支护极限状态设计提供必要的原始数据支持，同时可体现围岩动态化设计、施工思路，是未来围岩力学参数确定的全新发展方向。

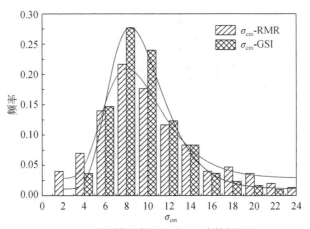

(a)抗压强度指标统计σ_{cm}分布特征统计
(对数正态分布，σ_{cm}-RMR，均值μ: 9.061，标准差σ: 0.34;
σ_{cm}-GSI，均值μ: 9.155，标准差σ: 0.296)

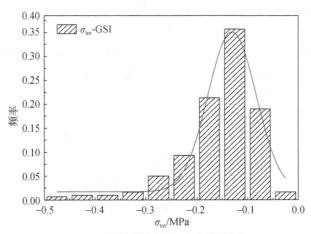

(b)抗拉强度指标σ_{tm}分布特征统计
(正态分布，σ_{tm}-RMR，均值μ: −0.130，标准差σ: 0.095)

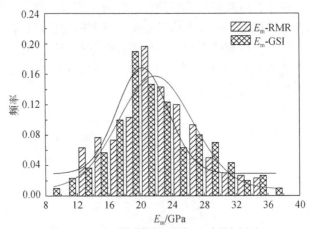

(c)变形模量指标E_m(GPa)分布特征统计

(概型：正态分布，E_m-RMR，均值μ：20.261，标准差σ：6.451；
E_m-GSI，均值μ：21.874，标准差σ：9.319)

图5.7　围岩力学参数概率分布特征及相关参数

5.5　本 章 小 结

本章着重探讨在施工阶段难以开展大量围岩室内、现场力学试验时，应用现场实地获得的围岩分类及结构特征结果，通过建立围岩类别与力学参数的关联关系实现对围岩力学参数的估算分析。基于施工期相对准确的围岩分类结果，进而获取更符合实际的围岩力学参数值，为施工期围岩力学参数的确定、调整及优化提供了新的途径。研究成果可归纳如下：

（1）详细归纳了基于工程经验统计法估算围岩力学参数的方法，在对统计资料搜集、补充基础上，详细统计归纳了各级围岩力学参数试验值、地质建议值，并提出了各自的区间估计范围，为粗略确定各级围岩力学参数值提供了可靠的依据。此外，依据统计结果对各级围岩力学参数试验值、地质建议值进行了一定的规范化调整，为相关行业规范编写、修正提供了一定借鉴价值。

（2）详细介绍了基于围岩分类结果估算围岩力学参数的两种实现途径：①通过归纳统计目前被广泛应用的围岩类别与力学参数的经验关系式，实现对上下限拟合关系式的控制性推荐；②探讨基于 Hoek-Brown 经验准则及相关评价参数（m、s、a 等），通过合理确定 GSI 指标值，或建立 GSI 值与围岩分类方法评价指标（RMR、Q、RMi、BQ 及 HC）的内在关联性实现围岩力学参数的估算。并应用大岗山水电站地下厂房区主厂房顶拱部分予以实例验证。

（3）提出采用岩体精细化描述体系对围岩力学参数分布特征定量化估算方

法。其通过归纳围岩分类方法中的基础评价指标，并采取现场岩体精细化地质素描与后期数据挖掘、拟合相结合方法，获得了各评价指标的分布概型及对应参数；基于精细化描述结果，应用 Monte-Carlo 法生成符合各评价指标分布概型的大量随机数，获得不同围岩分类方法评价结果的分布概型；而后，基于分类方法评价与力学参数值之间的关联关系，实现对力学参数概率特征分析。该分析方法可为实现围岩支护极限状态设计提供原始参数支持，同时可较好地体现围岩动态化设计施工新思路。

参 考 文 献

蔡斌，喻勇，吴晓铭．2001.《工程岩体分级标准》与 Q 分类法及 RMR 分类法的关系及变形参数估算 [J]．岩石力学与工程学报，20（S1）：1677-1679.

李攀峰，杨建宏，杨建，等．1996. 节理岩体体积节理数 JV 的新计算公式 [J]．工程地质学报，4（1）：8-13.

申艳军，徐光黎，杨更社，等．2014. 基于岩体精细化描述的围岩分类及力学参数概率分布特征分析 [J]．岩土力学，35（2）：565-572.

汪小刚，董育坚．2010. 岩基抗剪强度参数 [M]．北京：中国水利水电出版社．

张宜虎，周火明，邬爱清，等．2011. 基于质量分级的变形模量统计 [J]．岩石力学与工程学报，30（3）：487-492.

中国水利水电科学研究院．1991. 岩石力学参数手册 [M]．北京：中国水利水电出版社．

中华人民共和国国家标准编写组．2006. GB 50287—2006 水力发电工程地质勘察规范 [S]．北京：中国计划出版社．

中华人民共和国国家标准编写组．2015. GB 50218—2014 工程岩体分级标准 [S]．北京：中国计划出版社．

中华人民共和国行业标准．2002. TB 10108—2002 铁路隧道喷锚构筑法技术规范 [S]．北京：中国铁道出版社．

中华人民共和国行业标准．2004. JTGD 07—2004 公路隧道设计规范 [S]．北京：人民交通出版社．

中华人民共和国行业标准．2005. TB 10003—2005 铁路隧道设计规范 [S]．北京：中国铁道出版社．

Aydan O，Dalgic S. 1998. Prediction of deformation behaviour of 3 lanes Bolu tunnels through squeezing rocks of North Anotolian Fault Zone（NAFZ）[C] //Proceedings of the regional symposium on sedimentary rock engineering, Chinese Taipei, 228-33.

Barton N. 2002. Some new Q-value correlations to assist in site characterization and tunnel design [J]. Int J Rock Mech & Min Sci Geomech Abstr, 39（2）：185-216.

Bieniawski Z T. 1973. Engineering classification of jointed rock masses [J]. Trans S Afr Inst Civ Eng, 15（12）：335-344.

Bieniawski Z T. 1978. Determining rock mass deformability：experience from case histories [J]. Int J Rock Mechanical Min Sci Geomechanical Abstr, 15：237-249.

Barton N, Lien R, Lunde J. 1974. Engineering classification of rock masses for the design of tunnel support [J] . J Rock Mech, 6 (4): 189-236.

Cai M, Kaiser P K, Uno H, et al. 2004. Estimation of rock mass deformation modulus and strength of jointed hard rock masses using the GSI system [J] . Int J Rock Mech Min Sci, 41: 3-19.

Dinc O S, Sonmez H, Tunusluoglu C. 2011. A new general empirical approach for the prediction of rock mass strengths of soft to hard rock masses [J] . Int J Rock Mech Min Sci, 48 (4): 650-665.

Hashemi M, Moghaddas S, Ajalloeian E R. 2010. Application of rock mass characterization for determining the mechanical properties of rock mass: a comparative study [J] . Rock Mechanics and Rock Engineering, 43 (5): 305-320.

Hoek E, Diederichs M S. 2006. Empirical estimation of rock mass modulus [J] . Int J Rock Mech Min Sci, 43: 203-215.

Hoek E, Kaiser P K, Bawden W F. 1995. Support of underground excavations in hard rock [M] . Rotterdam: Balkema.

Hoek E, Carranza-Torres C, Corkum B. 2002. Hoek-Brown failure criterion. 2002 edition [J] . Proceedings of NARMS-Tac, 1: 267-271.

Hoek E, Marinos P G, Marinos V P. 2005. Characterisation and engineering properties of tectonically undisturbed but lithologically varied sedimentary rock masses [J] . International Journal of Rock Mechanical and Mining Sciences, 42 (2): 277-285.

Kalamaris G S, Bieniawski Z T. 1995. A rock mass strength concept for coal incorporating the effect of time [C] //Proceedings of the eighth international congress of the rock mechanical, Rotterdam: Balkema, 295-302.

Kim B H, Cai M, Kaiser P K. 2007. Estimation of block sizes for rock masses with non-persistent joints [J] . Rock Mechanics and Rock Engineering, 40 (2): 169-192.

Mitri H S, Edrissi R, Henning J. 1994. Finite element modeling of cablebolted stopes in hard rock ground mines [C] //Presented at the SME annual meeting, New Mexico, Albuquerque, 94-116

Nicholson G A, Bieniawski Z T. 1990. A nonlinear deformation modulus based on rock mass classification [J] . Int J Min Geol Eng, 8: 181-202.

Palmstrom A. 1995. RMi-a rock mass characterization system for rock engineering purposes [D] . PhD thesis, University of Oslo, Department of Geology, 5.

Palmstrom A, Singh R. 2001. The deformation modulus of rock masses—comparisons between in situ tests and indirect estimates [J] . Tunnel Undergr Space Technol, 16: 115-131.

Ramamurthy T. 1986. Stability of rock mass [J] . Indian Geotech J, 16 (1): 1-74.

Read S A L, Perrin N D, Richards L R. 1999. Applicability of the Hoek-Brown failure criterion to New Zealand greywacke rocks [C] //Vouille G, Berest P, eds. Proceedings of the nineth international congress on rock mechanical, Paris, August, 2: 655-660.

Serafim J L, Pereira J P. 1983. Consideration of the geomechanical classification of Bieniawski [C] //Proc Int Symp on Engineering Geology and Underground Constructions, 1: 1133-1144.

Sheorey P R. 1997. Empirical rock failure criteria [M] . Rotterdam: Balkema.

Singh M, Rao K. S. 2005. Empirical methods to estimate the strength of jointed rock masses [J] . Eng

Geol, 77: 127-137.

Sonmez H, Gokceoglu C, Ulusay R. 2003. An application of fuzzy sets to the geological strength index (GSI) system used in rock engineering [J]. Engineering Applications of Artificial Intelligence, 16 (3): 251-269.

Yudhbir Y, Lemanza W, Prinzl F. 1983. An empirical failure criterion for rock masses [C] // Proceedings of the fifth international congress society of rock mechanical, Melbourne, 1: 1-8.

Zhang L Y, Einstein H H. 2004. Using RQD to estimate the deformation modulus of rock masses [J]. Int J Rock Mech Min Sci, 41: 337-341.

第6章 大型地下工程围岩力学参数动态演化特征分析

前面第 4、5 章分别对大型地下硐室施工期围岩力学参数予以了力学试验及估算分析研究。基于研究成果知，即使对于同一种围岩类别，即便采用同一种确定方法，岩体力学参数仍体现出显著的离散性、不确定性，目前对于围岩力学参数确定仅可采用区间建议方法。故在实际工程应用中，对参数取值带来了较大的模糊性与随意性。而通过对同一样本资料进行大量统计实验，借助相关检验方法，探讨其对应的概率分布形式及分布参数（如均值、方差等），实现对同一围岩类别力学参数统计特征规律分析，以便现场更为合理地选取针对性的参数。根据大岗山水电站地下厂房区围岩力学参数分布规律，探讨了各力学参数对围岩变形、破坏的敏感性程度特征，基于力学参数敏感性特征，通过设计高敏感度参数正交试验获得大岗山水电站Ⅲ类围岩在不同开挖步骤下围岩对应的稳定性演化规律，以便更合理指导现场施工与支护。

6.1 围岩力学参数统计方法及概率分布形式概述

6.1.1 围岩力学参数常规统计方法

目前，围岩力学参数常规统计方法包括矩估计法、最大似然估计法和 Bayes 估计法（张磊，2013），现概述如下。

6.1.1.1 矩估计法

统计学中，子样的矩可用作相应随机变量参数的估计值，子样的集合的均值 $\bar{X}$ 是变量的一次矩，方差 S^2 是变量的二次矩，则其对应的无偏估计公式可表示为

$$\bar{X} = \frac{1}{n}\left(\sum_{i=1}^{n} x_i\right)$$
$$S^2 = \frac{1}{n-1}\sum_{i=1}^{n}(x_i - \bar{X})^2$$

$$(6.1)$$

6.1.1.2 最大似然估计法

考虑具有密度函数 $f_x(x_i, \theta_1, \cdots, \theta_m)$ 的随机变量 x，$i = 1, 2, \cdots, n$。假定

其特定子样的似然值与 x_i 处的概率密度函数呈正比，则在假定随机取样条件下，所得的独立观察值 (x_1, x_2, $\cdots$, x_n) 的似然值表示为

$$L(x_1, \cdots, x_n; \theta_1, \cdots, \theta_m) = \prod_{i=1}^{n} f(x_i, \theta_1, \cdots, \theta_m) \tag{6.2}$$

则最大似然估计值可由下式解出：

$$\frac{\partial L(x_1, \cdots, x_n; \theta_1, \cdots, \theta_m)}{\partial \theta_j} = 0, \quad j = 1, 2, \cdots, m \tag{6.3}$$

较矩估计法，最大似然估计法可直接获得力学参数的点估计值，对应大样本量的估算，多推荐采用最大似然估计法，可获得参数的最小偏差。

6.1.1.3　Bayes 估计法

在岩体力学参数样本量较少，难以实现大样本量统计分析时，可推荐采用 Bayes 估计法。Bayes 估计法对岩石力学参数概率分布进行统计推断过程为：在数据不足的工程勘查阶段时，针对先验分布未知情况，首先假定其存在多种先验概率分布函数模型，根据小样本量预估岩体力学参数的分布特征，即获得对应的"先验信息"，而后基于施工过程中不断积累样本数据，当样本数量累计到足够多时，再利用该样本量对岩体力学参数的分布特征进行统计分析，即"后验信息"。

Bayes 估计法将未知参数作为随机变量，且认为在获得样本数据前就已存在一个概率分布，称之为先验分布，而对应的样本数据下未知参数的条件分布称为后验分布，后验分布是对未知参数进行统计推断的依据。

在随机变量先验分布已知情况下，对数据分段处理后，利用 Bayes 估计法可将岩体力学参数的概率分布密度函数公式表述为

$$\kappa(\theta_i)\Delta\theta = \frac{P(E|\theta_i)\pi(\theta_i)\Delta\theta}{\sum\limits_{i=1}^{k} P(E|\theta_i)\pi(\theta_i)\Delta\theta} \tag{6.4}$$

式中，$\pi(\theta_i)$ 为已知的先验分布概率函数；$\kappa(\theta_i)$ 为后验分布概率函数；E 为试验结果参数；k 为数据分段数。

考虑上式难以实现解析表示，现假定先验分布与后验分布模型一致，则变量 θ 的后验分布均值和方差可近似表示为

$$\mu_\theta = \sum_{i=1}^{n} \tilde{\theta}_i \kappa(\theta_i)\Delta\theta$$
$$\sigma_\theta^2 = \sum_{i=1}^{n} (\tilde{\theta}_i - \mu_\theta)^2 \kappa(\theta_i)\Delta\theta \tag{6.5}$$

式中，$\tilde{\theta}_i$ 为变量 θ 分段区间的中间值；$\kappa(\theta_i)\Delta\theta$ 可直接由式（6.4）求得。

6.1.2　围岩力学参数检验方法

在岩体力学参数分布规律判定时，当无法实现预知分析时，可根据事先搜集到的一些前期实测资料，对总体分布做出一种假设 H_0，然后通过相关检验方法来检验 H_0 是否可信，即判定其可信度范围是否处于可接受区域，目前最常用的两种假设检验方法为：χ^2 检验和 K-S 检验（程光华等，1982）。详细介绍如下。

6.1.2.1　χ^2 检验

χ^2 检验是基于皮尔逊定理当 $n \to \infty$ 时，统计量渐近收敛到自由度为 $k-1$ 时的 χ^2 分布，其中 k 为分组数，设某随机变量的样本具有 n 个观测值，用于检验拟合良好程度的 χ^2 检验法，就是把变量的 k 个值的观察频率 n_1，n_2，$\cdots$，n_k 和假设的理论分布的相应频率 e_1，e_2，$\cdots$，e_k 进行比较，而评价拟合程度的好坏需根据

$$\sum_{i=1}^{k} \frac{(n_i - e_i)^2}{e_i} \tag{6.6}$$

的分布状况，当 $n \to \infty$ 时，统计量渐近收敛到自由度为 $k-1$ 时的 χ^2 分布时，则认为拟合良好，假定某显著性水平 α，若满足：

$$\sum_{i=1}^{k} \frac{(n_i - e_i)^2}{e_i} < c_{1-\alpha,\,k-1} \tag{6.7}$$

式中，$c_{1-\alpha,\,k-1}$ 为当累积概率为 $1-\alpha$ 时相对于 χ^2_{k-1} 分布的值，则认为在显著性水平之上，该假设理论分布可接受，否则拒绝假设分布。

运用 χ^2 检验时要求采用大样本，通常应满足 $n>50$，且各组对应的理论频数 $k>5$。由于受限于其大样本量的要求，故在岩体力学参数统计规律研究中一般不推荐采用 χ^2 检验。

6.1.2.2　K-S 检验

K-S（Kolmogorov-Smirnov）检验是基于试验累积频率与假定的理论分布函数进行对比，如果二者的差异比从给定样本量中所得到的正常预计的差异要大，则该理论应被摒弃，相对而言，K-S 检验法无需将数据分成多个间隔，而是对每一个点都检验其与原假设分布函数的偏差，故较 χ^2 检验更为精确，更适用于较小样本的检验分析。

K-S 检验的基本思路为：将经验分布函数 $F_n(x)$ 与原假设的分布函数 $F_0(x)$ 做对比分析，建立统计量 D_n：

$$D_n = \max |F_n(x) - F_0(x)| = \max D_n(x) \tag{6.8}$$

然后在给定显著性水平 α 后，将 D_n 与临界值 D_n^{α} 做对比，当 $D_n < D_n^{\alpha}$ 时，原假设可接受，当 $D_n \geqslant D_n^{\alpha}$ 时，原假设被拒绝。其中临界值 D_n^{α} 定义为

$$P(D_n \leqslant D_n^{\alpha}) = 1 - \alpha \qquad (6.9)$$

式中, 不同的显著性水平 α 对应的临界值可查表获得。

6.1.3　围岩力学参数概率分布形式

围岩力学参数常用的概率分布形式包括: 正态分布、对数正态分布、指数分布、极值 I 型分布等 (程光华等, 1982), 各概率分布形式简要介绍如下:

6.1.3.1　正态分布

设连续型随机变量 X 的概率密度函数为

$$f_X(x) = \frac{1}{\sqrt{2\pi}\,\sigma_X} \exp\left[-\frac{1}{2}\left(\frac{x - \mu_X}{\sigma_X}\right)^2\right] \quad (-\infty < x < +\infty) \qquad (6.10)$$

则称 X 服从正态分布, 记作 $X \sim N(\mu_X, \sigma_X)$, 其中参数 μ_X, σ_X 分别为变量 X 的均值和均方差。正态随机变量的性质可用其均值 (一次矩) 和方差 (二次矩) 来加以描述。

6.1.3.2　对数正态分布

设随机变量 X 是一正值随机变量, 其自然对数 $\ln X$ 服从均值 $\mu_{\ln X}$ 和均方差 $\sigma_{\ln X}$ 的正态分布, 则随机变量 X 服从对数正态分布, 记作 $\ln X \sim N(\mu_{\ln X}, \sigma_{\ln X})$, 其概率密度函数为

$$f_X(x) = \frac{1}{\sqrt{2\pi}\,\sigma_{\ln X}} \exp\left[-\frac{1}{2}\left(\frac{\ln x - \mu_{\ln X}}{\sigma_{\ln X}}\right)^2\right] \quad (x > 0) \qquad (6.11)$$

对数正态分布的均值和均方差分别为

$$\mu_X' = \ln\mu_X + \frac{1}{2}\sigma_X'^2 ; \qquad \sigma_x' = \sqrt{\ln\left(1 + \frac{\sigma_X^2}{\mu_X^2}\right)} \qquad (6.12)$$

6.1.3.3　指数分布

指数分布的概率密度函数为

$$f_X(x) = \lambda\exp(-\lambda x) \quad (x \geqslant 0, \ \lambda > 0) \qquad (6.13)$$

其对应的均值和均方差分别为 $\mu_X = \dfrac{1}{\lambda}$, $\sigma_X = \dfrac{1}{\lambda}$。

6.1.3.4　极值 I 型分布 (Gumbel 分布)

若随机变量 X 的概率密度函数为

$$f_X(x) = \alpha\exp\{-\alpha(x - u) - \exp[-\alpha(x - u)]\} \qquad (6.14)$$

则称随机变量 X 服从参数为 α, u 的极值 I 型分布 (Gumbel 分布), 参数

α, u 与 X 的均值、均方差 μ_X, σ_X 的关系为

$$\alpha = \frac{1.2855}{\sigma_X}, \qquad u = \mu_X - \frac{0.5772}{\alpha}$$

6.2　围岩力学参数分布特征规律分析

分别将大岗山水电站地下厂房区同一围岩类别对应的力学参数实测试验值、估算推荐值作为统计样本，首先对原始数据粗差分析后，剔除掉不属于随机误差范畴的奇异值，此后，基于围岩力学参数统计方法、检验方法等，探讨厂房区各围岩类别力学参数所具有的统计特征参数和概率模型，以实现对围岩力学参数分布特征规律的分析。

6.2.1　围岩力学参数原始数据粗差分析

对现场力学参数实测值而言，由于测试误差和试样选取的代表性问题，现场实测的力学参数值可能会与一般数据呈现显著差异，形成奇异值，该部分数值应属于粗差范畴，同样基于经验统计得到的估算推荐值，可能因估算方法选取的不合理出现奇异值，诸类值不应进入相关统计分析过程，以避免统计结果的失真。

本书通过 Grubbs 异常数据判别法对原始数据予以粗差分析，其方法思路为：首先，确定一危险阈值 α，然后，确定该阈值所对应的置信限，通过衡量原始数据，凡是超过该界限的误差，均认为是粗差数据，予以剔除。

假定试验数据 x_i 为独立随机变量，服从正态分布，当满足式（6.15）之一时，均认为该数值 x_i 为奇异值，应剔除，反之则可认为归入统计样本。

$$x_i > \bar{x} + t_\alpha(n, \alpha)\sigma$$
$$x_i < \bar{x} - t_\alpha(n, \alpha)\sigma \tag{6.15}$$

式中，x_i 为随机变量，$\bar{x}$，σ 分别为变量的均值和均方差，$t_\alpha(n, \alpha)$ 为统计样本量为 n，危险阈值为 α 的临界值，可由 t 分布表查得。

假定围岩力学参数服从正态分布形式，且彼此相互独立，另取危险阈值 $\alpha = 0.05$，现将厂房区 II～V 类围岩力学参数对应的 147 组实测试验值、97 组估算推荐值，以变化区间最为显著的变形模量值作为判别样本，进行 Grubbs 异常数据判别，详细判别结果见表 6.1。

经 Grubbs 异常数据判别可大体看出，基于经验统计得到的估算推荐值出现奇异值的概率要小于试验实测值，可能原因在于经验统计方法考虑大量的已有经验，属于经验类别法，其在选择区间范围或拟合公式时，已通过范围控制剔除掉远离该区段的数值，故奇异值出现可能性就很小，反之，现场实测值正是对岩体力学参数不确定性和随机性的直观反映，加之围岩质量分类存在一定人为因素，

可能造成样本力学水平与围岩质量的不对应性。

表 6.1　厂房区 Ⅱ ~ Ⅴ 类围岩力学参数 Grubbs 异常数据判别

样本数量分析	实测试验值				估算推荐值			
	Ⅱ类	Ⅲ类	Ⅳ类	Ⅴ类	Ⅱ类	Ⅲ类	Ⅳ类	Ⅴ类
样本总数	27	87	18	7	21	58	13	5
奇异值量	5	14	5	1	0	1	0	0
归入样本量	22	73	13	6	21	57	13	5

6.2.2　围岩力学参数分布特征规律分析

对原始数据进行粗差分析后，现将纳入样本库中的围岩力学参数进行直方图表示，进而对其概率分布形式予以初步判定，然后通过相关假设检验，最终确定合理分布概率模型。

6.2.2.1　实测试验值分布特征规律

地下厂房区实测试验值选取 Ⅱ 类围岩样本为 22 组，Ⅲ 类为 73 组，Ⅳ 类为 13 组，Ⅴ 类为 6 组，考虑围岩抗压强度测试由室内试验获得，与现场实测试样编号不对应，而围岩抗剪强度特征参数（黏聚力 C 和内摩擦角 φ）通过优定斜率法拟合得到，样本数量有限，目前对仅可对变形模量 E_0 进行直方图表示。

考虑Ⅳ ~ Ⅴ类样本量过少，难以实现分布形式拟合与假设检验，故仅对 Ⅱ ~ Ⅲ类围岩进行拟合，考虑已分区段统计，采用 χ^2 检验后，Ⅱ ~ Ⅲ类围岩变形模量 E_0 均服从正态分布形式，详细结果见图 6.1 ~ 图 6.4。

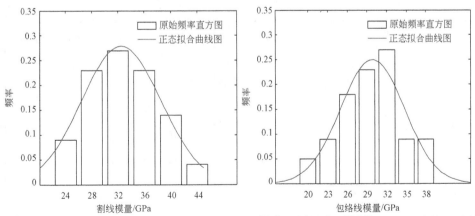

(a)概型：正态分布，样本数：22，$\mu=32.48$，$\sigma=2.46$　(b)概型：正态分布，样本数：22，$\mu=29.83$，$\sigma=2.20$

图 6.1　Ⅱ类围岩变形模量试验值 E_0（GPa）频率直方图

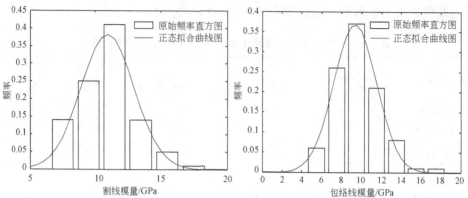

(a)概型：正态分布，样本数：73，μ=10.95，σ=1.43 (b)概型：正态分布，样本数：73，μ=9.36，σ=1.47

图 6.2　Ⅲ类围岩变形模量试验值 E_0（GPa）频率直方图

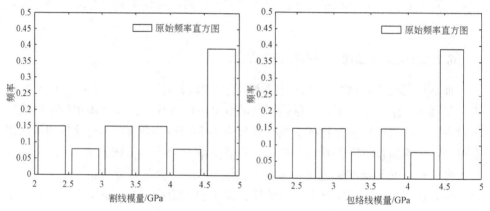

图 6.3　Ⅳ类围岩变形模量试验值 E_0（GPa）频率直方图

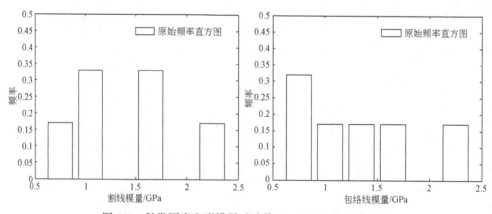

图 6.4　Ⅴ类围岩变形模量试验值 E_0（GPa）频率直方图

从图 6.4 可知，Ⅱ类围岩变形模量试验值 E_0 的取值范围为 27～33GPa，Ⅲ类围岩变形模量试验值 E_0 的取值范围为 8～12GPa，Ⅳ类围岩变形模量试验值 E_0 的取值范围为 2～4.5GPa，Ⅴ类围岩变形模量试验值 E_0 的取值范围为 0.5～2GPa，该结论与第 5 章表 5.8 各行业规范关于围岩力学参数试验值区间推荐表基本吻合，可见大岗山水电站实测试验值是可信的。

6.2.2.2　估算推荐值分布特征规律

地下厂房区估算推荐值选取Ⅱ类围岩样本为 21 组，Ⅲ类为 57 组，Ⅳ类为 13 组，Ⅴ类为 5 组，对估算推荐值得到的围岩强度特征参数（围岩抗压强度 σ_{cm}、抗拉强度 σ_{tm}、黏聚力 C 和内摩擦角 φ）和变形特征参数（变形模量 E_0）进行直方图表示，详细结果见图 6.5。

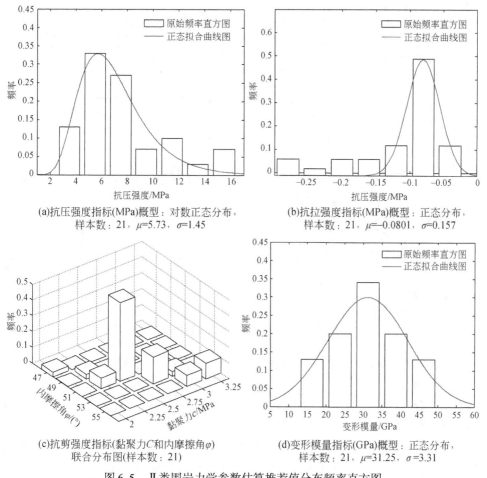

(a)抗压强度指标(MPa)概型：对数正态分布，样本数：21，μ=5.73，σ=1.45

(b)抗拉强度指标(MPa)概型：正态分布，样本数：21，μ=−0.0801，σ=0.157

(c)抗剪强度指标(黏聚力 C 和内摩擦角 φ)联合分布图(样本数：21)

(d)变形模量指标(GPa)概型：正态分布，样本数：21，μ=31.25，σ=3.31

图 6.5　Ⅱ类围岩力学参数估算推荐值分布频率直方图

　　考虑Ⅴ类样本量过少，难以实现分布形式拟合与假设检验，故仅对Ⅱ～Ⅳ类围岩进行拟合。针对分区段统计，仍采用χ^2检验对Ⅱ～Ⅳ类围岩力学参数估算推荐值进行拟合分布形式检验，另考虑抗剪强度指标（黏聚力 C 和内摩擦角 φ）存在强关联性，不宜独立统计，故采用三维统计形式进行，详细结果见图6.5～图6.8。

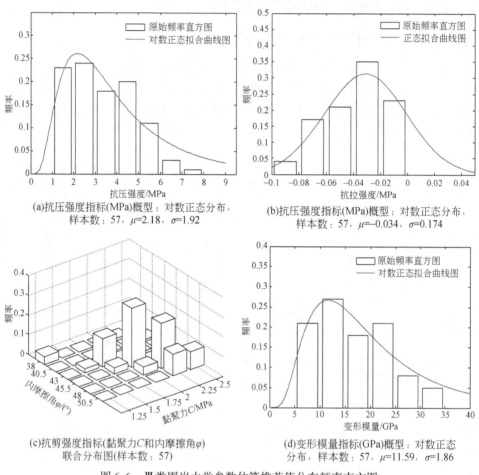

(a)抗压强度指标(MPa)概型：对数正态分布，
样本数：57，$\mu=2.18$，$\sigma=1.92$

(b)抗压强度指标(MPa)概型：对数正态分布，
样本数：57，$\mu=-0.034$，$\sigma=0.174$

(c)抗剪强度指标(黏聚力 C 和内摩擦角 φ)
联合分布图(样本数：57)

(d)变形模量指标(GPa)概型：对数正态
分布，样本数：57，$\mu=11.59$，$\sigma=1.86$

图6.6　Ⅲ类围岩力学参数估算推荐值分布频率直方图

　　从图6.5～图6.8可知，围岩估算推荐值具有以下主要规律：

　　（1）Ⅱ～Ⅳ类围岩抗压强度指标多服从对数正态分布，而抗拉强度多服从标准正态分布形式，Ⅱ类围岩变形模量服从正态分布形式，Ⅲ～Ⅳ类围岩变形模量服从对数正态分布。

　　（2）Ⅱ类围岩抗压强度指标变化范围主要集中在 4～6MPa，抗拉强度指标变化范围集中在-0.15～-0.05MPa，变形模量变化范围为 25～40GPa；Ⅲ类围岩抗压强度指标变化范围较大，为 1～5.5MPa，抗拉强度指标变化范围集中在-0.1～

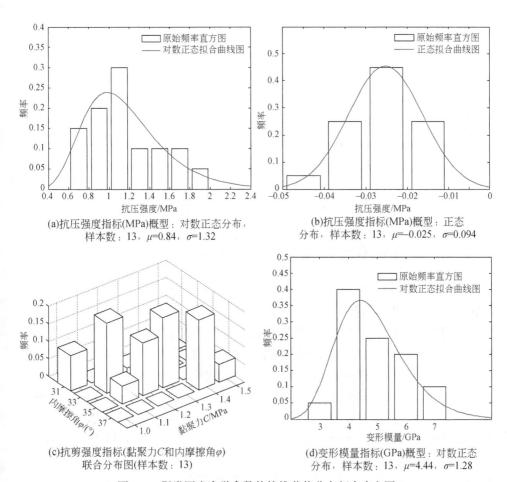

(a)抗压强度指标(MPa)概型：对数正态分布，
样本数：13，$\mu=0.84$，$\sigma=1.32$

(b)抗压强度指标(MPa)概型：正态
分布，样本数：13，$\mu=-0.025$，$\sigma=0.094$

(c)抗剪强度指标(黏聚力C和内摩擦角φ)
联合分布图(样本数：13)

(d)变形模量指标(GPa)概型：对数正态
分布，样本数：13，$\mu=4.44$，$\sigma=1.28$

图 6.7　Ⅳ类围岩力学参数估算推荐值分布频率直方图

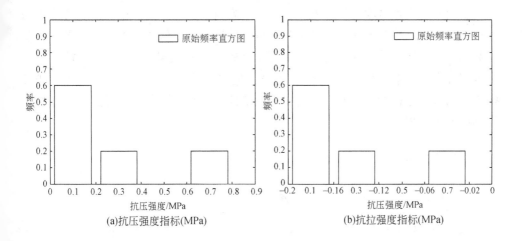

(a)抗压强度指标(MPa)

(b)抗拉强度指标(MPa)

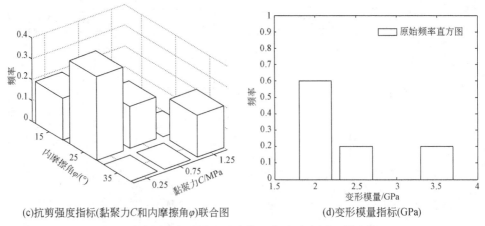

(c)抗剪强度指标(黏聚力C和内摩擦角φ)联合图　　　　(d)变形模量指标(GPa)

图 6.8　　Ⅴ类围岩变形模量试验值 E_0 频率直方图 （样本数：5）

–0.03MPa，变形模量变化范围为 8～22GPa；Ⅳ类围岩抗压强度指标变化范围集中在 0.6～1.2MPa，抗拉强度指标变化范围集中在–0.03～–0.01MPa，变形模量变化范围为 4～8GPa；Ⅴ类围岩抗压强度指标变化范围为 0～0.7MPa，抗拉强度指标离散，无统计规律，变形模量变化范围为 2～3.5GPa。

（3）Ⅱ类围岩黏聚力 C 和内摩擦角 φ 主要集中在 2～3.5MPa、47°～55°，Ⅲ类围岩黏聚力 C 和内摩擦角 φ 主要集中在 1.3～2.7MPa，37°～52°，Ⅳ类围岩黏聚力 C 和内摩擦角 φ 分布较为离散，其分布范围在 0.8～1.5MPa、30°～38°，而Ⅴ类围岩黏聚力 C 和内摩擦角 φ 分布在 0.25～1.25MPa、13°～35°。

6.3　力学参数对围岩变形、塑形区变化影响敏感性分析

上节基于现场试验、估算方法获取的围岩力学参数原始数据，依据力学参数相关统计方法、检验方法，得到了各自对应的概率分布形式，本节根据围岩力学参数的分布规律，着重探讨围岩变形特征参数（变形模量 E_0、泊松比 λ）、抗剪强度特征参数（黏聚力 C 和内摩擦角 φ）、抗拉强度参数 σ_{tm} 等对围岩变形、破坏等方面的敏感性程度，以便在不同围岩稳定性分析时，提高对高敏感度参数取值准确度的重视程度。

6.3.1　敏感性分析方法概述

6.3.1.1　敏感性分析原理及思路

敏感性分析为反映子样变化对系统样本稳定性影响程度的一种分析方法，设

有一系统样本集，其系统特性集 P 由 n 个因素 $\alpha = (\alpha_1, \alpha_2, \cdots, \alpha_n)$ 共同反映，则 $P = f(\alpha_1, \alpha_2, \cdots, \alpha_n)$。设基准样本集 $\alpha^* = (\alpha_1^*, \alpha_2^*, \cdots, \alpha_n^*)$，对应的样本基准特性 $P^* = f(\alpha_1^*, \alpha_2^*, \cdots, \alpha_n^*)$，对应的某因素在其取值范围内变化，造成系统特性集 P 偏离基准特征 P^*，其远离基准特征程度 ΔP 与对应因素的关联性即为该因素的敏感性程度指标（章光等，1993）。

对子样进行系统敏感性分析，首先，需确定基准参数集 α^*，基准参数集需依据实际探讨的问题确定，就本节而言，主要探讨围岩稳定性与不同围岩类别力学参数的敏感性对应关系。因此选取该围岩类别对应的力学参数中间值为基准参数集，确定基准参数集后，可依据对应模型对参数集予以敏感性分析。其次，需要建立系统样本集模型，即确定具体 $P = f(\alpha_1, \alpha_2, \cdots, \alpha_n)$ 表示方式，对于复杂的岩体工程而言，一般采用数值方法或神经网络分析方法得到，同时，建立的系统模型需经过与实际情况的检验，确保模型与现实情况的尽量吻合。

假定分析参数 α_k 对特性集 P 影响时，可令其他各参数值为基准值，并保持固定不变，而使该参数在其取值范围内进行不同状态变动，若系统特性 P 因 α_k 的微小变动就出现显著变化，则认为该参数 α_k 对系统样本具有高敏感性，反之若系统特征 P 因 α_k 的变动而不出现明显变化，则认为该参数 α_k 是低敏感参数。

6.3.1.2　敏感性因子无量纲化处理

由于不同评价参数具有不同的物理量，相应的单位亦不一致，难以实现对各自敏感性程度的同一对照，故有必要对不同评价参数的敏感性因子进行无量纲归一化处理，采用以下方法定义无量纲敏感度因子：

$$S(\alpha_k) = \max\left\{\left(\frac{f(a_k)_{\max} - f(a_k^*)}{f(a_k^*)}\right), \left(\frac{f(a_k^*) - f(a_k)_{\min}}{f(a_k^*)}\right)\right\} \qquad (6.16)$$

式中，$S(\alpha_k)$ 是评价参数 α_k 的归一化敏感性因子，取值范围为 $(0, 1)$，$f(\alpha_k^*)$ 为基准参数集对应的系统特征值，$f(a_k)_{\max}$、$f(a_k)_{\min}$ 分别为在评价参数 α_k 取值范围内对应的最大、最小值。

6.3.2　力学参数对围岩变形影响敏感性分析

6.3.2.1　确定围岩力学参数基准参数集

以大岗山水电站地下厂房区围岩类别比例最高的Ⅲ类围岩为例，着重探讨围岩变形特征参数（变形模量 E_0、泊松比 λ）、抗剪强度特征参数（黏聚力 C 和内摩擦角 φ）、抗拉强度参数 σ_{tm} 对围岩变形影响的敏感性状况。其中泊松比 λ 参考类似工程在一定范围取值，其余值参考估算推荐值的分布规律特征获得，详细取值范围如表 6.2 所示。

表 6.2　厂房区Ⅲ类围岩力学参数基准值及其取值范围

项目	变形模量 E_0/GPa	泊松比 λ	黏聚力 C/MPa	内摩擦角 φ/(°)	抗拉强度 σ_{tm}/MPa
基准值	11. 59	0. 28	2. 182	47	0. 034
取值范围	8 ~ 22	0. 20 ~ 0. 35	1. 356 ~ 2. 713	37 ~ 52	0. 02 ~ 0. 1

6.3.2.2　数值计算模型的建立

考虑地下硐室轴线走向尺寸远大于横断面尺寸，故其三维空间问题可近似应用平面应变问题来表示，故本次数值计算模型选取大岗山水电站尾水调压室厂横0+149m 断面进行建模（图6.9），按照开挖的顺序共分为9层，另外依据不同工程部位，分别选取具有代表性的顶拱中央（A）、左右拱肩（B、C）、边墙Ⅱ层底板（D、E）、尾水连接Ⅰ层底板（F、G）等7个部位进行围岩位移变形监测，详见图6.9。基于围岩变形监测值变化反映不同力学参数的敏感性程度。需说明的是，为清晰地看到围岩力学参数对围岩变形的敏感性特征，故对不同步骤开挖的硐室均不布置相应支护手段。

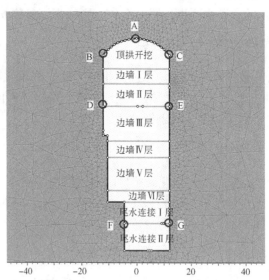

图 6.9　大岗山水电站尾水调压室厂横0+149m 断面模型及对应部位监测点

本次数值分析采用 Mohr-Coulomb 准则作为Ⅲ类围岩弹塑形变形的本构模型，其中对应准则涉及的残余黏聚力 C_r、残余内摩擦角 φ_r 及剪胀角 ψ_d 均定义为定值，分别取0.5GPa、35°及5°。另关于厂房区初始地应力值，按照本书2.5.1 节的介绍进行取值，其中 $\sigma_1 = 11.4 ~ 19.8$MPa，取均值15.6MPa，方位 N45° ~ 65°E，取均值55°，$\sigma_3 = 2.28 ~ 5.42$MPa，取均值为3.85MPa。通过厂区初始地应力特征换算得到，研究断面附近 X 向应力值为 7.43MPa，Y 向应力值为 11.79MPa，Z 向（即洞轴向）与厂区最大主应力近似平行，为 15.42MPa。

6.2.2.3　围岩力学参数对围岩变形影响敏感性分析

依据围岩力学参数取值范围，首先取基准值进行围岩变形计算，计算结果见图 6.10。此后，其他参数去基准值，评价参数分别取最大值、最小值进行围岩变形计算。最后，依据数值模型中位移监测点变形值与围岩力学参数的变化对应关系进行敏感性分析，不同围岩力学参数与位移监测点变形值的对应结果见表 6.3。

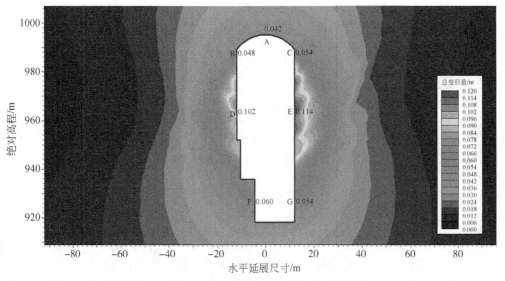

图 6.10　大岗山水电站尾水调压室厂横 0+149m 断面基准值计算得到监测点变形值

表 6.3　厂房区Ⅲ类围岩力学参数基准值及其最大、最小值
对应的监测点变形值　　　　　　　　（单位：m）

监测点位编号	基准值对应监测点变形值	最大、最小值对应监测点变形值									
		变形模量 E_0		泊松比 λ		黏聚力		内摩擦角 φ		抗拉强度 σ_{tm}	
		Max	Min	Max	Min	Max	Min	Max	Min	Max	Min
A	0.042	0.024	0.06	0.04	0.046	0.04	0.044	0.042	0.044	0.042	0.046
B	0.048	0.024	0.068	0.045	0.049	0.046	0.049	0.042	0.049	0.048	0.046
C	0.054	0.027	0.077	0.045	0.057	0.052	0.059	0.048	0.052	0.054	0.052
D	0.102	0.054	0.145	0.084	0.111	0.096	0.104	0.096	0.103	0.096	0.098
E	0.114	0.06	0.162	0.094	0.13	0.114	0.116	0.114	0.109	0.114	0.124
F	0.06	0.03	0.085	0.05	0.063	0.054	0.065	0.054	0.062	0.054	0.059
G	0.054	0.027	0.077	0.059	0.048	0.049	0.059	0.049	0.055	0.048	0.052

利用式（6.15）计算得到，不同围岩力学参数与监测点位移变形之间的敏感度结果，如表 6.4 所示。

表 6.4　围岩力学参数与围岩变形敏感度对应关系分析

监测点位	敏感度				
	变形模量 E_0	泊松比 λ	黏聚力 C	内摩擦角 φ	抗拉强度 σ_{tm}
A	0.429	0.095	0.048	0.048	0.095
B	0.500	0.063	0.042	0.125	0.021
C	0.500	0.167	0.093	0.111	0.019
D	0.471	0.167	0.059	0.059	0.059
E	0.474	0.167	0.018	0.000	0.088
F	0.500	0.167	0.100	0.100	0.100
G	0.500	0.093	0.111	0.093	0.111
综合敏感度（取均值）	0.482	0.131	0.067	0.076	0.071

从表 6.4 可知，对围岩变形最为敏感的力学参数为变形模量 E_0，其次为泊松比 λ，而抗剪、抗拉强度值的变化对围岩变形的影响幅度普遍偏小，详细影响排序为：变形模量 E_0＞泊松比 λ＞内摩擦角 φ＞抗拉强度 σ_{tm}＞黏聚力 C。

6.3.3　力学参数对塑形区范围影响敏感性分析

关于围岩力学参数对塑形区范围影响的敏感性分析，为与围岩变形计算的一致，相关力学参数基准值、取值范围，以及数值计算模型均与围岩变形计算的完全相同，同样，仍选取 A～G 等 7 个典型部位进行塑形区范围变化分析。

依据围岩力学参数取值范围，首先取基准值进行围岩塑形区计算，计算结果见图 6.11；此后，其他参数去基准值，评价参数分别取最大值、最小值进行计算，最后，依据数值模型中监测点塑形区范围取值（m）与围岩力学参数变化对应关系进行敏感性分析，不同围岩力学参数与监测点塑形区范围取值（m）的对应结果见表 6.5。

表 6.5　厂房区Ⅲ类围岩力学参数基准值及其最大、最小值
对应的塑形区范围值　　　　　　　　　（单位：m）

监测点位编号	基准塑形区	最大、最小值对应的塑形区									
		变形模量 E_0		泊松比 λ		黏聚力 C		内摩擦角 φ		抗拉强度 σ_{tm}	
		Max	Min	Max	Min	Max	Min	Max	Min	Max	Min
A	3.035	2.651	3.516	2.729	3.317	2.937	5.465	3.316	7.686	2.698	3.374
B	7.153	6.447	9.104	7.477	7.901	7.115	9.212	6.062	10.03	6.661	8.843

续表

监测点位编号	基准塑形区	最大、最小值对应的塑形区									
		变形模量 E_0		泊松比 λ		黏聚力 C		内摩擦角 φ		抗拉强度 σ_{tm}	
		Max	Min	Max	Min	Max	Min	Max	Min	Max	Min
C	12.372	9.859	7.381	11.972	11.001	7.346	10.78	8.252	13.967	11.058	12.668
D	27.875	25.49	28.286	27.568	23.223	26.728	29.112	23.485	38.697	28.037	24.441
E	31.71	30.881	33.851	31.409	32.014	27.471	30.018	27.615	42.271	34.653	33.264
F	16.609	16.168	17.434	16.625	20.096	13.146	21.854	13.576	27.221	20.76	19.555
G	16.595	16.293	17.767	17.076	17.425	13.278	22.029	14.059	22.953	17.317	17.144

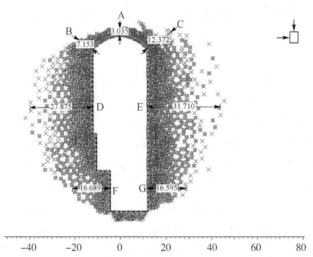

图 6.11　大岗山水电站尾水调压室厂横 0+149m 断面基准值计算得到塑形区范围值

利用式（6.15）计算可得到不同围岩力学参数与监测点对应的塑形区深度（范围）之间的敏感度结果，如表 6.6 所示。

表 6.6　围岩力学参数与围岩塑形区敏感度对应关系分析

监测点位	敏感度				
	变形模量 E_0	泊松比 λ	黏聚力 C	内摩擦角 φ	抗拉强度 σ_{tm}
A	0.158	0.101	0.801	1.532	0.112
B	0.273	0.105	0.288	0.402	0.236
C	0.203	0.032	0.406	0.333	0.106
D	0.086	0.011	0.044	0.388	−0.006
E	0.068	0.010	0.134	0.333	0.049

监测点位	敏感度				
	变形模量 E_0	泊松比 λ	黏聚力 C	内摩擦角 φ	抗拉强度 σ_{tm}
F	0.050	0.210	0.316	0.639	0.177
G	0.071	0.050	0.327	0.383	0.033
综合敏感度（取均值）	0.130	0.074	0.331	0.573	0.101

从表 6.6 可知，对围岩塑形区发展影响最大的力学参数为内摩擦角 φ，其次为黏聚力 C，变形强度特性值、抗拉强度值的变化对围岩变形的影响幅度相对较小，详细影响排序为：内摩擦角 φ>黏聚力 C>变形模量 E_0>抗拉强度 σ_{tm}>泊松比 λ。

6.4　基于力学参数敏感性状况的围岩稳定性演化规律分析

本节基于围岩力学参数的敏感性分析结果，选取对围岩变形、塑形区范围变化影响较大的力学参数，通过探讨诸类围岩参数在取值范围内，在不同开挖步骤下监测点处围岩变形、塑形区的变化过程，得出某类围岩对应的稳定性演化规律。

根据 6.3 节围岩力学参数敏感性分析结论，对围岩变形较敏感的力学参数为变形模量 E_0 和泊松比 λ，而对围岩塑形区发展影响较大的力学参数为内摩擦角 φ 和黏聚力 C，本节分别选取各力学参数的最大值、基准值、最小值进行正交数值计算，则对应的围岩变形、塑形区变化计算结果均为 $3^2 = 9$ 组。

数值计算模型选取大岗山水电站地下厂房区三大硐室（对应主厂房 2#机组）断面进行建模（图 6.12），按照开挖的顺序共分为 9 层，详细分层开挖步骤如表 6.7 所示，另外依据不同工程部位，沿三大硐周边界布置具有代表性的监测点 A ~ M 共 13 个，详见图 6.13。

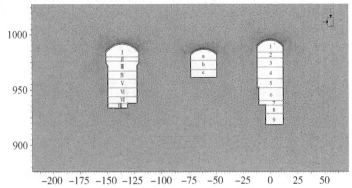

图 6.12　大岗山水电站三大硐室（对应主厂房 2#机组）断面模型及分层开挖图

　　本次数值分析仍选取地下厂房区围岩类别比例最高的Ⅲ类围岩作为研究对象，采用 Mohr-Coulomb 准则作为围岩弹塑变形本构模型，其中准则涉及的残余黏聚力 C_r、残余内摩擦角 φ_r 及剪胀角 ψ_d 均定义为定值，分别取 0.5GPa、35° 及 5°。需说明的是，为反映高敏感度力学参数对围岩稳定性变化的对照性，以下不同开挖步骤均未布置对应支护手段。

表 6.7　大岗山水电站三大硐室分层开挖步骤表

开挖步骤	主厂房	主变室	尾水调压室	开挖步骤	主厂房	主变室	尾水调压室
第一步	I	—	1	第六步	Ⅵ	—	6
第二步	Ⅱ	a	2	第七步	—	—	7
第三步	Ⅲ	b	3	第八步	Ⅶ	—	8
第四步	Ⅳ	c	4	第九步	Ⅷ	—	9
第五步	V	—	5				

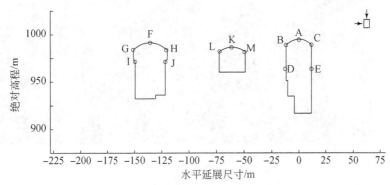

图 6.13　大岗山水电站三大硐室（对应主厂房 2# 机组）断面典型
工程部位监测点（A～M）布置

6.4.1　分步开挖围岩变形特征规律分析

6.4.1.1　围岩力学参数正交数值试验值域

　　对围岩变形最为敏感的两大力学参数为：变形模量 E_0 和泊松比 λ，现保持其他参数取值为基准值不变，对高敏感度参数依据最大值、基准值、最小值的组合进行正交试验分析，得到以下 9 组参数组合形式，见表 6.8。

表6.8　围岩变形特征高敏感力学参数正交试验组合形式

组合编号	变形模量 E_0	泊松比 λ	组合编号	变形模量 E_0	泊松比 λ	组合编号	变形模量 E_0	泊松比 λ
1	8	0.2	4	11.59	0.2	7	22	0.2
2	8	0.28	5（基准）	11.59	0.28	8	22	0.28
3	8	0.35	6	11.59	0.35	9	22	0.35

6.4.1.2　分步开挖监测点对应的围岩变形特征规律分析

依据表6.8围岩变形特征高敏感力学参数组合形式，分别计算分布开挖时，三大硐周边界布置的代表性监测点 A ~ M 位移变化规律。现列举了在编号5（基准值）时不同开挖步骤各监测点对应的位移变化情况，详见图6.14。

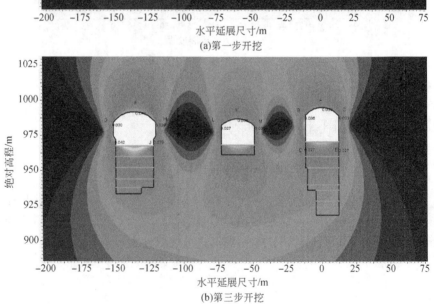

(a)第一步开挖

(b)第三步开挖

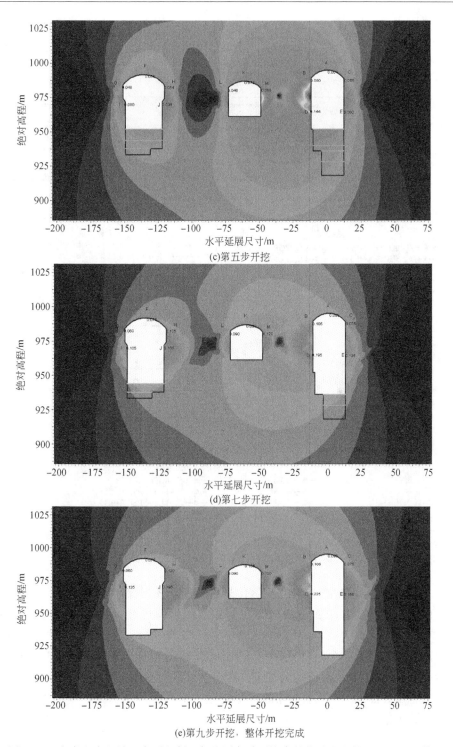

(c)第五步开挖

(d)第七步开挖

(e)第九步开挖，整体开挖完成

图 6.14　大岗山水电站三大硐室断面各监测点随开挖步骤位移变化情况（取基准值）

　　根据工程部位分为顶拱中心线、拱肩、边墙（含主厂房岩锚梁）分别进行围岩变形特性分析，随着围岩分步开挖的进行，围岩变形特征的详细演化过程见图 6.15~图 6.17。

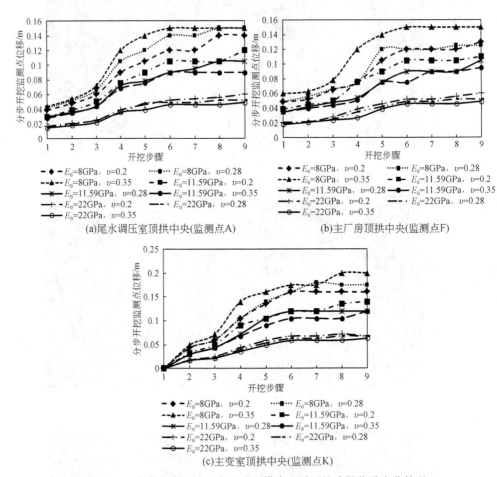

(a)尾水调压室顶拱中央(监测点A)　　　　　(b)主厂房顶拱中央(监测点F)

(c)主变室顶拱中央(监测点K)

图 6.15　大岗山水电站三大硐室顶拱中央随开挖步骤位移变化情况

　　从图 6.15~图 6.17 知，厂房区围岩变形随开挖步骤存在以下主要规律特征：

　　（1）总体而言，三大厂房区不论顶拱、拱肩、边墙，不论采取何种参数组合，在开挖步骤至 3~5 步时，均呈现显著的位移增加，而此后随开挖步骤的进行，围岩相对变形趋缓。可见，在大岗山水电站地下厂房区整个开挖进程中，开挖步 3~5 步为围岩变形作用的控制步骤，故在进行该段开挖时，需采取偏稳妥、保守的施工方法，并需要控制相关工程进度，此外，须密切做好现场位移变形监测、预警工作。

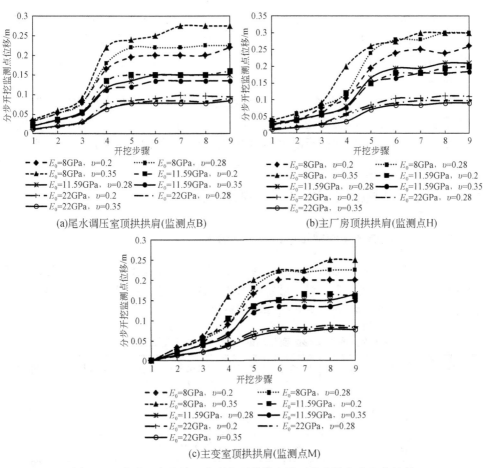

(a)尾水调压室顶拱拱肩(监测点B)　　(b)主厂房顶拱拱肩(监测点H)

(c)主变室顶拱拱肩(监测点M)

图 6.16　大岗山水电站三大硐室顶拱拱肩随开挖步骤位移变化情况

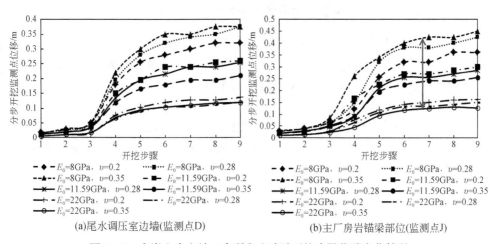

(a)尾水调压室边墙(监测点D)　　(b)主厂房岩锚梁部位(监测点J)

图 6.17　大岗山水电站三大硐室边墙随开挖步骤位移变化情况

（2）三大厂房区不论顶拱、拱肩，还是边墙，在（E_0，λ）取值为（22GPa，0.2）、（22GPa，0.28）、（22GPa，0.35）三个值时，其位移变形值较其他组合显著偏低，而此三者的相互差异不大，此现场可直接说明变形模量 E_0 对围岩变形的控制性作用。

（3）受正交组合值的影响，同一监测点位处位移变形存在较大的离散，但当其取基准值时，该段历程变化曲线总体居于曲线群中央。说明采取基准值进行围岩变形计算时，可较准确反映该类围岩的位移变化规律，可将此作为围岩整体变形规律的统计及后期变形预测。

6.4.2　分步开挖围岩塑性区变化规律分析

6.4.2.1　围岩力学参数正交数值试验值域

对围岩变形最为敏感的两大力学参数为：内摩擦角 φ 和黏聚力 C，现保持其他参数取值为基准值不变，对高敏感度参数依据最大值、基准值、最小值的组合进行正交试验分析，得到以下 9 组参数组合形式，见表 6.9。

表 6.9　围岩塑形区变化高敏感力学参数正交试验组合形式

组合编号	内摩擦角 φ	黏聚力 C	组合编号	内摩擦角 φ	黏聚力 C	组合编号	内摩擦角 φ	黏聚力 C
1	37	1.356	4	47	1.356	7	52	1.356
2	37	2.182	5（基准）	47	2.182	8	52	2.182
3	37	2.713	6	47	2.713	9	52	2.713

6.4.2.2　分步开挖监测点对应的围岩塑性区变化规律分析

依据表 6.9 围岩塑形区变化高敏感力学参数（内摩擦角 φ 和黏聚力 C）组合形式，分别计算分布开挖时，在三大洞周边界布置的代表性监测点 A～M 塑形区变化规律。现列举了在编号 5（基准值）时不同开挖步骤各监测点对应的塑形区延展变化情况，详见图 6.18。

根据工程部位分为：顶拱中心线、拱肩、边墙（含主厂房岩锚梁）分别进行围岩塑形区演化规律分析，围岩塑形区的详细演化、扩展过程见图 6.19～图 6.21。

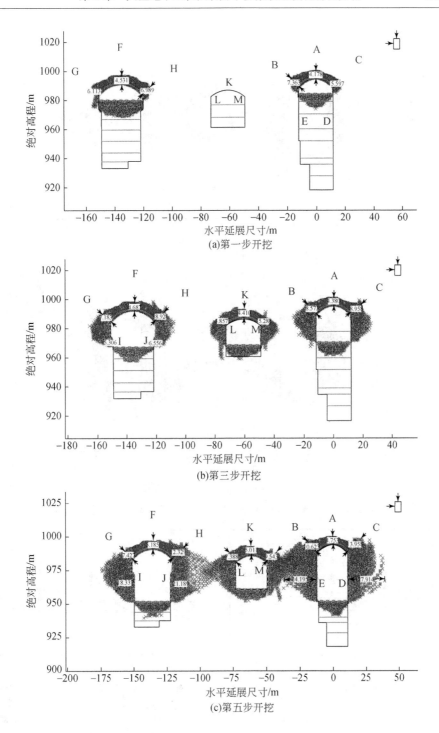

(a)第一步开挖

(b)第三步开挖

(c)第五步开挖

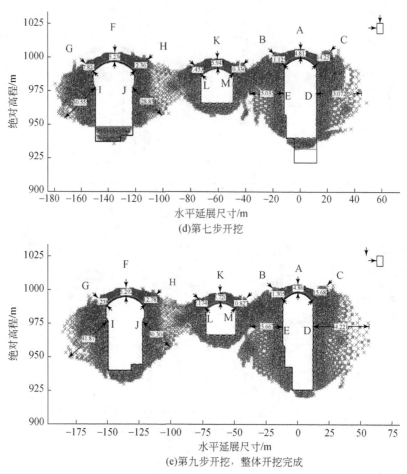

(d)第七步开挖

(e)第九步开挖，整体开挖完成

图6.18　大岗山水电站三大硐室断面各监测点随开挖步骤塑性区变化情况（取基准值）

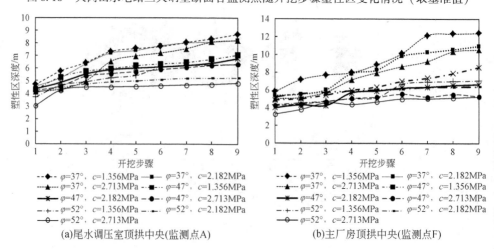

(a)尾水调压室顶拱中央(监测点A)　　　　(b)主厂房顶拱中央(监测点F)

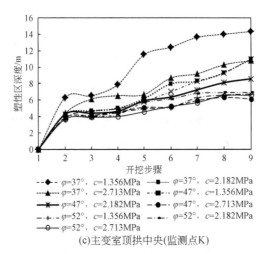

(c)主变室顶拱中央(监测点K)

图6.19　大岗山水电站三大硐室顶拱中央随开挖步骤位移变化情况

从图6.19～图6.21知，厂房区围岩塑形区扩展、演化特征随开挖步骤存在以下主要规律：

（1）与围岩位移变化特征不同，三大厂房不同部位塑形区扩展规律与其空间位置相邻近的开挖步骤密切相关，而非明显地集中于某段步骤中，当开挖步骤远离该部位时，其塑形区的扩展基本趋向稳定。

（2）不同的力学参数组合对塑形区扩展影响规律相对较弱，未呈现典型的规律特征，除（φ，c）值在取（37°，1.356MPa）极限最小值时，呈现明显塑形区放大外，其他值的组合差异并不明显，该结论可理解为φ、c对塑形区扩展具有的联合控制作用。

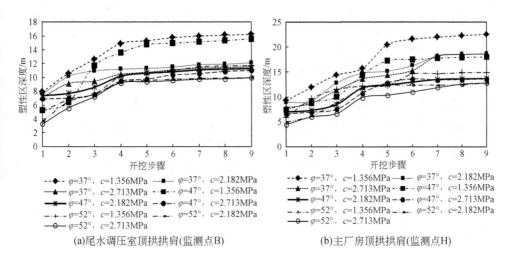

(a)尾水调压室顶拱拱肩(监测点B)　　　　　(b)主厂房顶拱拱肩(监测点H)

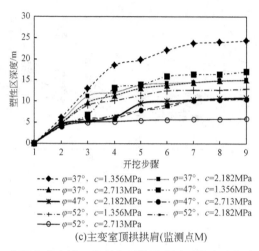

(c)主变室顶拱拱肩(监测点M)

图 6.20　大岗山水电站三大硐室顶拱拱肩随开挖步骤位移变化情况

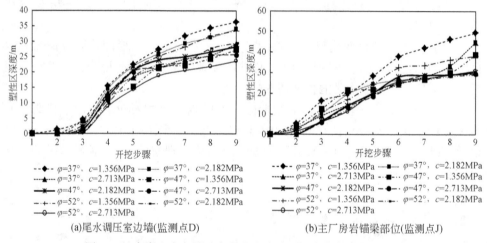

(a)尾水调压室边墙(监测点D)　　　　　　　(b)主厂房岩锚梁部位(监测点J)

图 6.21　大岗山水电站三大硐室边墙随开挖步骤位移变化情况

（3）相对而言，受多次同向开挖作用的影响，边墙的塑形区扩展历程及深度要远大于顶拱及拱肩部位，特别是在对其邻近部位开挖时，塑形区的扩展过程更为明显，故现场开挖时，需特别注意该段围岩稳定性变化状况。

（4）观察厂房区不同力学参数组合下的塑形区演化历程，受三大厂房洞间距的影响，在不进行支护的前提下，一般在开挖步骤进行至 3～4 步时，三大厂房塑形区已出现一定的"贯通"现象，该现象提示在进行该段开挖时，需加强必要的断面支护，避免塑形区的过度扩展。

6.5　本章小结

本章针对不同围岩类别对应的力学参数具有的离散特征展开，借助数学统计方法，对处于同一围岩类别的力学参数数值进行大量统计实验，并借助相关检验方法，探讨其对应的概率分布形式及分布参数（如均值、方差等），实现对同一围岩类别力学参数统计特征规律动态分析，并基于围岩力学参数分布统计规律，探讨了各力学参数对围岩变形、破坏等稳定性因素有关的敏感性程度特征，进而实现对围岩稳定性演化规律的有益探讨。研究成果可归纳为：

（1）归纳了围岩力学参数的常规统计方法、检验方法及其概率分布形式，其中，围岩力学参数常规统计方法包括：矩估计法、最大似然估计法和 Bayes 估计法；围岩力学参数常用的假设检验方法主要包括：χ^2 检验和 K-S 检验；围岩力学参数常用概率分布形式包括：正态分布、对数正态分布、指数分布、极值 I 型分布等。

（2）以大岗山水电站地下厂房区同一围岩类别对应的力学参数实测试验值、估算推荐值作为原始统计样本，在对原始数据粗差分析并剔除奇异值基础上，详细探讨厂房区各围岩类别力学参数所具有的统计特征参数和概率模型。其中 II ~ III 类围岩试验值变形模量 E_0 均服从正态分布形式；II ~ IV 类围岩抗压强度估算值多服从对数正态分布，而抗拉强度估算值多服从标准正态分布形式，II 类围岩变形模量估算值服从正态分布形式，III ~ IV 类围岩变形模量估算值服从对数正态分布，且其对应的均值、方差特征较符合实际情况。

（3）基于现场试验、估算方法获取的围岩力学参数的分布规律，探讨了围岩变形特征参数（变形模量 E_0、泊松比 λ）、抗剪强度特征参数（黏聚力 C、内摩擦角 φ）、抗拉强度参数 σ_{tm} 等对围岩变形、破坏等方面的敏感性程度。得出了对围岩变形最为敏感的力学参数为变形模量 E_0，其次为泊松比 λ，各参数敏感性程度排序为：变形模量 E_0>泊松比 λ>内摩擦角 φ>抗拉强度 σ_{tm}>黏聚力 C，对围岩塑形区发展影响最大的力学参数为内摩擦角 φ，其次为黏聚力 C，各参数详细敏感性排序为：内摩擦角 φ>黏聚力 C>变形模量 E_0>抗拉强度 σ_{tm}>泊松比 λ。

（4）基于围岩力学参数的敏感性分析结果，选取对围岩变形、塑形区范围变化具有高敏感性的力学参数，以大岗山水电站厂房区内围岩类别比例最高的 III 类围岩作为研究对象，通过探讨诸类围岩参数在取值范围内，在不同开挖步骤下监测点处围岩变形、塑形区的变化过程，得出该类围岩对应的稳定性（变形、塑形区扩展）演化规律，其中在大岗山水电站地下厂房区整个开挖进程中，开挖步 3 ~ 5 步为围岩变形作用的控制步骤，而基准值可较准确反映该类围岩的位移变化规律，可据此对该类围岩变形规律予以统计、预测。而塑形区扩展规律与其空间位置相邻近的开挖步骤密切相关，当开挖步骤远离该部位时，其塑形区的扩展基本趋向稳定。相对而言，边墙的塑形区扩展历程及深度要远大于顶拱及拱肩部位，且不进行支护的前提下，一般在开挖步骤进行至 3 ~ 4 步时，三大厂房塑形区已出现一定的"贯通"现象，联系围岩变形控制步，间接说明在开挖至 3 ~ 4 步时，需特别注意硐室围岩的稳定性变化过程。

参 考 文 献

蔡毅，邢岩，胡丹 . 2008. 敏感性分析综述［J］. 北京师范大学学报（自然科学版），44（1）：9-15.

程光华，蒋耀淞，张一球 . 1982. 概率统计［M］. 北京：地质出版社 .

侯哲生，李晓，王思敬，等 . 2005. 金川二矿某巷道围岩力学参数对变形的敏感性分析［J］. 岩石力学与工程学报，24（3）：406-410.

黄书岭，冯夏庭，张传庆 . 2005. 岩体力学参数的敏感性综合评价分析方法研究［J］. 岩石力学与工程学报，27（增1）：2624-2630.

申艳军，徐光黎，张璐，等 . 2009. 基于 Hoek-Brown 准则的开挖扰动引起围岩变形特性研究［J］. 岩石力学与工程学报，29（7）：1355-1362.

申艳军，徐光黎，朱可俊 . 2011. RMi 岩体指标评价法优化及其应用［J］. 中南大学学报（自然科学版），42（5）：1375-1383.

张磊 . 2013. 随机波动率模型参数估计：贝叶斯和极大似然方法［D］. 北京：清华大学 .

章光，朱维申 . 1993. 参数敏感性分析与试验方案优化［J］. 岩土力学，14（1）：51-57.

朱维申，章光 . 1994. 节理岩体参数对围岩破损区影响的敏感性分析［J］. 地下空间，14（1）：10-15.

Beiki M, Bashari A, Majdi A. 2010. Genetic programming approach for estimating the deformation modulus of rock mass using sensitivity analysis by neural network［J］. International Journal of Rock Mechanics & Mining Sciences, 47（1）：1091-1103.

Yang C Y, Cai W. 2007. Extension Engineering［M］. Beijing：Science Press.

附录 "大型地下工程集成化围岩分类体系" 程序操作流程及工作界面详细介绍

1. 双击 "集成化围岩分类体系" 图标，点击 "进入" 进入程序主界面，选择 "文件"—定义 "工程名称" "报表日期" 等相关工程类型资料。如图 A.1 所示。

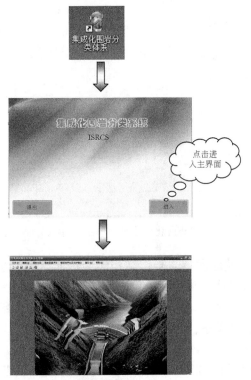

图 A.1　"集成化围岩分类体系" 进入主界面步骤

2. 选择 "围岩分类" 菜单—"参数输入界面"—各分项参数的输入。各分项参数包括：完整岩块单轴抗压强度指标、岩体结构空间分布几何特征指标、岩体结构面自身发育特征指标、岩体结构参数分布特征指标、赋存地质环境指标及工程开挖劣化特征指标。其中工程开挖劣化特征指标包括：硐室开挖尺寸、开挖走向与节理组产状组合关系、开挖扰动系数、硐室开挖进度与围岩自稳关系及工程重要性程度 5 部分，如图 A.2 所示。

相关指标需据程序提示逐步输入完成，另当部分参数难以获得时，可点击

"若无则需换算"按钮进行等效换算（理论依据见3.4.2节介绍）。当输入完成后，点击"保存参数并计算各系统评分值"—"输出参数报表"实现后台计算与分项参数的报表输出。此处可选择"修改参数"进行参数值的修改。

需要注意的是：凡是在评价指标后缀有 ＊ 号的均表示须事先给定，即不能采用缺省值。

图 A.2　　"集成化围岩分类体系"输入界面介绍

3. 现以某一硐室某区段围岩岩体结构实测特征为例，进行"大型地下硐室施工期集成化围岩分类体系"程序演示，详细情况为：

（1）该开挖硐室尺寸为 25.1m×18.8m，属引水发电系统重要组成部分，开挖方法采用预裂爆破施工法，围岩岩性为新鲜黑云二长花岗岩，平均单轴抗压强度为98MPa；根据现场地质勘察及相关钻孔资料显示，该段围岩为镶嵌状结构，大体为三组系统节理+随机节理特征，节理组合关系与硐室走向整体为较好状态，平均可见迹长为 10～12m，经统计呈正态分布形式，节理间距一般在 30～50cm，钻孔实测的 RQD=45%～65%，利用声波测试法得到围岩完整性系数 $K_v=0.42$；对该段系统节理进行随机抽样统计显示，节理粗糙度为平直粗糙，多闭合，局部微张开，无充填，回弹仪实测强度在 40～65MPa；附近地下水呈现稍潮-潮湿，该区段地应力为中等偏高应力，σ_1 约为18MPa。现应用"大型地下硐室施工期集成化围岩分类体系"程序进行围岩质量评价，详细输入参数见图 A.3。

（2）选择"围岩分类"菜单—"后台分析界面"—各围岩分类结果（RMR、Q、RMi、GSI、BQ、HC）详细分析。可通过点击"计算各评价指标评分值及考虑工程因素前、后值"实现对围岩分类结果的显示，并给予自然状况下围岩质量评分

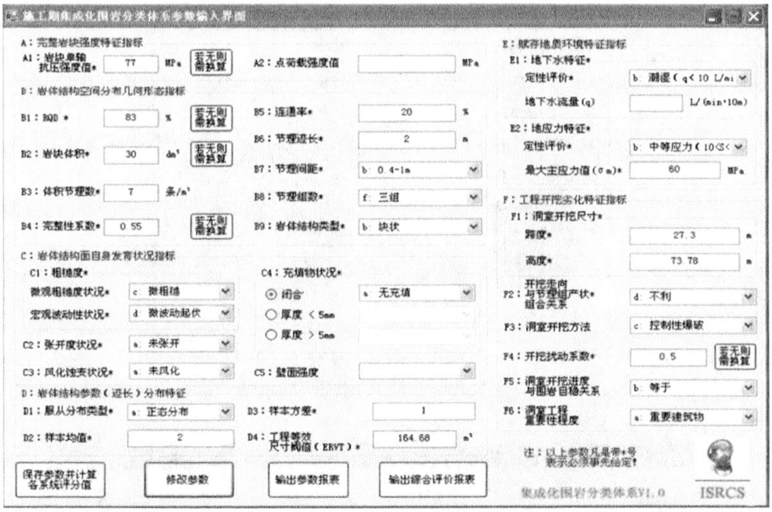

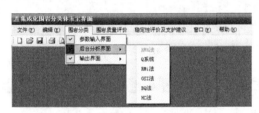

图 A.3　实例验证输入结果显示

值及对应的围岩类别、工程状况下围岩质量评分值及对应的稳定性类别。需要说明的是，该步骤也可跳过，直接进入输出界面查看结果。如图 A.4～图 A.10 所示。

图 A.4　后台分析界面选取方式

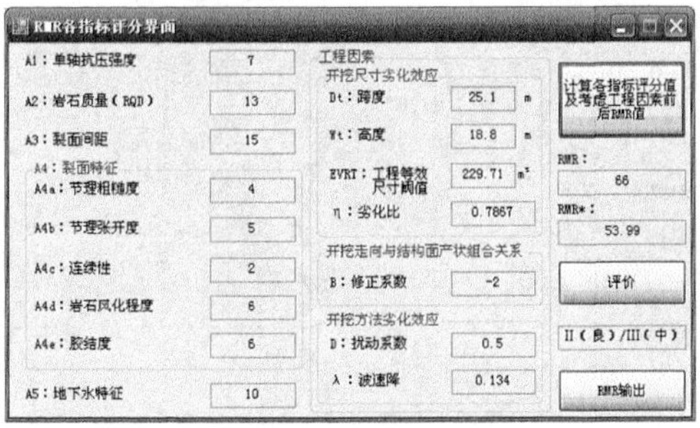

图 A.5　RMR 法评分结果显示

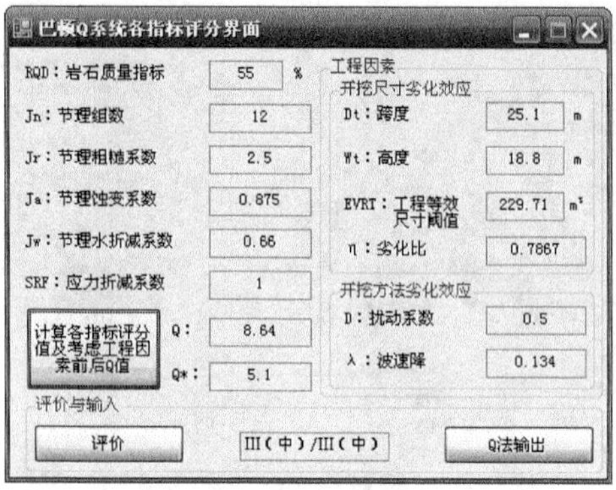

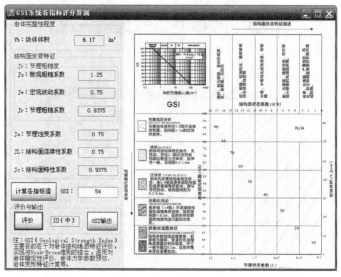

图 A.6　Q 法评分结果显示

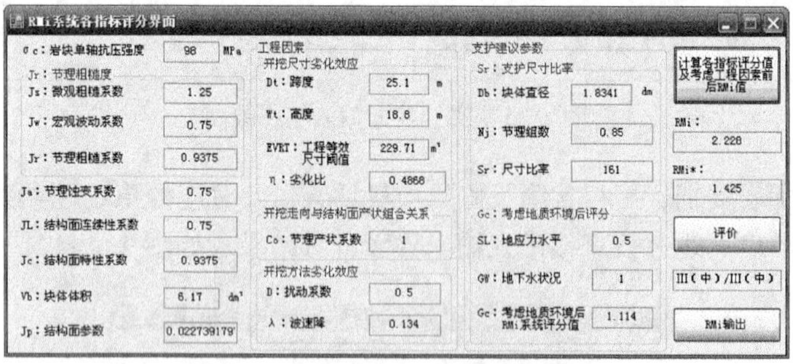

图 A.7　RMi 法评分结果显示

图 A.8　GSI 法评分结果显示

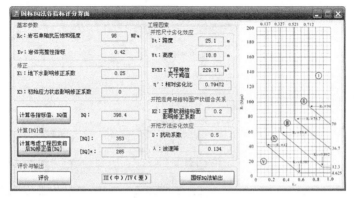

图 A.9 BQ 法评分结果显示

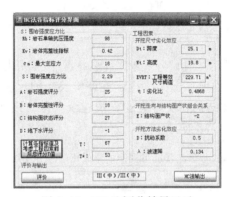

图 A.10 HC 法评分结果显示

（3）选择"围岩分类"菜单—"输出界面"—查看各围岩分类方法对应的评分值及围岩类别。选择"综合评价结果"—查看对各围岩分类方法评分值进行处理后得到的综合围岩分类结果。以 RMR 法输出结果为例予以显示，见表 A.1。

表 A.1 RMR 系统围岩分类结果输出表

	参数	各指标值
1	单轴抗压强度	A1 = 7
2	岩石质量指标（RQD）	A2 = 13
3	裂面间距	A3 = 15
4	粗糙度	A4a = 4
	张开度	A4b = 5
	连续性	A4c = 2
	岩石风化程度	A4d = 6
	胶结度	A4e = 6

续表

参数		各指标值
5	地下水特征	A5 = 10
6	节理产状与洞轴线关系	B = −2
RMR 值与分类	RMR = 66，类别：Ⅱ（良）	
7	跨度（Dt）	25.1m
	高度（Wt）	18.8m
	工程等效尺寸阈值	ERVT = 229.71
	开挖尺寸劣化比	$\eta = 0.7867$
8	开挖扰动系数	D = 0.5
	开挖方法劣化系数	$\lambda = 0.134$
考虑工程因素后 RMR 值与分类		〈RMR〉= 53.99，类别：Ⅲ（中）

（4）选择"围岩质量评价"—查看自然状况下集成化围岩分类结果表，该结果以 Word 报表形式输出；选择"稳定性评价及支护建议"—查看工程状况下集成化围岩稳定性分类结果表及对应的支护建议参考，该结果也以 Word 报表形式输出，如表 A.2～表 A.4 所示。

表 A.2　自然状况下实例的集成化围岩分类结果表

围岩分类方法	评分值	围岩分类结果
RMR 法	66	Ⅱ（良）
Q 法	8.64	Ⅲ（中）
RMi 法	2.228	Ⅲ（中）
GSI 法	—	—
BQ 法	353	Ⅲ（中）
HC 法	67	Ⅲ（中）
综合结果	0.57	Ⅲ（中）

注：综合结果的评分值为除 GSI 法外的五种方法归一化结果。

表 A.3　实例的集成化稳定性分类结果表

围岩分类方法	评分值	围岩稳定性状况评价
RMR 法	53.99	局部稳定性差
Q 法	5.1	基本稳定
RMi 法	1.425	局部稳定性差
BQ 法	285	不稳定
HC 法	53	局部稳定性差
综合评价结果	0.48	局部稳定性差

注：综合评价结果的评分值为五种方法归一化结果。

表 A.4   实例的支护建议参考结果表

围岩分类方法	支护建议	综合支护建议
RMR 法	加强喷锚,加网,混凝土衬砌,块体单独锚固;导硐扩挖,及时喷锚	加强喷锚,加网,混凝土衬砌,块体单独锚固,光面爆破,导硐扩挖,及时喷锚
Q 法	喷混凝土,加钢筋网,系统锚杆,块体单独加固,导硐开挖,危岩加锚	
RMi 法	加强喷锚,加网,混凝土衬砌,块体单独锚固;导硐扩挖,及时喷锚	
BQ 法	加强喷锚,加网,混凝土衬砌,贯通的屈服区对拉锚索加固;光面爆破,导硐扩挖,及时喷锚	
HC 法	加强喷锚,加网,混凝土衬砌,块体单独锚固;导硐扩挖,及时喷锚	

(5)点击"窗口"—进行窗口排序、多界面显示,点击"帮助"—查看详细 RMR、Q、RMi、GSI、BQ、HC 的评分细则、评价标准,并可查看工程开挖劣化特征指标对围岩质量劣化定量化作用讨论细则、围岩稳定性状况分类细则及各自对应的支护建议参考,帮助手册页面见图 A.11。

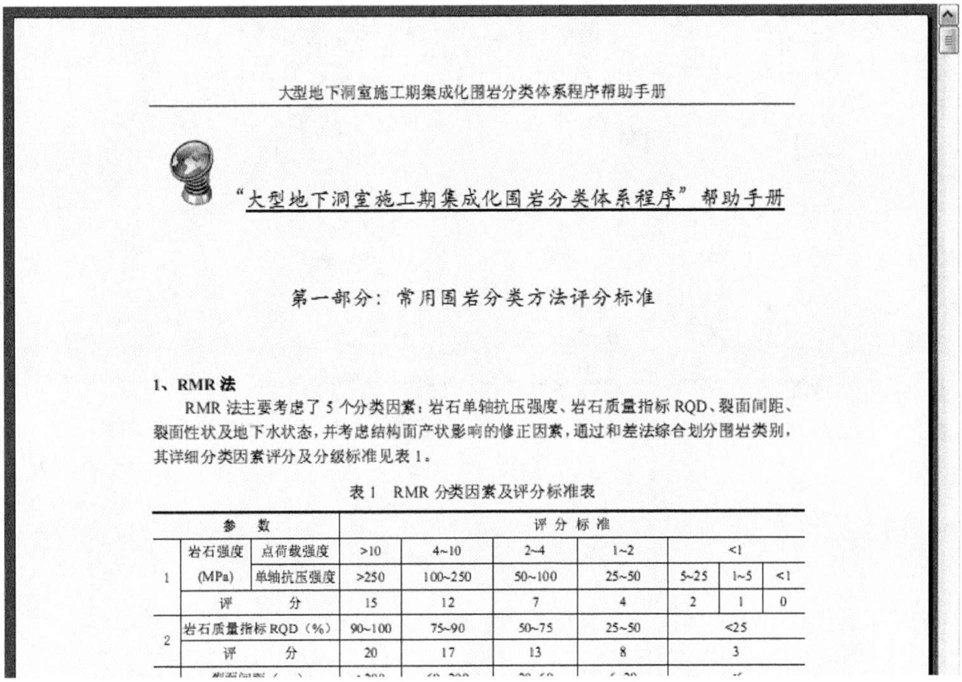

大型地下洞室施工期集成化围岩分类体系程序帮助手册

"大型地下洞室施工期集成化围岩分类体系程序" 帮助手册

第一部分: 常用围岩分类方法评分标准

1、RMR 法
    RMR 法主要考虑了 5 个分类因素:岩石单轴抗压强度、岩石质量指标 RQD、裂面间距、裂面性状和地下水状态,并考虑结构面产状影响的修正因素,通过和差法综合划分围岩类别,其详细分类因素评分及分级标准见表 1。

表 1   RMR 分类因素及评分标准表

	参 数		评 分 标 准						
1	岩石强度 (MPa)	点荷载强度	>10	4~10	2~4	1~2		<1	
		单轴抗压强度	>250	100~250	50~100	25~50	5~25	1~5	<1
		评 分	15	12	7	4	2	1	0
2	岩石质量指标 RQD (%)		90~100	75~90	50~75	25~50		<25	
		评 分	20	17	13	8		3	

图 A.11   "大型地下工程集成化围岩分类体系"程序帮助手册

（6）本集成化围岩分类系统获得中华人民共和国国家版权局颁发的计算机软件著作权登记证书，详见图 A.12。

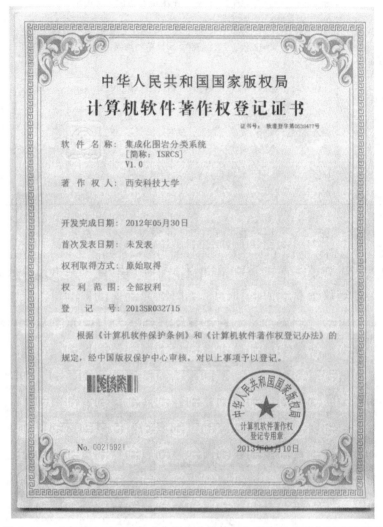

图 A.12　"大型地下工程集成化围岩分类体系"程序软件著作权登记证书